“十三五”普通高等教育本科系列教材

发电机组微机继电保护及自动装置

（第二版）

主编　高　亮
编写　江玉蓉　罗萍萍
主审　张　举

中国电力出版社
CHINA ELECTRIC POWER PRESS

内 容 提 要

本书为“十三五”普通高等教育本科系列教材。全书共八章，主要内容包括发电机组微机继电保护的配置及特点，发电机微机继电保护原理，变压器微机继电保护原理，厂用电保护及电气控制系统（ECS），同步发电机自动并列控制，同步发电机励磁自动控制，电力系统频率及有功功率的自动控制，电力系统其他自动装置等。

本书可作为电气工程及其自动化等相关专业高年级本科教材，也可作为成人函授、高职高专的相关教材，同时也适合从事发电厂运行、管理的工程技术人员培训使用。

图书在版编目（CIP）数据

发电机组微机继电保护及自动装置/高亮主编．—2版．—北京：中国电力出版社，2015.8（2023.11重印）
“十三五”普通高等教育本科规划教材
ISBN 978-7-5123-7842-1

Ⅰ.①发… Ⅱ.①高… Ⅲ.①微型计算机—计算机应用—发电机组—继电保护—高等学校—教材②微型计算机—计算机应用—发电机组—继电自动装置—高等学校—教材 Ⅳ.①TM31-39

中国版本图书馆CIP数据核字（2015）第158692号

中国电力出版社出版、发行
（北京市东城区北京站西街19号 100005 http：//www.cepp.sgcc.com.cn）
北京天泽润科贸有限公司
各地新华书店经售
*
2008年11月第一版
2015年8月第二版 2023年11月北京第七次印刷
787毫米×1092毫米 16开本 13.5印张 329千字
定价 **39.00** 元

前　言

本书第一版为《21世纪高等学校规划教材　发电机组微机继电保护及自动装置》。为适应当前电气工程及其自动化专业教学改革对相关课程教学的新要求，本书在维持前一版教材内容及体系基本不变的基础上，进行了一定的补充和完善。

《发电机组微机继电保护及自动装置（第二版）》吸取了兄弟院校教师和广大读者的宝贵建议和意见，保持原有章节顺序不变，新增了第八章电力系统其他自动装置，并在每章之后加入相应的复习思考题。同时配备了多媒体教学课件，使之适应各学校师生教学的需求。

全书第一～三章和第八章由高亮修订和编写，第五～七章由江玉蓉修订，第四章由罗萍萍修订，全书由高亮统稿。本教材是电力系统继电保护原理的后续教材，可作为电气工程及其自动化等相关专业高年级教材使用。

由于时间和水平所限，书中难免仍存在不妥和疏漏之处，恳切希望广大师生和读者批评指正。

作　者

2015年4月

第一版前言

微机型继电保护及微机型自动装置在发电机组中已获得广泛的应用，随着计算机通信技术、超大规模集成电路技术的飞速发展，微机型发电机组保护及微机型发电机自动控制装置在原理和技术上有很大的提高，各生产厂家的硬件与软件都在不断更新换代中，新控制原理、新技术也不断应用到实际生产、生活中。

近年来，国内关于发电机组继电保护和电力系统自动装置方面已经陆续出版了一些很好的书籍，并在教学、科研和生产实践中发挥了重要的作用。本书以发电机组为对象，将发电机组继电保护和发电机组相关的自动装置结合在一起构成新的内容体系。作者根据多年从事电力系统继电保护、电力系统自动装置教学、培训与工程实践的经验，结合生产实际中广泛应用的发电机组继电保护及自动装置，重新组织编写了这本有关发电机组继电保护和自动装置方面的教材，具有内容新颖、有针对性、实用性强的特点。

本书以发电机组中广泛应用的数字化保护装置及数字化自动装置的实现原理、动作逻辑为主，详细介绍了发电机组数字化继电保护实现的基本原理及动作逻辑，发电机组自动装置的功能、系统构成及数字化实现原理。本书将发电机组继电保护及自动装置的原理与数字化的实现方法相结合，具有理论联系实际的特点。在编写过程中，注重基本工作原理的介绍，由浅入深、逐步展开，力求从基本概念上阐明问题，具有可读性和实用性。

全书第一～三章由高亮编写，第五～七章由张永健编写，第四章由高亮、张永健、罗萍萍共同编写，全书由高亮统稿。本教材是电力系统继电保护原理的后续教材，可作为电气工程及其自动化等相关专业高年级教材使用。

本书在编写过程中，参阅了许多正式出版的参考文献和相关单位的技术资料，在此表示衷心感谢。华北电力大学张举教授审阅了全稿，并提出了宝贵的意见和建议，在此表示由衷的感谢。

由于编者水平有限，书中难免存在不妥和疏漏之处，恳切希望广大师生和读者批评指正。

作　者

2008 年 10 月于上海

目 录

第一章　发电机组微机继电保护的配置及特点

第一节　发电机的故障、不正常运行状态及保护方式

发电机的安全运行对保证电力系统的正常工作和电能质量起着决定性的作用，同时发电机本身是十分贵重的电气设备，保障发电机在电力系统中的安全运行非常重要。因此，应该针对各种不同的故障和不正常运行状态，装设性能完善的继电保护装置。

一、发电机的故障

发电机正常运行时发生的故障类型主要有以下几种。

（1）定子绕组的相间短路。发电机定子绕组发生相间短路若不及时切除，将烧毁整个发电机组，引起极为严重的后果，必须有两套或两套以上的快速保护反应此类故障。

（2）定子一相绕组内的匝间短路。发电机定子绕组发生匝间短路会在短路环内产生很大电流，因此发生定子绕组匝间短路时也应快速将发电机切除。

随着发电机设计技术的改进，同相同槽的绕组越来越少，发生匝间短路的可能性也大大减少。

（3）定子绕组单相接地。定子单相接地并不属于短路性故障，但由于以下几方面的原因，对单相接地故障却要求灵敏而又可靠地反应：大型发电机组中性点都经高阻接地，接地时将有电流流过接地点；接地的电容电流会灼伤故障点的铁芯；而绝大部分短路都是首先由于单相接地未及时进行处理发展而成；接地故障时非接地相电压升高，影响绝缘。

（4）转子励磁回路励磁电流消失（失磁）。由于励磁设备故障、励磁绕组短路等会引发失磁（全失磁或部分失磁），使发电机进入异步运行，对系统和发电机的安全运行都有很大影响。发电机组要求及时准确地检测出失磁故障。

（5）转子绕组一点接地或两点接地故障。转子一点接地对汽轮发电机组的影响不大，一般都允许继续运行一段时间；水轮发电机发生一点接地后会引起机组的振动，一般要求切除发电机组。发生两点接地时，部分转子绕组被短路，气隙磁场不对称，从而引起转子烧伤和振动，要求两点接地时尽快将发电机切除。

二、发电机不正常运行状态

由于发电机是旋转设备，一般发电机在设计制造时，考虑的过载能力都比较弱，一些不正常的运行状态将会严重威胁发电机的安全运行，因此必须及时、准确的处理。不正常运行状态主要有：

（1）定子绕组负序过电流。由外部不对称短路或不对称负荷（如单相负荷、非全相运行等）而引起的发电机负序过电流。发电机承受负序过电流能力非常弱，很小的负序电流流经定子绕组，就可能会引起转子铁芯的严重过热，甚至烧损发电机的铁芯、槽楔和护环。大机组上一般都配置两套反应负序过电流的保护。

（2）定子对称过电流。当外部发生对称三相短路时，会引起发电机定子过热，因此应有反应对称过电流的保护。

（3）过负荷。由于负荷超过发电机额定容量而引起的三相对称过负荷。当发电机过负荷时，应及时告警。

（4）过电压。由于突然甩负荷而引起的定子绕组过电压，会影响发电机的绝缘寿命，因此必须有反应过电压的保护。

（5）过励磁。当电压升高、频率降低时，可引起发电机和主变压器过励磁，从而使发电机过热而损坏，需装设反应过励磁的保护。

（6）频率异常。发电机在非额定频率下运行，可能会引起共振，使发电机疲劳损伤，应配置频率异常保护。

（7）发电机与系统之间失步。当发电机和系统失步时，巨大的交换功率使发电机无法承受而损坏，应配有检测失步的保护装置。

（8）误上电。大型发电机—变压器组（简称发变组）出线一般为3/2断路器接线，在发电机并网前有误合发电机断路器的可能，有可能导致发电机损伤。

（9）启停机故障。发电机组在没有给励磁前，有可能发生了绝缘破坏的故障，若能在并网前及时检测，就可以避免大的事故发生。对于大型发电机组，具有启停机故障检测功能对发电机组的安全将十分有利。

（10）逆功率。发电机组在运行中，由于汽轮机主汽门突然关闭而引起发电机逆功率，会引起汽轮机的鼓风损失而导致汽轮机发热损坏。

三、发电机的保护配置

发电机保护配置的原则是在发电机故障时应能将损失减小到最小，在非正常状况时应在充分利用发电机自身能力的前提下确保机组本身的安全。发电机通常应配置的保护有以下几种。

（1）发电机纵差动保护：发电机纵差动保护作为发电机定子绕组及引线相间短路故障的主保护，瞬时跳开机组。

（2）发电机匝间保护：传统的纵差动保护不能反应绕组匝间短路故障。一般应配置专门的匝间保护切除发电机定子绕组匝间短路故障。

（3）发电机定子接地保护：应能反应发电机定子绕组100％范围内的单相接地故障。

（4）发电机负序过电流保护：区外发生不对称性短路或非全相运行时，保证机组转子不会过热损坏。一般采用反时限特性。

（5）发电机对称过电流保护：当区外发生对称短路时，保证不因定子过电流引起发电机过热，一般也采用反时限特性。

（6）发电机失磁保护：反应发电机全部失磁或部分失磁。

（7）发电机过负荷保护：发电机过负荷时发告警信号。

（8）转子接地保护：其中一点接地保护反应转子发生一点接地，动作于发信号；两点接地保护反应转子发生两点接地或匝间短路，动作于跳闸。

对大容量发电机保护的配置比较全，一般还包括有以下保护。

（9）发电机失步保护：反应发电机和电力系统之间失步。

（10）发电机过电压保护：反应发电机定子绕组过电压。

（11）发电机过励磁保护：反应发电机过励磁。

（12）发电机阻抗保护、复合电压或低电压过电流保护：作为后备保护，这些保护可根据不同机组灵活配置。

（13）发电机频率保护：反应发电机低频、过频、频率累积的保护。

（14）励磁绕组过负荷保护：反应发电机励磁机（变）过负荷，采用反时限特性或定时限特性。

（15）逆功率保护：当发电机组在运行中主汽门关闭产生逆功率时动作断开主断路器。

（16）误上电保护：检测发电机在并网前可能出现的误合闸。

（17）启停机保护：在启停机过程中检测发电机绕组的绝缘变化。

以上各保护所述作用仅是它们的主要任务，事实上有些保护如过电流、阻抗保护等既是外部短路的远后备，也同样是发电机本身故障的近后备。

发电机保护是电网最后一级后备保护，又是发电机本身的主保护。为了快速消除发电机内部的故障，在保护动作于发电机断路器跳闸的同时，还必须动作于自动灭磁开关，断开发电机励磁回路，使定子绕组中不再感应出电动势，继续供给短路电流。

第二节　变压器的故障、不正常运行状态及保护方式

变压器和发电机与高压输电线路元件相比，虽然故障几率比较小，但其故障后对电力系统的影响却很大。任何由于保护装置本身的不合理动作都将给电力系统或变压器本身造成极大的危害。

一、变压器的故障

变压器的故障主要包括以下几类。

（1）相间短路。这是变压器最严重的故障类型。它包括变压器箱体内部的相间短路和引出线（从套管出口到电流互感器之间的电气一次引出线）的相间短路。由于相间短路会严重地烧损变压器本体设备，严重时会使得变压器整体报废，因此，当变压器发生这种类型的故障时，要求瞬时切除故障。

（2）接地（或对铁芯）短路。显然这种短路故障只会发生在中性点接地的系统一侧。对这种故障的处理方式和相间短路故障是相同的，但同时要考虑接地短路发生在中性点附近时保护的灵敏度。

（3）匝间或层间短路。当变压器短路匝数较少时，保护对其反应灵敏度不够，在短路环内的电流往往会引起绕组及铁芯的烧损。选择和配置灵敏的匝间短路保护，对变压器也很重要。

（4）铁芯局部发热和烧损。由于变压器内部磁场分布不均匀、制造工艺水平不高、绕组绝缘水平下降等因素，会使铁芯局部发热和烧损，继而引发更加严重的相间短路。因此，要及时检测这一类故障。

（5）油面下降。由于变压器漏油等原因造成变压器内油面下降，会引起变压器内部绕组过热和绝缘水平下降，给变压器的安全运行造成危害。因此当变压器油面下降时，应及时检测并予以处理。

二、变压器不正常运行状态

变压器不正常运行状态，是指变压器本体没有发生故障，但外部环境变化后引起的变压器非正常工作状态。这种非正常运行状态如不及时处理或告警，预示着将会引发变压器的内

部故障。因此，这一类保护也可称之为故障预测保护。

（1）过负荷：变压器有一定的过负荷能力，但若长期处于过负荷下运行，会使变压器绕组的绝缘水平下降，加速其老化，缩短其寿命。运行中应及时了解过负荷运行状态，以便能作相应处理。

（2）过电流：过电流一般是由于外部短路后，大电流流经变压器而引起的。由于变压器在这种电流下会烧损，一般要求和区外保护配合后，经延时切除变压器。

（3）零序过电流：由于变压器的绕组一般都是分级绝缘的，绝缘水平在整个绕组上不一致，当区外发生接地短路时，会使中性点电压升高，影响变压器安全运行。

（4）其他故障：如通风设备故障、冷却器故障等。这些故障也都必须作相应的处理。

三、变压器的保护配置

变压器保护的任务是对上述的故障和不正常运行状态应作出灵敏、快速、正确的反应。因此，目前在变压器保护中普遍采用的保护方式有以下几种。

（1）纵差动保护：是变压器主保护，能反应变压器内部各种相间、接地以及匝间短路故障，同时还能反应引出线套管的短路故障。它能瞬时切除故障，是变压器最重要的保护。

（2）气体（重/轻瓦斯）保护：能反应铁芯内部烧损、绕组内部短路（相间和匝间）、绝缘逐渐劣化、油面下降等故障，但不能反应变压器本体以外的故障。它的优点是灵敏度高，几乎能反应变压器本体内部的所有故障；其缺点是动作时间较长。

（3）零序电流保护：能反应变压器内部或外部发生的接地性短路故障，一般是由零序电流、间隙零序电流、零序电压共同构成完善的零序电流保护。

（4）过负荷保护：当变压器过负荷时延时发告警信号。

（5）后备保护：阻抗保护、复合电压或低电压过电流保护、简单过电流保护这几种保护方式都能反应变压器的过电流状态。但它们的灵敏度不同，阻抗保护的灵敏度最高，简单过电流保护的灵敏度最低。

（6）非电量（开入量）保护：温度保护、油位保护、通风故障保护、冷却器故障保护等，反应相应的温度、油位、通风等故障，这些非电量保护均采用继电器触点形式接入继电保护装置。

第三节　发变组微机保护的基本构成

由于发变组保护的种类多，可靠性要求高，通常发变组微机保护装置采用多 CPU 系统，即保护装置由若干个分别独立的 CPU 微机系统组成，每个 CPU 系统合理分担各种保护功能，各 CPU 系统并行工作，因此可提高可靠性和保护的动作速度。

一、发变组微机保护的硬件结构

微机保护的原理及功能主要由相应软件程序决定，因此具有不同保护原理和功能的各 CPU 系统的硬件结构完全相同。CPU 系统主要由输入交流信号隔离变换、低通滤波、A/D 转换、CPU、开关量输入隔离电路、信号和出口继电器、电源等电路组成。

在发变组微机保护装置中，一般采用插件形式，将一个 CPU 系统中各电路分散在若干个插件中，以便于实现整套保护装置功能的增减组合和硬件的维护及更换。图 1 - 1 所示为发变组微机保护典型的硬件构成图。

图 1-1 中有两个完全独立的相同的 CPU 板（即 CPU 板和管理板）。每个 CPU 板由两个数字信号处理芯片（DSP）和一个 32 位单片机组成，并具有独立的采样、出口电路。每块 CPU 板上的三个微处理器并行工作，通过合理的任务分配，实现了强大的数据和逻辑处理能力，使一些高性能、复杂算法得以实现。另外，还有一块人机对话板，由独立的 CPU 专门处理人机对话任务（图中未画出）。人机对话担负键盘操作和液晶显示功能，正常时，液晶显示时间、变压器的主接线、各侧电流、电压大小、潮流方向和差电流的大小。人机对话中界面采用菜单方式。

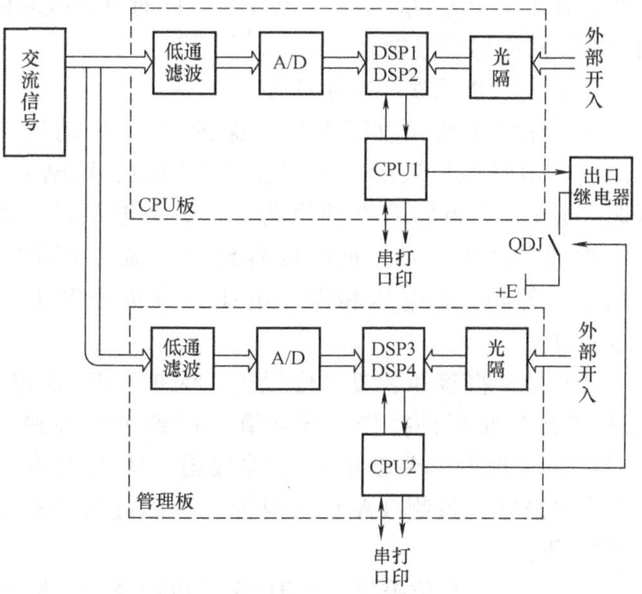

图 1-1　发变组微机保护典型的硬件构成图

保护装置核心部分采用 Motorola 公司的 32 位单片微处理器 MC68332，主要完成保护的出口逻辑及后台功能，保护运算则采用 AD 公司的高速数字信号处理（DSP）芯片，使保护整体精确、高速、可靠。

输入电流、电压首先经隔离互感器传变至二次侧，成为小电压信号分别进入 CPU 板和管理板。CPU 板主要完成保护的逻辑及跳闸出口功能，同时完成事件记录及打印、录波、保护部分的后台通信及与面板 CPU 的通信。管理板内设总启动元件，启动后开放出口继电器的正电源。另外，管理板还具有完整的故障录波功能，录波数据可单独串口输出或打印输出。DSP1 担负发电机、励磁变压器保护的运算，DSP2 担负变压器、厂用变压器保护的运算。

1. 交流量输入信号

（1）变压器高压侧电流、电压：高压侧支路（3/2 接线时包括Ⅰ、Ⅱ支路）、主变压器高压侧（套管）三相电流，低压侧备用三相电流、中性点零序电流、间隙零序电流；高压侧三相电压、零序电压。

（2）发电机电流、电压：发电机机端、中性点、中性点备用三相电流，横差电流、零序电流；发电机机端两组 TV 三相电压、零序电压，发电机中性点零序电压；发电机励磁电压、励磁电压正端对地、励磁电压负端对地、转子电流、轴电流。

（3）厂用变压器电流、电压：厂用变压器高压侧两组 TA（一组主变压器差动用、一组厂用变保护用）三相电流；低压侧 A、B 分支三相电流、零序电流；低压侧 A、B 分支三相电压、零序电压。

（4）励磁变压器（励磁机）电流：两侧三相电流。

2. 保护装置的启动元件

管理板针对不同的保护用不同的启动元件来启动，并且只有该种保护投入时，相应的启动元件才能启动。当各启动元件动作后展宽 500ms，开放出口正电源。CPU 板各保护动作元件只有在其相应的启动元件动作后，同时管理板对应的启动元件动作后才能跳闸出口；否则会有不对应启动报警。

3. 保护故障录波和事件报告

（1）保护录波和故障事件。保护CPU启动后将记录下启动前2个周期、启动后6个周期的电流电压波形，跳闸前2个周期、跳闸后6个周期的电流电压波形。保护装置可循环记录32组故障事件报告、8组录波的波形数据。故障事件报告包括动作元件、动作相别和动作时间。录波内容包括差流、差动各侧调整后电流、各侧三相电流和零序电流、各侧三相电压和零序电压以及负序电压、零差电流和跳闸脉冲等，以便进行事故分析。

（2）异常报警和装置自检报告。保护CPU还记录异常报警和装置自检报告，可循环记录32组异常事件报告。异常事件报告包括各种装置自检出错报警、装置长期启动和不对应启动报警、差动电流异常报警、零差电流异常报警、各侧TA异常报警、各侧TV异常报警、各侧TA断线报警、各侧过负荷报警、零序电压报警、启动风冷和过励磁报警等。

（3）开关量变位报告。保护CPU也记录开关量变位报文，可循环记录32组开关量变位报告。开关量变位报告包括各种连接片变位和管理板各启动元件变位等。

（4）正常波形。保护CPU可记录包括三相差流、差动各侧调整后电流、各侧三相电流和零序电流、各侧三相电压和零序电压等在内8个周波的正常波形。

二、发变组微机保护的软件结构

微机保护的软件基于硬件结构来完成各种保护算法和逻辑判断功能以及保护装置的整定与运行监视。CPU系统软件采用模块化结构，主要由调试监控程序、运行监控程序和继电保护功能程序三大模块组成。当装置运行在调试状态时，调试程序可根据输入指令，对装置进行全面的检查、测试和整定。若装置工作在运行状态，运行监控程序自动对装置进行自检、各种在线监视以及打印机的管理等。继电保护功能程序实时进行数据采集、数字滤波、电气参数计算，并实现各保护判据以及出口跳闸信号的输出。

1. 软件总框图

发变组微机保护软件总框图如图1-2所示。

保护装置一经通电或复位首先进入初始化程序，对随机存储器、可编程I/O接口等进行初始化，然后识别“调试/运行”方式开关的状态。方式开关处在运行位置，则立即调用并运行监控程序，在监控程序运行过程中，即时响应中断服务程序的请求，周期性地进入并执行继电保护功能程序；若方式开关拨在调试位置，装置进入调试监控程序运行。微机保护进入调试状态后，即可使用面板上的键盘、开关、显示器及打印机，对装置进行调试、整定、设置等操作。

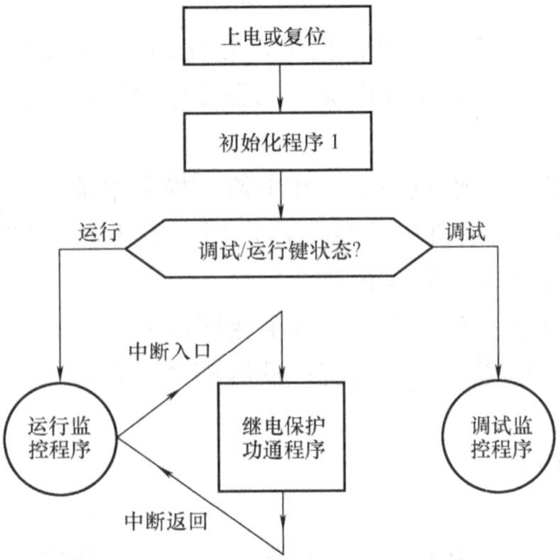

图1-2 发变组微机保护软件总框图

2. 调试监控程序

调试监控程序根据运行调试人员输入的指令对微机保护装置进行相应检查、调试、监控和测试，并能实现定值调整、数据打印等功能。当装置进入调试状态后，即可使用键盘和显示器进行定值检查及修改、输入采样数据显示、时钟整定、定值打印、出口继电器检查、插件检查等操作。

3. 运行监控程序

运行监控程序具有自动地对装置进行全面自检、在线监视以及打印机管理等功能。运行监控程序逻辑框图如图 1-3 所示。当保护装置进入运行监控程序后，首先进行静态自检，即在保护软件执行前对保护装置硬件进行全面、连续的检查。如果自检出某一插件出错，则转向自检出错处理程序，对出错性质及对象进行判别、分类等处理，并发出装置告警信号，也可打印出错信息。必要时闭锁保护出口，防止保护误动。

若静态自检通过后，立即进入初始化程序Ⅱ，对保护用存储器和I/O接口等进行初始化，做好执行保护功能程序的一切必要准备。然后开中断，转入继电保护功能程序，并对中断程序进行管理，使保护功能程序以采样频率周期性地执行。在每次中断返回后的剩余时间内对保护装置进行动态自检，动态自检与静态自检内容基本相同，只不过其检查是断续的，不至于影响下一采样周期保护中断申请的执行。自检通过后则进入动作报告自动打印管理及运行状态监视程序。

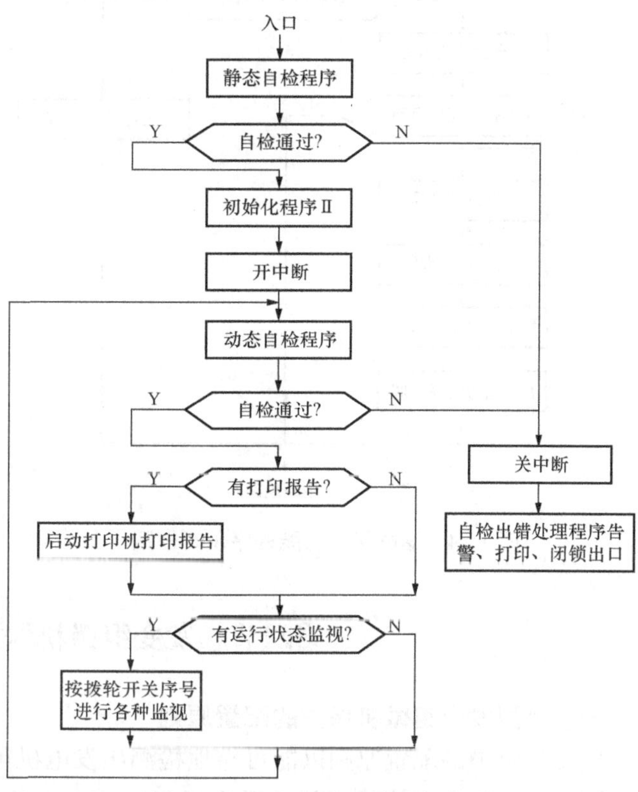

图 1-3　运行监控程序逻辑框图

当动态自检通过后，若保护有跳闸出口或发信号，打印机将自动打印保护动作情况报告，如属哪层 CPU 系统动作、动作时间、动作量等情况。随后根据设定要求对输入信号量、保护定值、A/D 采样通道和有关保护的计算、判别结果等进行监视。如果动态自检中某一插件检查未通过，则转向自检出错处理程序：首先关闭中断，停止保护程序的执行，并直接闭锁所有出口信号；然后发装置故障告警信号，打印出故障插件编号，提示继电保护人员进行详细检查。

动态自检、动作报告自动打印管理和运行状态监视，是利用每个采样周期中断返回后的剩余时间断续完成的，这也是动态自检与静态自检的主要区别。

4. 继电保护功能程序

继电保护功能程序由中断服务程序和故障处理程序组成，用以实现模拟量采样、信号预处理、保护特性形成，并执行其功能。各保护虽然原理不同、计算方法各异，但保护功能程

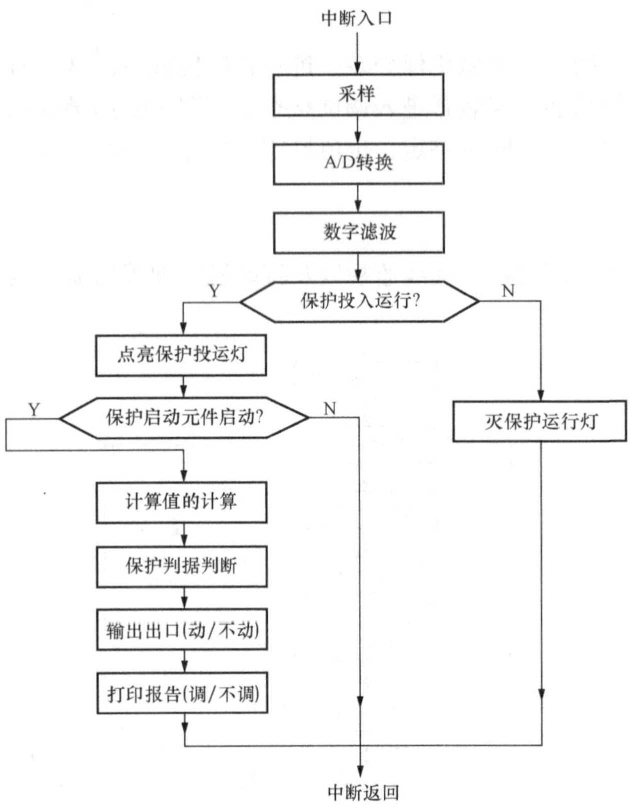

图 1-4　继电保护功能程序逻辑框图

序的工作流程基本相同，一般包括输入信号的 A/D 转换、必要的数字滤波处理、电气参数的计算、各判据的实现以及出口信号的输出。继电保护功能程序逻辑框图如图 1-4 所示。当运行监控程序接受中断申请中断后，首先对测量量进行采样、A/D 转换、数字滤波等信号处理。当保护投入运行，则点亮保护运行灯，显示保护处于运行状态。若保护未启动，则中断返回至中断前的位置继续执行监控程序进行循环自检。若保护启动元件动作，先将中断返回地址修改为故障处理程序入口，然后执行中断进入故障处理程序，按继电保护算法计算出所需的电气量，再依据动作判据判断保护是否满足动作条件，满足动作条件，则驱动出口动作于跳闸或发信号，输出故障报告。最后，关中断返回到运行监控程序。

第四节　发变组微机保护的配置

一、大型发变组微机保护的配置原则

发变组保护的配置原则以能可靠地检测出发电机可能发生的故障及不正常运行状态为前提，同时，在继电保护装置部分退出运行时应不影响机组的安全运行。在对故障进行处理时，应保证满足机组和系统两方面的要求。

对大型发变组微机保护装置，保护典型配置见表 1-1。为最大限度地保证机组安全，缩小故障范围，避免不必要的停机，大型发电机组继电保护应双重化配置。双重化配置是指两套独立的 TA、TV 检测元件、独立的保护装置、独立的断路器跳闸机构、独立的控制电缆及独立的蓄电池供电。要有完善的后备保护和异常工况保护，并根据不同故障和异常对机组的影响程度，采用多种保护出口方式。为提高保护的可靠性，避免硬件损坏引起保护装置的拒动或误动，微机保护装置硬件配置应考虑以下原则。

1. 保护分柜原则

一般发变组微机保护装置采用多柜（如 A、B 两柜）布置，为防止保护柜因电源故障等原因致使发变组失去保护，各保护分柜布置应遵循以下原则。

(1) 同一元件的主保护分别布置于不同柜中（如发电机差动保护和发变组差动保护，主变压器差动保护和主变压器气体保护等，分别布置于 AB 柜中）。

（2）同一元件的主保护和后备保护分别布置于不同柜中。

（3）相似功能的保护分别布置于不同柜中。

（4）接于同一组电流互感器回路的保护装于同一柜中。还要求各保护柜有独立的直流电源和保护出口。微机保护均采用多 CPU 系统以加快保护动作速度，提高保护工作可靠性。

2. CPU 配置原则

（1）每个 CPU 系统可以完成 1～2 个主保护和 2～5 个后备保护功能。

（2）CPU 系统各自独立，设有单独的电源和自动开关。

（3）主保护应布置在不同的 CPU 系统内，同一元件的主保护和后备保护应尽量布置在不同的 CPU 系统内。

表 1-1　　大型发变组继电保护的典型配置及其出口的控制对象

序号	保护装置名称		组别	保护装置出口							处理方式
				全停	解列灭磁	程序跳闸	解列	母线解列	减出力	发信号	
Ⅰ	短路故障保护										
1	发电机差动保护		A	+							全　停
2	主变压器差动保护		A	+							全　停
3	高压厂用变压器差动保护		A	+							全　停
4	发变组差动保护		B	+							全　停
5	主变压器后备阻抗保护	t_1	B					+			母线解列
		t_2			+						解列灭磁
6	主变压器高压侧零序保护	t_1	B					+			母线解列
		t_2			+						解列灭磁
7	定子绕组匝间短路保护		B	+							全　停
8	转子回路两点接地保护		B	+							全　停
Ⅱ	异常运行保护										
9	定子绕组接地保护	Ⅰ段	A							+	发信号
		Ⅱ段	B		△						可选跳闸
10	转子回路一点接地保护		A			△				+	发信号
11	定子过负荷保护	定时限	A							+	发信号
12		反时限	A							+	发信号
13	负序过电流保护	定时限								+	发信号
		反时限	A		+						解列灭磁
14	转子过负荷保护	定时限								+	发信号
		反时限	A		+						解列灭磁
15	低频保护				+						解列灭磁
16	低励失磁保护	t_0	B							+	发信号
		t_1、t_3	A			+			+		程序跳闸
		t_2			+						解列灭磁
17	过电压保护				+						解列灭磁
18	逆功率保护	t_1	B		+						解列灭磁
		t_2	A	△							全　停
19	失步保护					△	+				程序跳闸
20	过励磁保护		B		+						解列灭磁
21	断路器失灵保护		B		+						解列灭磁
22	非全相保护		B				+				解　列

注　1. +为保护动作结果；△为可选项；

2. 主变压器保护中，t_1 为短延时，t_2 为长延时；

3. 有关失磁保护延时见第二章图 2-31。

3. 保护出口方式

对典型的发变组单元接线方式，保护装置动作后的控制对象包括以下几种。

（1）全停：停机、停炉、跳主断路器、灭磁、跳高压厂用变压器低压侧断路器、停机炉辅机设备。

（2）解列灭磁：跳主断路器、灭磁、跳高压厂用变压器低压侧断路器。

（3）解列：只跳主断路器。

（4）程序跳闸：保护动作后先关主汽门，待逆功率后由逆功率保护切除发电机。

（5）母线解列：解列并列的母线。

（6）减输出功率：减少原动机的输出功率。

（7）发信号：发出声光信号或光信号。

二、发变组微机保护的典型配置框图

保护的配置框图是指在一次主接线图的基础上用规定的图形符号和文字符号，反映继电保护的配置及模拟量电流、电压的输入情况。

大型发变组单元差动保护典型配置方案如图 1-5 所示，包括发电机纵差动、主变压器差动、发变组差动、高压厂用变压器差动、励磁变压器（励磁机）差动、发电机匝间（横差动）。

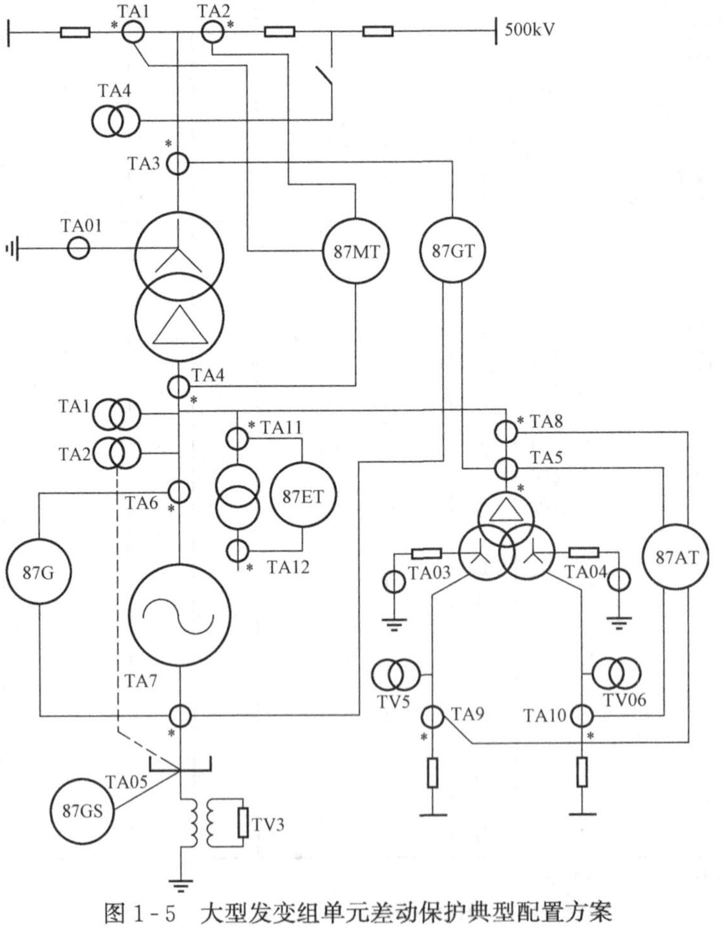

图 1-5 大型发变组单元差动保护典型配置方案

87GT—发变组差动；87MT—主变压器差动；87G—发电机纵差；
87GS—发电机横差；87AT—高压厂用变压器差动；87ET—励磁变压器差动

发电机差动保护 87G 由机端电流互感器 TA6 和中性点侧电流互感器 TA7 构成；主变压器差动保护由高压侧电流互感器 TA1、TA2 以及低压侧电流互感器 TA4 构成；由主变压器高压侧电流互感器 TA3、高压厂用变压器高压侧电流互感器 TA5 以及发电机中性点侧电流互感器 TA7 构成发变组差动保护 87GT，实现双重化保护。高压厂用变压器差动保护 87AT 由高压侧电流互感器 TA8（TA5）和低压侧电流互感器 TA9、TA10 构成双重化保护。另外，还包括励磁变压器差动 87ET 及发电机匝间短路保护 87GS。发电机差动、主变压器差动与发变组差动分别置于 A 柜及 B 柜的 CPU 中。

大型发变组单元的后备保护典型配置方案如图 1-6 所示，其中包括以下几种保护。

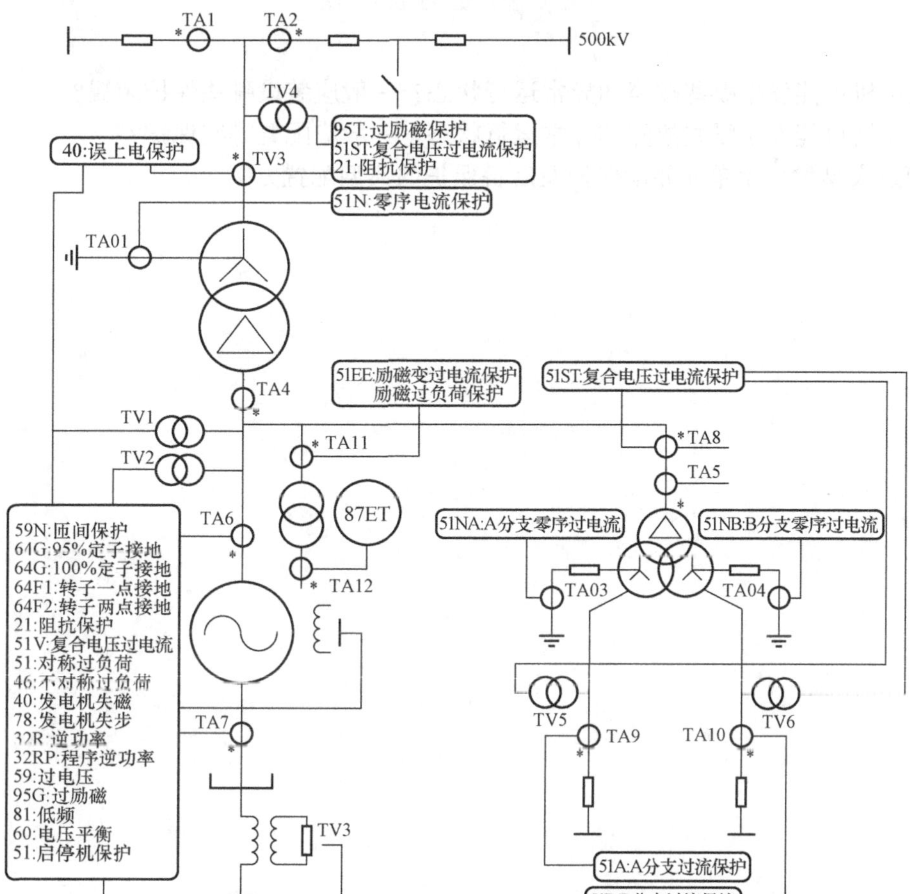

图 1-6　大型发变组单元后备保护典型配置方案

（1）变压器后备保护：两段两时限相间阻抗保护 21、两段两时限复合电压过电流保护 51ST、两段两时限零序电流保护 51N、过励磁保护 95T、过负荷报警等，以及 TV 断线及 TA 断线判别等功能。

（2）发电机后备保护和异常运行保护：两段相间阻抗保护 21、两段复合电压过电流保护 51V、零序电压保护 59N、95%定子接地保护 64G、100%定子接地保护 64G、转子一点接地保护 64F1、转子两点接地保护 64F2、定反时限定子过负荷保护 51、定反时限负序过电流保护 46、失磁保护 40、失步保护 78、过电压保护 59、定反时限过励磁保护 95G、逆功率保护 32R、程序跳闸逆功率 32RP、低频率保护 81、启停机保护 51、误上电保护 40、TV 断线（电压平衡）及 TA 断线判别等功能。

（3）高压厂用变压器过电流保护：高压侧复合电压过电流保护 51ST 作为高压厂用变压器的后备保护，低压侧 A 分支（复压）过电流保护 51A、低压侧 B 分支（复压）过电流保护 51B，分别作为厂用电母线短路的保护。

由于一套保护装置包括了所有电量保护，一个发变组单元一般配置两套完整的电量保护（A、B 两面屏），配置一套非电量保护及操作回路装置（C 一面屏）。

复习思考题

1. 发电机可能发生哪些故障和异常运行状态？一般应装设哪些保护装置？
2. 变压器可能发生哪些故障和异常运行状态？一般应配置哪些保护？
3. 简述大型发变组单元差动保护及后备保护的典型配置方案。

第二章　发电机微机继电保护原理

第一节　发电机纵差动保护

发电机内部短路故障主要是指定子的各种相间和匝间短路故障，短路时在发电机被短接的绕组中将会出现很大的短路电流，严重损伤发电机本体，甚至使发电机报废，危害十分严重。

发电机纵差动保护反应发电机定子绕组的两相或三相短路，是发变组保护中最重要的保护之一。它的特点是灵敏度高、动作时间短、可靠性高，能及时地切除发电机内部绝大部分短路性故障，因此是发变组保护首选的保护之一。但发电机完全纵差动保护不能反应匝间短路故障。目前发电机纵差动保护广泛采用的有比率制动式和标积制动式两种原理。

一、比率制动式纵差动保护原理

发电机纵差动保护原理与其他差动保护相同，其基本原理可用图 2-1 来说明。图中以一相为例，规定一次电流 $\dot{I}_1$、$\dot{I}_2$ 以流入发电机为正方向。当正常运行以及发电机保护区外发生短路故障时，$\dot{I}_1$ 与 $\dot{I}_2$ 反相即有 $\dot{I}_1+\dot{I}_2=0$，流入差动元件的差动电流 $I_d=|\dot{I}'_1+\dot{I}'_3|\approx 0$（实际不为 0，称为不平衡电流 I_{unb}），差动元件不会动作。当发生发电机内部短路故障时，在不计各种误差条件下，$\dot{I}_1$ 与 $\dot{I}_2$ 同相位即有 $\dot{I}_1+\dot{I}_2=\dot{I}_k$，流入差动元件的差动电流将会出现较大的数值，当该差动电流超过整定值时，差动元件判为发生了发电机内部故障而作用于跳闸。

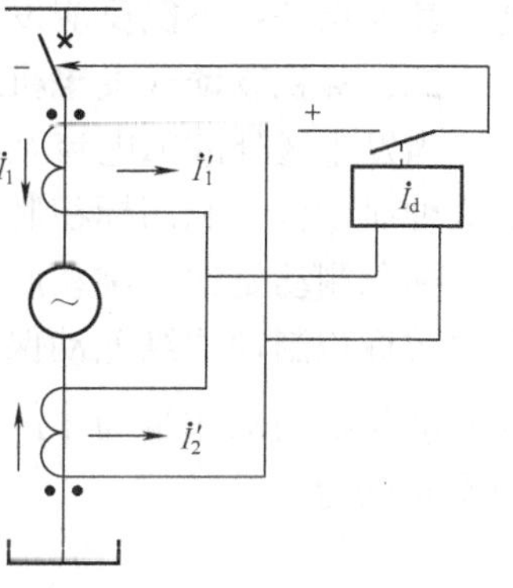

图 2-1　发电机纵差动保护原理图

上述原理的纵差动保护，为防止差动保护在区外短路时误动，差动元件的动作电流 I_d 应躲过区外短路时产生的最大不平衡电流 $I_{unb.max}$，这样差动元件的动作电流将比较大，降低了内部故障时保护的灵敏度，甚至有可能在发电机内部相间短路时拒动。为了解决区外短路时不误动和区内短路时有较高的灵敏度这一矛盾，考虑到不平衡电流随着流过 TA 电流的增加而增加的因素，提出了比率制动式纵差动保护，使差动保护动作值随着外部短路电流的增大而自动增大。

设 $I_d=|\dot{I}'_1+\dot{I}'_2|$，$I_{res}=|(\dot{I}'_1-\dot{I}'_2)/2|$，比率制动式差动保护的动作方程为

$$\begin{cases} I_d \geqslant I_{d.min} & (I_{res} \leqslant I_{res.min}) \\ I_d \geqslant I_{d.min}+K(I_{res}-I_{res.min}) & (I_{res} > I_{res.min}) \end{cases} \tag{2-1}$$

式中　I_d——差动电流或称动作电流；

I_{res}——制动电流；

$I_{res.min}$——最小制动电流或称拐点电流；

$I_{d.min}$——最小动作电流或称启动电流；

K——制动特性直线的斜率。

式（2-1）对应的比率制动特性如图2-2所示。由式（2-1）可以看出，它在动作方程中引入了启动电流和拐点电流，制动线BC一般已不再经过原点，从而能够更好地拟合TA的误差特性，进一步提高差动保护的灵敏度。注意，以往传统保护中常使用过原点的OC连线的斜率表示制动系数，而在这里比率制动线BC的斜率是$K(K=\tan\alpha)$。

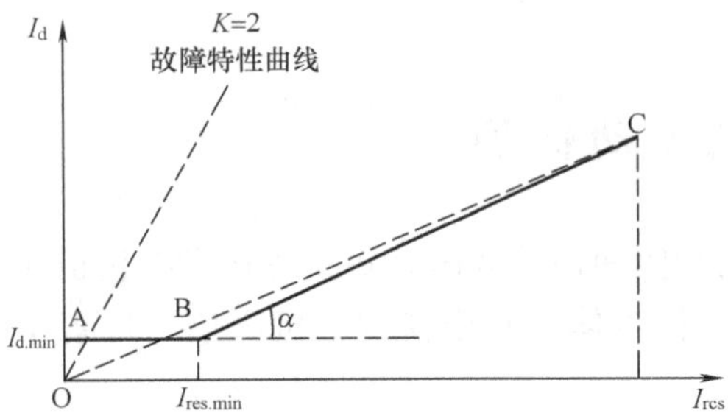

图2-2　发电机纵差动保护比率制动特性

根据比率制动特性曲线分析，当发电机正常运行或区外较远的地方发生短路时，差动电流接近为零，差动保护不会误动；而在发电机区内发生短路故障时，$\dot{I}_1$与$\dot{I}_2$相位接近相同，差动电流明显增大，减小了制动量，从而可灵敏动作。当发生发电机内部轻微故障时，虽然有负荷电流制动，但制动量比较小，保护一般也能可靠动作。

比率制动方式差动保护是在传统差动保护原理的基础上逐步完善起来的。它有如下几个优点：①灵敏度高；②在区外发生短路或切除短路故障时躲不平衡电流能力强；③可靠性高。其缺点是：不能反应发电机内部匝间短路故障。

二、标积制动式发电机纵差动保护

当发生区外故障电流互感器严重饱和时，比率制动原理的纵差动保护可能误动作。为防止这种误动作，利用标积制动原理构成纵差动保护，而且在内部故障时具有更高的灵敏度。

标积制动是比率制动原理的另一种表达形式。仍以图2-1所示电流流入发电机为正方向说明标积制动式纵差动保护的工作原理。根据图2-1所示电流参考正方向，标积制动式纵差动保护的动作量为$|\dot{I}_1+\dot{I}_2|^2$，制动量由两侧二次电流的标积$|\dot{I}_1||\dot{I}_2|\cos\varphi$决定。其动作判据为

$$|\dot{I}_1+\dot{I}_2|^2 \geqslant -K_{res}|\dot{I}_1||\dot{I}_2|\cos\varphi \tag{2-2}$$

式中　φ——电流$\dot{I}_1$和$\dot{I}_2$的相位差角；

K_{res}——标积制动系数。

标积制动式差动保护动作量和比率制动式的基本相同，其差别就在于制动量。理想情况下，区外短路时，$\varphi=180°$，即$\dot{I}_1=-\dot{I}_2=\dot{I}$，$\cos\varphi=-1$，动作量为零，而制动量达最大值$K_{res}I^2$，保护可靠不动作，标积制动式和比率制动式有同等的可靠性。区内短路时，$\varphi\approx0$，$\cos\varphi\approx1$，制动量为负，负值的制动量即为动作量，即此时动作量为$(I_1+I_2)^2+K_{res}I_1I_2$，制动量为零，大大地提高了保护动作的灵敏度。特别地，当发电机单机送电或空载运行时发生区内故障，因机端电流$\dot{I}_1=0$，制动量为零，动作量为I_2^2，保护仍能灵敏动作。而比率制动式差动保护在这种情况下会有较大的制动量，降低了保护的灵敏度。

由此可见，标积制动式纵差动保护的灵敏度较高，作为发电机保护有利于减小保护死区。但其原理较比率制动式差动保护复杂，在微机型保护中是很容易实现的。在比率制动式差动保护不能满足灵敏度要求的情况下考虑采用标积制动式纵差动保护。

标积制动式差动保护原理在理论上可以从比率制动式推得。但由于在同等内部故障的条

件下，标积制动式差动保护的动作量和制动量的差异要远比比率制动式的大，因此灵敏度更高。

三、发电机纵差动保护的动作逻辑

分别从发电机机端和发电机中性点引入三相电流实现纵差动保护。其动作逻辑有两种方式，即循环闭锁方式和单相差动方式。

1. 单相差动方式动作逻辑

任一相差动保护动作即出口跳闸。这种方式另外配有 TA 断线检测功能。在 TA 断线时瞬时闭锁差动保护，且延时发 TA 断线信号。单相差动方式保护跳闸出口逻辑如图 2-3 所示。

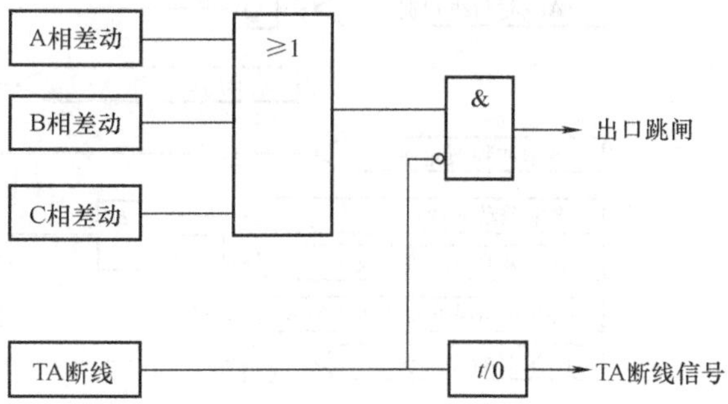

图 2-3　单相差动方式保护跳闸出口逻辑

2. 循环闭锁方式动作逻辑

由于发电机中性点为非直接接地，当发电机区内发生相间短路时，会有两相或三相的差动元件同时动作。根据这一特点，在保护跳闸逻辑设计时可以作相应的考虑。当两相或两相以上差动元件动作时，可判断为发电机内部发生短路故障；而仅有一相差动元件动作时，则判断为 TA 断线。循环闭锁方式保护跳闸出口逻辑如图 2-4 所示。

为了反应发生一点在区内而另外一点在区外的异地两点接地（此时仅有一相差动元件动作）引起的短路故障，当有一相差动元件动作且同时有负序电压时也判定为发电机内部短路故障。若仅一相差动保护动作，而无负序电压时，认为是 TA 断线。这种动作逻辑的特点是单相 TA 断线不会误动，因此可省去专用的 TA 断线闭锁环节，且保护安全可靠。

3. 发电机比率差动保护动作逻辑实例

图 2-5 所示为一典型发电机比率差动保护的动作逻辑。为防止在区外故障时 TA 的暂态与稳态饱和可能引起的稳态比率差动保护误动作，装置采用各侧相电流的波形判别作为 TA 饱和的判据。故障发生时，保护装置先判断出是区内故障还是区外故障；如为区外故障，投入 TA 饱和闭锁判据；当判断为 TA 饱和时，闭锁比率差动保护。

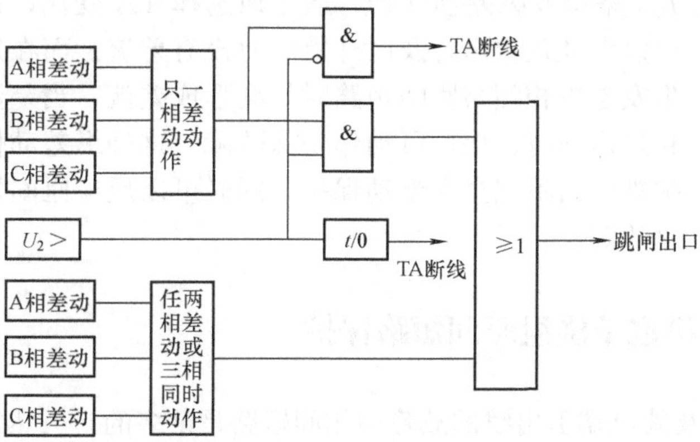

图 2-4　循环闭锁方式保护跳闸出口逻辑

为避免区内严重故障时 TA 饱和等因素引起的比率差动延时动作，装置设有一高比例和高启动值的高值比率差动保护，利用其比率制动特性抗区外故障时 TA 的暂态和稳态饱和，而在区内故障 TA 饱和时能可靠正确动作。高值比率差动的各相关参数均由装置内部设定。

设有差动速断保护，当任一相差动电流大于差动速断整定值时瞬时动作于出口。

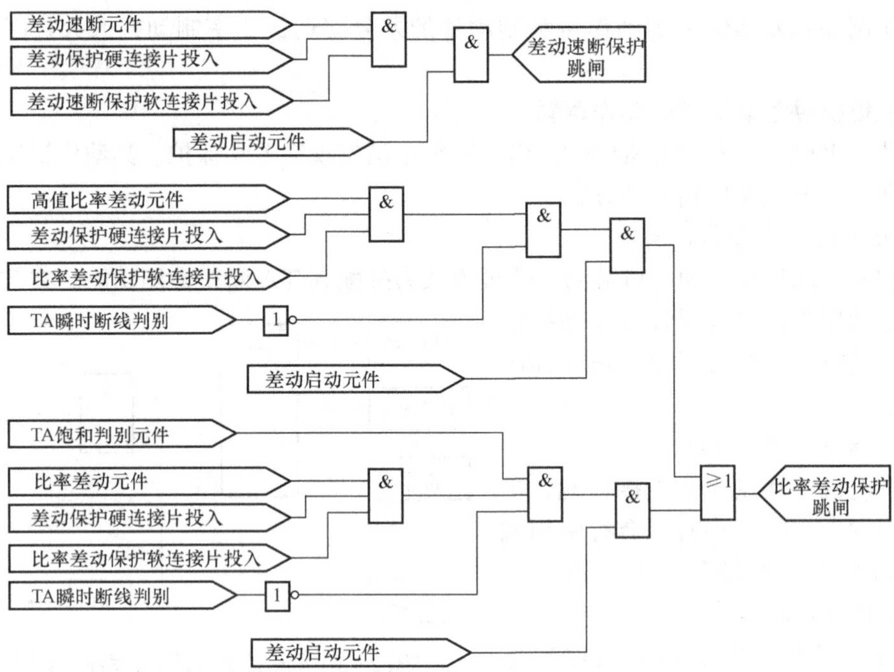

图 2-5　典型发电机比率差动保护的动作逻辑

设有带比率制动的差流异常报警功能，开放式瞬时 TA 断线、短路闭锁功能。通过“TA 断线闭锁差动控制字”整定选择，瞬时 TA 断线和短路判别动作后可只发报警信号或闭锁全部差动保护。当“TA 断线闭锁比率差动控制字”整定为“1”时，闭锁比率差动保护。

四、发电机不完全纵差动保护

一般纵差动保护引入发电机定子机端和中性点的全部相电流 $\dot{I}_1$ 和 $\dot{I}_2$ 构成差动，称为完全差动。在定子绕组发生同相匝间短路时两电流仍然相等，保护将不能动作。而通常大型的汽轮或水轮发电机每相定子绕组均为两个或者多个并联分支，中性点可引出多个分支，如图 2-6 所示。在这种情况下若仅引入发电机中性点侧部分分支电流 $\dot{I}_2'$，来构成纵差动保护，适当地选择 TA 变比，也可以保证正常运行及区外故障时没有差流。而在发生发电机相间与匝间短路时均会形成差流，当差流超过定值时，保护可动作切除故障。这种纵差动保护被称为不完全纵差动保护，同时可以反应匝间短路故障。

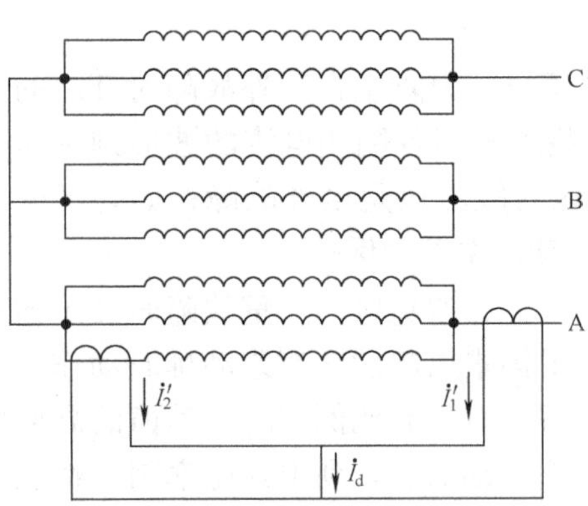

图 2-6　发电机不完全纵差动保护原理接线

第二节　发电机定子绕组匝间短路保护

短路故障的统计数据表明，发电机及其机端引出线的故障中相间短路是最多的，虽然定子绕组匝间短路发生的概率相对较少，但也有发生的可能性，需要配置保护。

在大容量发电机中，由于额定电流很大，其每相一般都是由两个或两个以上并联分支绕组组成的，且采用双层绕组。定子绕组的匝间短路故障主要是指同属一分支的位于同槽上下层线棒间发生的短路或同相但不同分支的位于同槽上下层线棒间发生的短路。此外，定子相同绕组端部两点接地也可形成匝间短路。匝间短路回路的阻抗较小，短路电流很大，会使局部绕组和铁芯遭到严重损伤。因而定子绕组匝间短路是发电机的一种严重故障。但由于短路发生在同一相绕组内，故纵差动保护不能反应匝间短路。因此，发电机应专门装设高灵敏度的定子绕组匝间短路保护，并兼顾反应定子绕组开焊故障，瞬时动作于停机。

根据发电机中性点引出分支线的不同，匝间短路保护的方式主要有以下两种。

一、发电机单元件横差动保护

单元件横差动保护适用于具有多分支的定子绕组，且有两个以上中性点引出端子的发电机，能反应定子绕组匝间短路、分支线棒开焊及机内绕组相间短路。

对于定子绕组每相具有两个并联分支绕组，采用双星形接线，中性点有六或四个引出端的发电机，单元件横差动保护的原理接线可由图 2-7 来说明。在正常运行的时候，各绕组中的电动势相等，且三相对称，两个星形接线中性点等电位，中性点连线中无电流流过。当同相内非等电位点发生匝间短路等不对称故障时，各短路绕组中的电动势就不再相等。由于两星形绕组间电动势平衡遭到破坏，在中性点连线上将引起故障环流，中性点连线中会有电流流过，利用测量这种环流可构成反应匝间短路故障的单元件横差动保护。

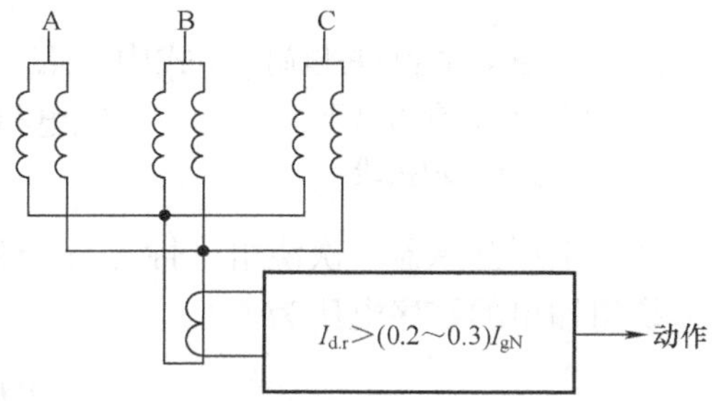

图 2-7 单元件横差动保护的原理接线

图 2-7 中保护所用电流互感器 TA 接在两中性点连线上。正常运行及外部短路时，两星形绕组三相基波电动势对称，两中性点连线上主要存在由发电机电动势中高次谐波产生的不平衡电流，其中以三次谐波幅值最大。横差保护元件的动作电流必须要大于最大不平衡电流。为减小不平衡电流影响，降低动作电流，提高保护灵敏度，横差保护中应滤除三次谐波。

单元件横差保护具有接线简单、灵敏度较高，能反应匝间短路、绕组相间短路及分支开焊故障等优点。对于中性点有六个引出端子的发电机，装设单元件横差动保护是一种最简单可靠且灵敏度较高的发电机内部保护方案。但大型机组由于一些技术上和经济上的考虑，发电机中性点侧常常只引出三个端子，更大的机组甚至只引出一个中性点，这就不可能装设单元件横差动保护。对此应考虑下述纵向零序电压原理的匝间短路保护。

二、纵向零序电压发电机匝间短路保护

1. 纵向零序电压定子绕组匝间短路保护基本原理

发电机定子绕组在其同一分支匝间或同相不同分支间发生匝间短路故障或开焊时，由于三相电动势出现纵向不对称（即机端相对于中性点出现不对称），从而产生所谓的纵向零序电压。该电压由专用电压互感器（互感器一次中性点与发电机中性点通过高压电缆连接起来，而不允许接地）的开口三角形绕组两端取得。利用反应纵向零序电压超过定值时保护动作可构成零序电压匝间短路保护。

零序电压式匝间短路保护主要由零序电压元件、负序功率方向闭锁元件和 TV 断线闭锁

元件组成。

零序电压元件由专用电压互感器取得纵向零序电压，专用电压互感器原理接线如图 2-8 所示。为取得纵向零序电压，而不受单相接地产生的零序电压影响，专用电压互感器的一次侧中性点直接与发电机中性点相连接，并与地绝缘。

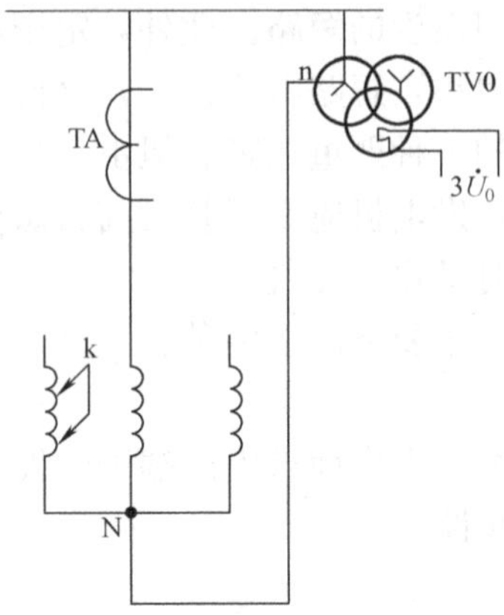

图 2-8　纵向零序电压匝间短路保护的专用电压互感器原理接线

当发电机定子绕组一相（设 A 相）发生匝间短路，且短路匝数比 α 不大时，可认为三相电动势仍存在 120°相位差，此时机端三相电压为

$$\left.\begin{aligned}\dot{U}_{AN} &= \dot{E}_A = (1-\alpha)\dot{E}\\ \dot{U}_{BN} &= \dot{E}_B = \dot{E}e^{-j120^\circ}\\ \dot{U}_{CN} &= \dot{E}_C = \dot{E}e^{j120^\circ}\end{aligned}\right\}\tag{2-3}$$

式中　$\dot{E}$——故障前 A 相电动势。

发电机三相对中性点 N 出现纵向零序电压

$$3\dot{U}_0 = \dot{U}_{AN} + \dot{U}_{BN} + \dot{U}_{CN} = -\alpha\dot{E}\tag{2-4}$$

由于电压互感器一次绕组中性点 n 与发电机中性点 N 直接相连，故电压互感器开口三角形绕组输出的零序电压为

$$3U_0 = -\frac{\alpha E}{n_{TV}}\tag{2-5}$$

当发电机一相定子绕组开焊时，发电机三相绕组对中性点也将出现纵向零序电压。同理，电压互感器开口三角绕组亦有零序电压输出。

当发电机定子绕组单相接地时，虽然发电机定子三相绕组对地出现零序电压，但由于发电机中性点不直接接地，其定子三相对中性点 N 仍保持对称。因此，一次侧与发电机三相绕组并联的电压互感器开口三角绕组无零序电压输出。

显然，当发电机正常运行或外部发生相间短路时，电压互感器开口三角绕组也无零序电压输出。实际上，由于发电机气隙磁通的非正弦分布及磁饱和等影响，正常运行时电压互感器开口三角绕组仍有不平衡电压，其中主要是三次谐波电压，其值随定子电流的增大而增大。为此，应有效地滤去不平衡电压中的三次谐波分量，以提高保护灵敏度、减小死区。

2. 负序功率方向闭锁

当发电机区外短路电流较大时，往往滤除三次谐波后，仍有较大的不平衡电压值。为防止匝间短路保护误动，且不增大保护的动作值，可设置负序功率方向元件用以测量机端负序功率方向。不同故障情况下，机端的负序功率方向可由图 2-9 所

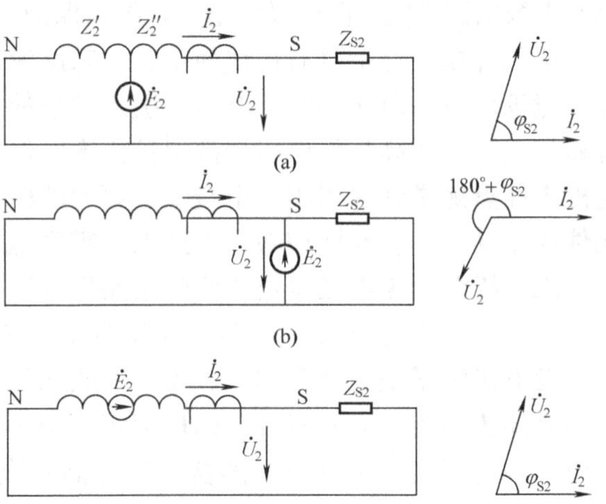

图 2-9　定子回路的负序等值电路及分析

(a) 区内故障；(b) 区外故障；(c) 匝间短路

示的定子回路的负序等值电路进行分析，图中 Z_{S2} 为系统负序阻抗，其阻抗角为 φ_{S2}。当定子绕组匝间短路或开焊以及区内不对称短路时均有 $\arg\left(\frac{\dot{U}_2}{\dot{I}_2}\right)=\varphi_{S2}<90°$；而区外不对称短路时，$\arg\left(\frac{\dot{U}_2}{\dot{I}_2}\right)=180°+\varphi_{S2}$。可见，利用负序功率方向元件可正确区分匝间短路和区外短路，在区外短时闭锁保护。这样，保护的动作值可仅按躲过正常运行时的不平衡电压整定。当三次谐波过滤器的过滤比大于80时，保护的动作电压可取额定电压的0.03～0.04倍。若电压互感器开口三角侧额定电压为100V，则电压元件的动作电压为3～4V。

为防止专用电压互感器TV1断线，在开口三角绕组侧出现很大的零序电压导致保护误动，保护装置中要增设电压回路断线闭锁元件。断线闭锁元件是利用比较专用电压互感器TV1和机端测量电压互感器TV2的二次正序电压原理工作的。正常运行时，TV1与TV2二次正序电压相等，断线闭锁元件不动作。当任一电压互感器断线时，其正序电压低于另一正常电压互感器的正序电压，断线闭锁元件动作，闭锁保护装置。可见，负序功率方向闭锁零序电压匝间短路保护的灵敏度较高，死区较小，在大型发电机中得到广泛应用。

3. 发电机纵向零序电压匝间短路保护动作逻辑

微机型匝间短路保护常采用零序电压原理构成，为提高保护灵敏度，引入三次谐波电压变化量进行制动即构成三次谐波电压变化量制动的零序电压匝间短路保护。

三次谐波电压变化量制动的零序电压匝间短路保护程序逻辑框图如图2-10所示，保护分为Ⅰ、Ⅱ两段。

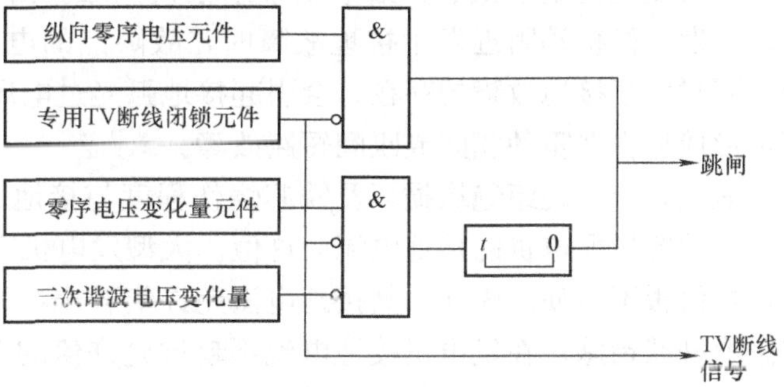

图2-10　三次谐波电压变化量制动的零序电压匝间短路保护程序逻辑框图

Ⅰ段为次灵敏段，由纵向零序电压元件构成，其动作判据为 $3U_0>U_{set}$，动作电压按躲过区外故障时出现的最大基波不平衡电压整定，保护瞬时动作出口。

Ⅱ段为灵敏段，由零序电压变化量元件实现，灵敏段的动作电压应可靠躲过正常运行时出现的最大基波不平衡电压，并引入三次谐波电压变化量进行制动，以防止区外故障时出现的最大基波不平衡电压引起保护的误动。其动作判据为

$$3U_0-U_{unb}>K(U_{3\omega}-U_{3\omega N}) \tag{2-6}$$

式中　$3U_0$——专用TV开口绕组输出电压；

U_{unb}——正常运行时出现的最大不平衡电压；

$U_{3\omega}$——专用TV开口绕组输出电压的三次谐波分量；

$U_{3\omega N}$——发电机额定运行时，专用TV开口绕组输出电压的三次谐波分量；

K——制动特性曲线的斜率。

令 $3U_0-U_{unb}=\Delta U_\omega$，$U_{3\omega}-U_{3\omega N}=\Delta U_{3\omega}$，则式（2-6）可表示为

$$\Delta U_\omega>K\Delta U_{3\omega} \tag{2-7}$$

Ⅱ段灵敏段可带0.1～0.5s延时动作出口，以躲过外部故障暂态过程的影响。

用零序电压中的三次谐波分量来闭锁匝间保护，使得匝间保护的安全性得以大大提高。需要说明，600MW发电机定子绕组都是单匝线棒，不存在匝间绝缘。同相同一槽内的上下线棒之间绝缘则是两倍的对地主绝缘，匝间短路故障几率极小。

第三节 发电机定子绕组单相接地保护

发电机定子绕组中性点一般不直接接地，而是通过高阻（接地变压器）接地、消弧线圈接地或不接地，故发电机的定子绕组都设计为全绝缘。尽管如此，发电机定子绕组仍可能由于绝缘老化、过电压冲击或者机械振动等原因发生单相接地故障。由于发电机定子单相接地并不会引起大的短路电流，不属于严重的短路性故障。

发电机定子的短路故障形成虽比较复杂但常与单相接地有关。短路故障形成大体归纳起来主要有五种情况：发生单相接地，然后由于电弧引发故障点处相间短路；发生单相接地，然后由于电位的变化引发其他地点发生另一点的接地，从而构成两点接地短路；直接发生线棒间绝缘击穿形成相间短路；发电机端部放电构成相间短路；定子绕组同一相的匝间短路故障。

由于发电机容易发生绕组线棒和定子铁芯之间绝缘的破坏，因此定子绕组单相接地是发电机常见的故障之一。尤其是采用水内冷的大型发电机，定子绕组发生接地故障的几率多于相间短路和匝间短路，约占定子故障的70%～80%。尽管发电机的中性点不直接接地，单相接地电流很小，但若不能及时发现，接地点电弧将进一步损坏绕组绝缘，扩大故障范围。电弧还可能烧伤定子铁芯，给修复带来很大困难。由于大型发电机组定子绕组对地电容较大，当发电机机端附近发生接地故障时，故障点的电容电流比较大，影响发电机的安全运行；同时由于接地故障的存在，会引起接地弧光过电压，可能导致发电机其他位置绝缘的破坏，形成危害严重的相间或匝间短路故障。

显然，定子绕组绝缘损坏及铁芯烧伤程度与接地电流大小及持续时间有关。表2-1列出了不同容量发电机的接地电流允许值。大型发电机定子铁芯增加了轴向冷却通道，结构复杂，检修很不方便。因此，其接地电流允许值较小。当发电机定子接地电流大于允许值时，应采取补偿措施。在发电机接地电流不超过允许值的条件下，定子接地保护只动作于信号，待负荷转移后再停机。

表2-1　发电机定子接地电流允许值

发电机额定电压（kV）	发电机额定容量（MW）	接地电流允许值（A）
6.3	≤50	4
10.5	50～100	3
13.8～15.75	125～200	2*
18～20	300	1

* 对氢冷发电机接地电流允许值为2.5A。

大型发电机由于造价昂贵、结构复杂、检修困难，且容量的增大使得其接地故障电流也随之增大，为了防止故障电流烧坏铁芯，有的装设了消弧线圈，通过消弧线圈的电感电流与接地电容电流的相互抵消，把定子绕组单相接地电容电流限制在规定的允许值之内。

发电机中性点采用高阻接地方式（即中性点经配电变压器接地，配电变压器的二次侧接小电阻）的主要目的是限制发电机单相接地时的暂态过电压，防止暂态过电压破坏定子绕组绝缘，但另一方面也人为地增大了故障电流。因此采用这种接地方式的发电机定子绕组接地保护应选择尽快跳闸。

对于中小型发电机，由于中性点附近绕组电位不高，单相接地可能性小，故允许定子接地保护有一定的保护死区。对于大型机组，因其在系统中的地位重要，结构复杂，修复困难，尤其是采用水内冷的机组，中性点附近绕组漏水造成单相接地可能性大。因此，要求装设动作范围为100%的定子绕组单相接地保护。

一、发电机定子绕组单相接地时的基波零序电压和电流

发电机正常运行时三相电压及三相负荷对称，无零序电压和零序电流分量。假设A相绕组离中性点α处发生金属性接地故障，如图2-11（a）所示，作近似估计时机端各相对地电动势为

$$\left.\begin{aligned}\dot{U}_{AD}&=(1-\alpha)\dot{E}_A\\ \dot{U}_{BD}&=\dot{E}_B-\alpha\dot{E}_A\\ \dot{U}_{CD}&=\dot{E}_C-\alpha\dot{E}_A\end{aligned}\right\}\tag{2-8}$$

式中　α——中性点到故障点的绕组占全部绕组的百分数。

由图2-11（b）可以求得故障零序电压为

$$\dot{U}_{k0\alpha}=\frac{1}{3}(\dot{U}_{AD}+\dot{U}_{BD}+\dot{U}_{CD})=-\alpha\dot{E}_A\tag{2-9}$$

式（2-9）表明，零序电压将随着故障点位置α的不同而改变。当$\alpha=1$时，即机端接地，故障的零序电压$\dot{U}_{k0\alpha}$最大，等于额定相电压。

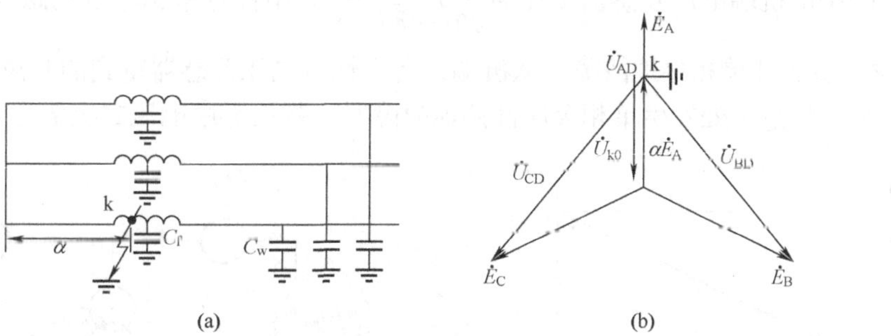

图2-11　发电机定子绕组单相接地时的电路图和相量图

（a）电路图；（b）相量图

图2-11（a）所示电路的零序等效网络如图2-12所示，C_f为发电机各相的对地电容，C_w为发电机外部各元件对地电容，L是代表中性点消弧线圈的电感。

当中性点不接地时，故障点的接地电流为

$$\dot{I}_{k\alpha}=-j3\omega(C_f+C_w)\alpha\dot{E}_A\tag{2-10}$$

当中性点经消弧线圈接地时，故障点的接地电流为

$$\dot{I}_{k\alpha}=j\left[\frac{1}{\omega L}-3\omega(C_f-C_w)\right]\alpha\dot{E}_A\tag{2-11}$$

由式（2-11）可知，经消弧线圈接地可以补偿故障接地的容性电流。在大型发电机—

变压器组单元接线的情况下，由于总电容为定值，一般采用欠补偿运行方式，即补偿的感性电流小于接地容性电流，这样有利于减小电力变压器耦合电容传递的过电压。

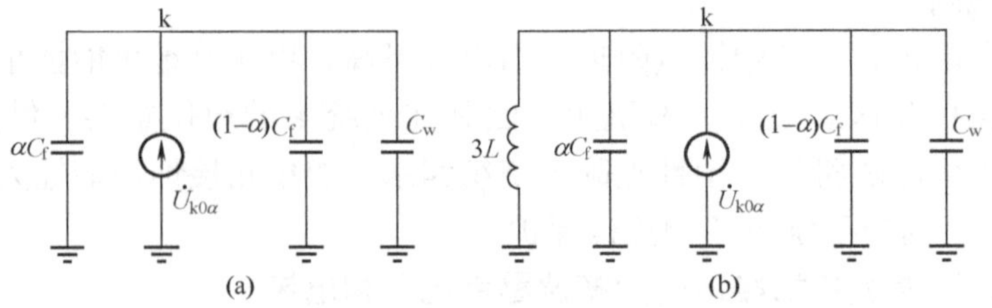

图 2-12　发电机定子绕组单相接地时的零序等效网络
（a）中性点不接地；（b）中性点经消弧线圈接地

当发电机电压网络的接地电容电流大于允许值时，不论该网络是否装有消弧线圈，接地保护均动作于跳闸；当接地电流小于允许值时，接地保护动作于信号，即可以不立即跳闸，值班人员请示调度中心，转移故障发电机的负荷，然后平稳停机进行检修。

二、利用零序电压构成的发电机定子绕组单相接地保护

根据式（2-9）可以画出零序电压 $3U_0$ 随故障点位置 α 变化的曲线图，如图 2-13 所示。故障点越靠近机端，零序电压就越高，可以利用基波零序电压构成定子单相接地保护。图中 U_{0p} 为零序电压定子接地保护的动作电压。

零序电压保护常用于发电机—变压器组的接地保护。发电机—变压器组的一次接线及零序电压定子接地保护使用的零序电压的获取见图 2-14。

图 2-14 中的机端电压互感器变比为 $\frac{U_N}{\sqrt{3}}\Big/\frac{100}{\sqrt{3}}\Big/\frac{100}{3}$，中性点单相电压互感器变比为 $\frac{U_N}{\sqrt{3}}\Big/100$。如果机端发生金属性单相接地故障，从机端或者中性点电压互感器得到的基波零序电压二次值为 100。距离中性点 α 处发生单相金属性接地故障时，基波零序电压二次值为 $\alpha\times100$V。

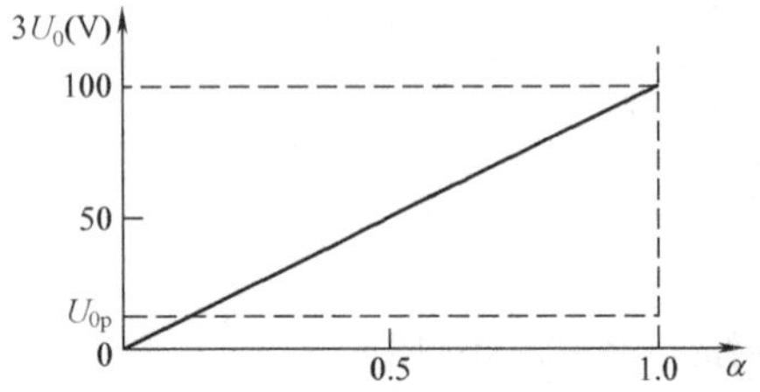

图 2-13　定子绕组单相接地时 $3U_0$ 与 α 的关系曲线

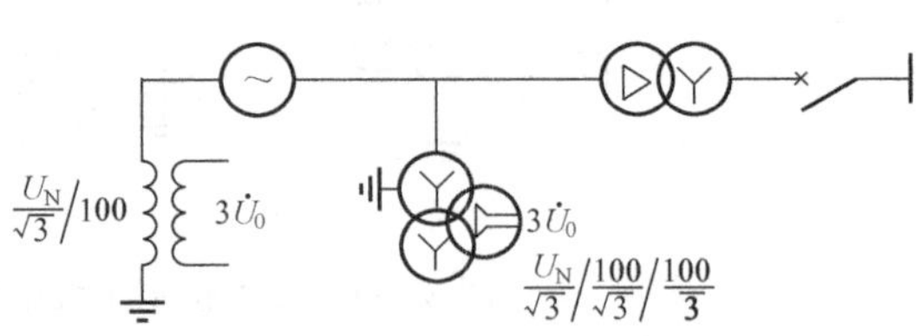

图 2-14　发电机单相接地保护接线原理图

零序电压可取自发电机机端 TV 的开口三角绕组或中性点 TV 二次侧（也可从发电机中性点接地消弧线圈或者配电变压器二次绕组取得）。当保护动作于跳闸且零序电压取自发电机机端 TV 开口三角绕组时需要有 TV 一次侧断线的闭锁措施。

产生零序电压 $3U_0$ 不平衡输出的因素主要有发电机的三次谐波电动势、机端三相 TV 各相间的变比误差（主要是 TV 一次绕组对开口三角绕组之间的变比误差）、发电机电压系统中三相对地绝缘不一致及主变压器高压侧发生接地故障时由变压器高压侧传递到发电机系统的零序电压。

由于发电机正常运行时，相电压中含有三次谐波，因此，在机端电压互感器接成开口三角的一侧也有三次谐波电压输出。因此为了提高灵敏度，保护需有三次谐波滤除功能。在发电机出口处发生单相接地时，$3U_0$ 电压为 100V；在中性点发生单相接地时，$3U_0$ 电压为 0V。因此，$3U_0$ 间接反映了接地故障点的位置。若 $3U_0$ 保护整定为 5V，就保护了从机端开始的 95%定子绕组，死区仅为 5%。

目前 100%定子接地保护一般由两部分组成：一部分是上述零序电压保护，能保护定子绕组的 85%以上；另一部分需由其他原理（如三次谐波原理或叠加电源原理）的保护共同构成 100%定子接地保护。

三、利用三次谐波电压构成的发电机定子绕组单相接地保护

1. 三次谐波电压保护原理

由于发电机气隙磁通密度的非正弦分布和铁磁饱和的影响，在定子绕组中感应的电动势除基波分量外，还含有高次谐波分量。其中三次谐波分量是零序性质的分量，虽然在线电动势中被消除，但是在相电动势中依然存在。

如果把发电机的对地电容等效地看作集中在发电机的中性点 N 和机端 S，且每相的电容大小都是 $0.5C_f$，并将发电机端引出线、升压变压器、厂用变压器以及电压互感器等设备的每相对地电容 C_w 也等效在机端，并设三次谐波电动势为 E_3，那么当发电机中性点不接地时，其等值电路如图 2 - 15（a）所示。这时中性点及机端的三次谐波电压分别为

$$U_{N3} = \frac{C_f + 2C_w}{2(C_f - C_w)}E_3 \tag{2-12}$$

$$U_{S3} = \frac{C_f}{2(C_f - C_w)}E_3 \tag{2-13}$$

发电机端的三次谐波电压 U_{S3} 与中性点侧的三次谐波电压 U_{N3} 之比为

$$\frac{U_{S3}}{U_{N3}} = \frac{C_f}{C_f + 2C_w} \tag{2-14}$$

由式（2 - 14）可见，在正常运行时，发电机中性点侧的三次谐波电压 U_{N3} 总是大于发电机端的三次谐波电压 U_{S3}。当发电机孤立运行时，即发电机出线端开路，$C_w=0$ 时，$U_{N3}=U_{S3}$。

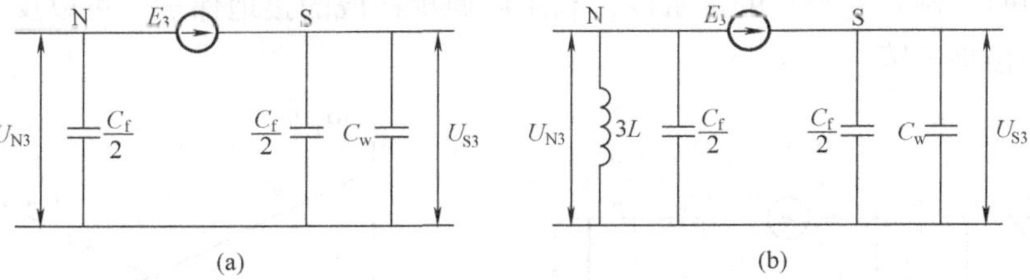

图 2 - 15　发电机三次谐波电动势和对地电容的等值电路图

（a）中性点不接地；（b）中性点经消弧线圈接地

当发电机中性点经消弧线圈接地时，其等值电路如图 2 - 15（b）所示，假设基波电容电流被完全补偿，即

$$\omega L = \frac{1}{3\omega(C_f + C_w)} \tag{2-15}$$

此时发电机中性点侧对三次谐波的等值阻抗为

$$X_{N3}=\frac{3\omega(3L)\left(\frac{-2}{3\omega C_f}\right)}{3\omega(3L)-\frac{-2}{3\omega C_f}} \tag{2-16}$$

整理后得

$$X_{N3}=-\frac{6}{\omega(7C_f-2C_w)} \tag{2-17}$$

发电机端对三次谐波的等值阻抗为

$$X_{S3}=-\frac{2}{3\omega(C_f+2C_w)} \tag{2-18}$$

因此，发电机端三次谐波电压和中性点三次谐波电压之比为

$$\frac{U_{S3}}{U_{N3}}=\frac{X_{S3}}{X_{N3}}=\frac{7C_f-2C_w}{9(C_f+2C_w)} \tag{2-19}$$

式（2-19）表明，接入消弧线圈后，中性点的三次谐波电压U_{N3}在正常运行时比机端三次谐波电压U_{S3}更大。在发电机出线端开路后，即$C_w=0$时，则有

$$\frac{U_{S3}}{U_{N3}}=\frac{7}{9} \tag{2-20}$$

在正常运行情况下，尽管发电机的三次谐波电动势E_3随着发电机的结构及运行状态而改变，但是其机端三次谐波电压与中性点三次谐波电压的比值总是符合以上关系的。

当发电机定子绕组发生金属性单相接地时，设接地发生在距中性点α处，其等值电路如图2-16所示，此时不管发电机中性点是否接有消弧线圈，总是有$U_{N3}=\alpha E_3$和$U_{S3}=(1-\alpha)E_3$，两者相比，得

$$\frac{U_{S3}}{U_{N3}}=\frac{1-\alpha}{\alpha} \tag{2-21}$$

中性点电压U_{N3}和机端电压U_{S3}随故障点α的变化曲线如图2-17所示。因此，如果利用机端三次谐波电压U_{S3}作为动作量，而用中性点三次谐波电压U_{N3}作为制动量来构成接地保护，且当$U_{S3}\geqslant U_{N3}$时作为保护的动作条件，则在正常运行时保护不可能动作，而当中性点附近发生接地时，则具有很高的灵敏性。利用此原理构成的接地保护，可以反应距中性点约50%范围内的接地故障。

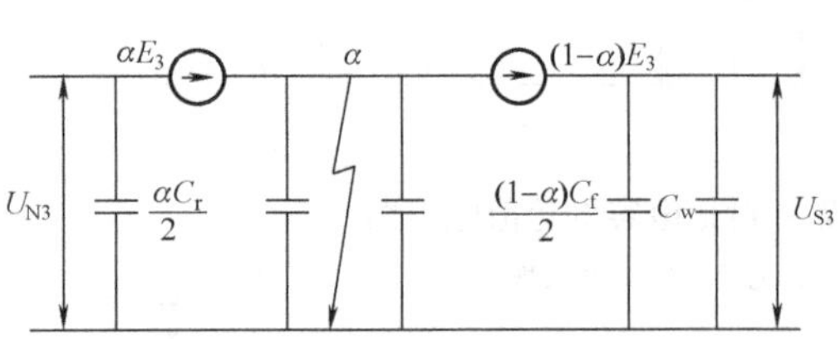

图2-16 发电机单相接地时三次谐波电动势分布的等值电路图

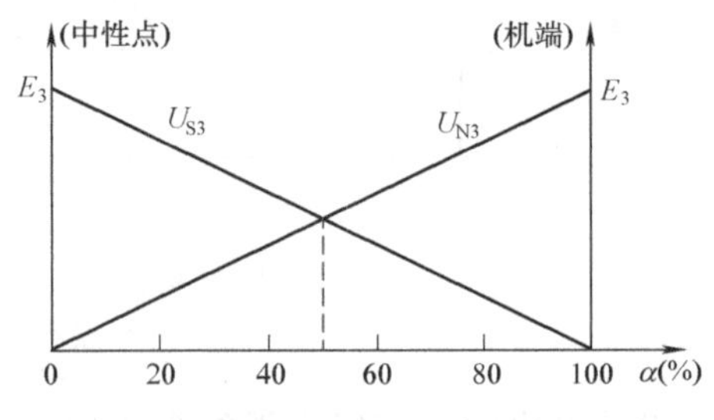

图2-17 中性点电压U_{N3}和机端电压U_{S3}随故障点α的变化曲线

2. 反应三次谐波电压比值的定子绕组单相接地保护

利用反应三次谐波电压比值U_{S3}/U_{N3}和基波零序电压可以构成100%定子绕组单相接地保护。反应三次谐波电压比值的定子绕组接地保护的动作判据为

$$\left|\frac{U_{S3}}{U_{N3}}\right|>\beta \tag{2-22}$$

式中　β——整定比值。

需要指出，发电机中性点不接地或经消弧线圈接地与发电机经配电变压器高阻接地，两者的整定比值β是有区别的。

目前广泛采用三次谐波电压比值与基波零序电压共同构成的100%定子绕组单相接地保护。三次谐波电压保护可采用式（2-22）作为判据，将机端三次谐波电压U_{S3}作为动作量，中性点三次谐波电压U_{N3}作为制动量进行比较。可以反应发电机定子绕组中$\alpha<0.5$范围内的单相接地故障，并且当故障点越靠近中性点时，保护的灵敏性就越高；利用前述的基波零序电压接地保护，则可以反应$\alpha>0.15$范围内的单相接地故障，且当故障点越靠近发电机机端时，保护的灵敏性就越高。两部分共同构成了保护区为100%的定子接地保护。另外，基波零序电压元件取中性点零序电压，使装置可不考虑电压互感器断线的影响。

3. 改进的反应三次谐波电压比值的定子绕组单相接地保护

动作判据$|U_{S3}/U_{N3}|>\beta$可以改写为$|U_{S3}|>\beta|U_{N3}|$，即U_{S3}为动作量，U_{N3}为制动量。该动作判据的三次谐波电压保护灵敏度不够高，尤其是当中性点经过渡电阻发生接地故障时，容易发生拒动。为提高大型机组三次谐波电压保护的灵敏度，改进的措施是增加调整系数K_p，进一步减小动作量，这样也就能进一步减小制动量，即可减小制动系数β，使$\beta\ll1.0$，从而可获得更高的灵敏度和防误动能力。

改进的动作判据为

$$|U_{S3}-K_pU_{N3}|>\beta|U_{N3}| \tag{2-23}$$

当发电机发生单相接地时，若故障点在机端附近，则U_{S3}减小而U_{N3}增大；若故障点在中性点附近，则U_{S3}增大而U_{N3}减小。其结果是：故障点在中性点附近时组合动作量$|U_{S3}-K_pU_{N3}|$显著增大，而此时制动量$\beta|U_{N3}|$却比较小，保护可灵敏动作；即使在机端发生金属性接地故障，U_{N3}虽会显著增大，但制动量$\beta|U_{N3}|$因为$\beta\ll1.0$不会很大，而此时动作量$|U_{S3}-K_pU_{N3}|=|K_pU_{N3}|$，由于$K_p$接近1.0，所以动作量$|K_pU_{N3}|$很大，于是保护仍可灵敏动作。如果此动作判据调试合理，三次谐波电压式定子绕组单相接地保护的灵敏度可得到大幅提高。

四、利用零序电压和叠加电源构成的发电机100%定子绕组单相接地保护

除上述利用故障分量反应定子绕组接地保护外，还可以利用叠加电源原理构成定子绕组接地保护。叠加电源方式的发电机100%定子绕组单相接地保护采用叠加低频电源，叠加电源频率主要有12.5Hz和20Hz两种，由发电机中性点变压器或发电机端TV开口三角绕组处注入一次发电机定子绕组。这种方式能够独立地检测接地故障，与发电机的运行方式无关；不仅在发电机正常运行的状态下可以检测，而且在发电机静止或是启动、停机的过程中同样能够检测故障。更重要的是，这种方式对定子绕组各处故障检测的灵敏度相同。但需要增加专用设备，并存在一、二次回路直接连接安全性差等缺点。

五、发电机100%定子绕组接地保护的构成

微机型发电机保护均设有100%定子绕组接地保护功能，其保护原理一次接线示意图如图2-18所示。取发电机中性点零序电压，经数字滤波器滤除三次谐波电压分量，其动作判据为$3U_0>U_{0p}$。三次谐波电压元件取发电机机端零序电压和中性点零序电压，经数字滤波器滤除基波电压，取得相应的三次谐波电压，其动作判据可采用式（2 - 22）或式（2 - 23）。发电机 100%定子绕组接地保护的构成框图如图 2 - 19 所示。

若发电机接地电流小于允许值，保护延时动作于信号；若大于允许值，保护延时动作于跳闸。一般在中性点附近接地，产生的接地电流小于允许值，故通常三次谐波电压元件出口发信号，仅将基波零序电压元件出口投跳闸。

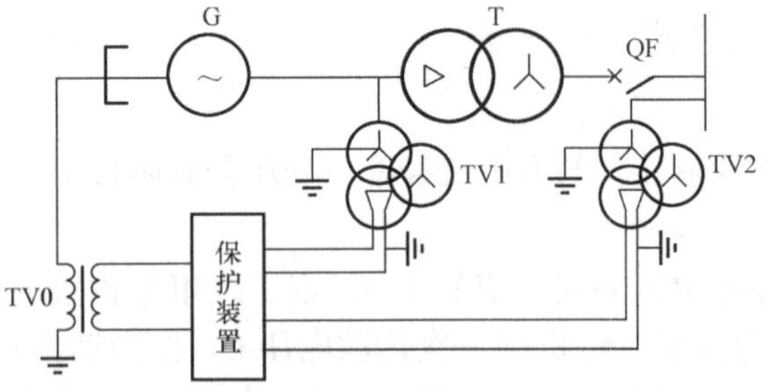

图 2 - 18　发电机 100%定子绕组接地保护一次接线示意图

图 2 - 20 所示为发电机基波零序电压定子绕组接地保护逻辑框图，图 2 - 21 所示为发电机三次谐波电压定子绕组接地保护逻辑框图。基波零序电压保护设两段定值，一段为灵敏段，另一段为不灵敏段（高定值段）。灵敏段一般动作于信号，高定值段保护一般动作于跳闸。

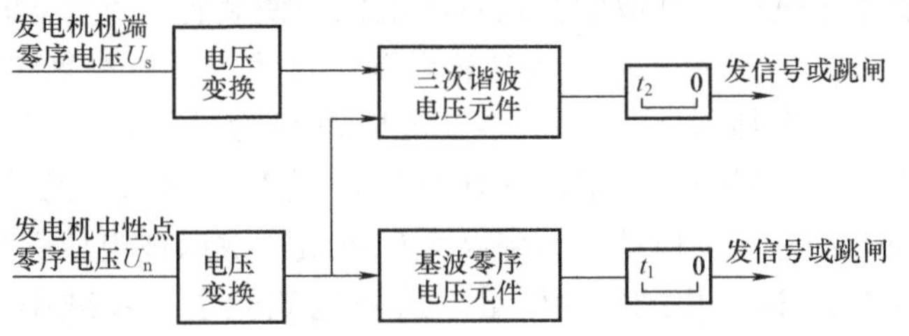

图 2 - 19　发电机 100%定子绕组接地保护的构成框图

由于基波零序电压定子接地保护取自发电机中性点电压、机端开口三角零序电压，TV 断线时会导致保护拒动。因此在发电机中性点、机端开口三角 TV 断线时需发报警信号，在发电机中性点 TV 断线时闭锁三次谐波电压保护。

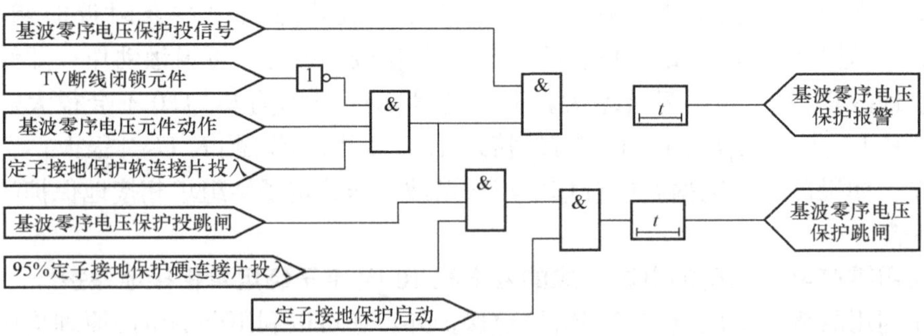

图 2 - 20　发电机基波零序电压定子绕组接地保护逻辑框图

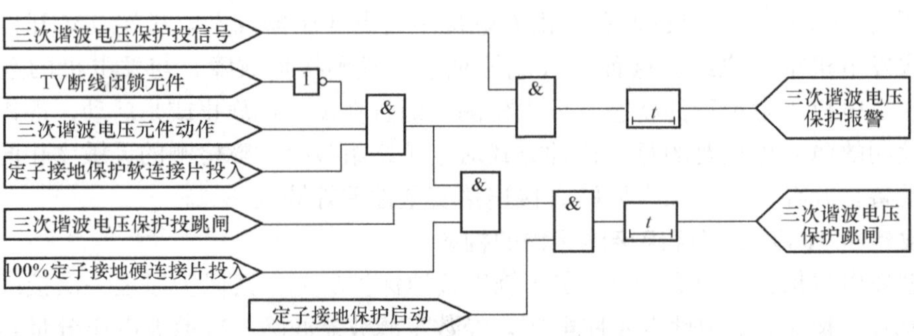

图 2 - 21　发电机三次谐波电压定子绕组接地保护逻辑框图

第四节　发电机负序电流保护

一、负序电流保护的作用

当电力系统中发生不对称短路或在正常运行情况下三相负荷不平衡时，在发电机定子绕组中将出现负序电流。此电流在发电机空气隙中建立的负序旋转磁场相对于转子为 2 倍的同步转速，因此将在转子绕组、阻尼绕组以及转子铁芯等部件上感应出 100Hz 的倍频电流。该电流使得转子上电流密度很大的某些部位（如转子端部、护环内表面等），可能出现局部灼伤，甚至可能使护环受热松脱，从而导致发电机的重大事故。此外，负序气隙旋转磁场与转子电流之间以及正序气隙旋转磁场与定子负序电流之间所产生的 100Hz 交变电磁转矩，将同时作用在转子大轴和定子机座上，从而引起 100Hz 的振动，威胁发电机安全。

发电机负序电流将作为转子表层过热的保护，同时可作为区外不对称短路的后备保护。

负序电流在转子中所引起的发热量，正比于负序电流的平方与所持续的时间的乘积。在最严重的情况下，假设发电机转子为绝热体（即不向周围散热），则不使转子过热所允许的负序电流和时间的关系，可表示为

$$\int_0^t i_{2*}^2\,\mathrm{d}t = I_{2*}^2\,t = A \tag{2-24}$$

$$I_{2\cdot *} = \sqrt{\frac{\int_0^t i_{2*}^2\,\mathrm{d}t}{t}} \tag{2-25}$$

式中　i_{2*}——流经发电机的负序电流（以发电机额定电流为基准的标幺值）；

t——电流 i_{2*} 所持续的时间；

I_{2*}^2——在时间 t 内 i_{2*}^2 的平均值（以发电机额定电流为基准的标幺值）；

A——与发电机型式和冷却方式有关的常数。

关于 A 的数值应采用制造厂所提供的数据。其参考值：对于凸极式发电机或调相机可取 $A=40$；对于空气或氢气表面冷却的隐极式发电机可取 $A=30$；对于导线直接冷却的 100～300MW 汽轮发电机可取 $A=6$～15 等。

随着发电机组容量的不断增大，它所允许的承受负序过负荷的能力也随之下降（A 值减小）。例如取 600MW 汽轮发电机 A 的设计值为 4，这对负序电流保护的性能提出了更高的要求。式（2-23）说明，在确保发电机安全运行情况下，I 越大则允许其持续时间越短，呈反时限特性。A 值较大的发电机，其耐受负序电流影响的能力强。

针对上述情况而装设的发电机负序过电流保护实际上是对定子绕组电流不平衡而引起转子过热的一种保护，因此应作为发电机的主保护之一。由于大机组的 A 值都比较小，承受负序电流的能力很小。因此，为防止发电机转子遭受负序电流的损坏，在 100MW 及以上，$A<10$ 的发电机上应装设能够模拟发电机允许负序电流曲线的反时限负序过电流保护。微机型的发电机保护均采用完善的反时限特性负序过电流保护，以保证发电机运行的安全。

二、反时限负序过电流保护

反时限负序过电流保护反应发电机定子的负序电流大小，防止发电机转子表面过热。该保护电流取自发电机中性点 TA 三相电流，这样可以兼作发电机并网前的内部短路故障的后备保护。

负序过电流保护由定时限负序过负荷和反时限负序过电流两部分组成。前者用以反应发电机负序过负荷，后者作为发电机转子表层过热的主保护及发电机区内、区外不对称短路的后备保护。

负序过电流保护特性曲线如图 2 - 22 所示。定时限负序过负荷定值为 I_{2ms}，动作于较长延时 t_s 发信号。反时限过电流由上限定时限、反时限、下限定时限三部分组成。当发电机负序电流大于上限整定值 I_{2up} 时，则按上限定时限 t_{up} 动作；如果负序电流高于下限整定值 I_{2m}，但又不足以使反时限部分动作，或反时限部分动作时间太长时，则按下限定时限 t_1 动作；负序电流在上、下限整定值之间，则按反时限 $t=\dfrac{A}{I_2^2-K_2}$ 动作。

负序反时限特性能真实地模拟转子的热积累过程，并能模拟散热，即发电机发热后若负序电流消失，热积累并不立即消失，而是慢慢地散热消失，如此时负序电流再次增大，则上一次的热积累将成为该次的初值。

反时限部分的动作方程为

$$(I_{2*}^2-K_2)t\geqslant A \tag{2-26}$$

式中 I_{2*}——发电机负序电流标幺值；

K_2——考虑发电机发热同时的散热效应系数（不考虑散热时取为 0）；

A——发电机的 A 值。

发电机反时限负序过电流保护逻辑图如图 2 - 23 所示。

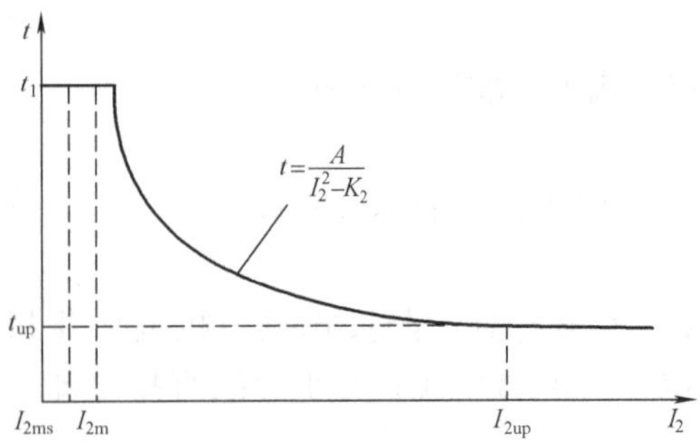

图 2 - 22 负序过电流保护动作特性曲线

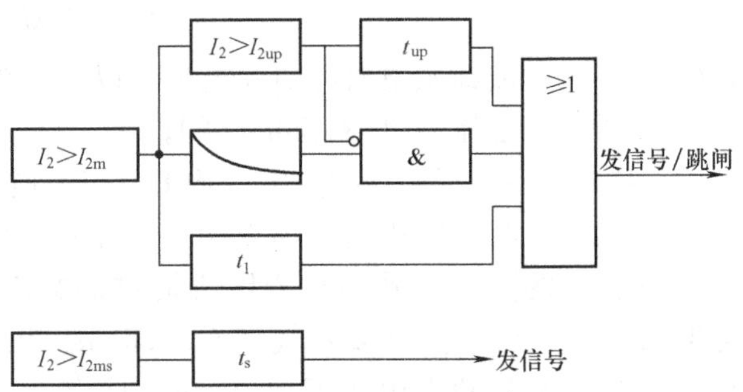

图 2 - 23 发电机反时限负序过电流保护逻辑图

三、负序过电流保护的整定

1. 负序定时限过负荷

负序定时限过负荷保护按发电机长期允许的负序电流下能可靠返回的条件整定，即

$$I_{2ms}=\frac{K_{rel}}{K_{re}}\times I_{2.\infty *}I_{GN} \tag{2-27}$$

式中 $I_{2.\infty *}$——发电机长期允许的负序电流标幺值；

K_{rel}——可靠系数；

K_{re}——返回系数。

动作判据为

$$I_2>I_{2ms} \tag{2-28}$$

保护动作后，经 t_s 延时动作于发信号。

2. 反时限负序过电流

上限定时限的动作电流通常可按躲过主变压器高压侧两相短路电流整定，即

$$I_{2up}=K_{rel}\times I_{k.T.h}^{(2)} \tag{2-29}$$

式中 $I_{k.T.h}^{(2)}$——主变压器高压侧两相短路电流。

反时限的动作电流按发电机短时承受负序电流的能力确定，即

$$I_{2.set}=\sqrt{\frac{A}{t}+K_2}I_{GN} \tag{2-30}$$

式中 A——与发电机型式和冷却方式有关的常数；

K_2——考虑发电机发热同时的散热效应系数。

下限定时限的动作电流即为反时限负序过电流保护的启动电流，按发电机能长时间（t_m=1000s）承受的负序电流整定，即

$$I_{2m}=\sqrt{\frac{A}{1000}+K_2}I_{GN} \tag{2-31}$$

反时限负序过电流保护的时限特性为

$$\begin{cases} t=t_{up} & (I_2>I_{2up}) \\ t=\dfrac{A}{I_{2*}^2-K_2} & (I_{2up}\geqslant I_2\geqslant I_{2.set}) \\ t=t_1 & (I_{2.set}\geqslant I_2\geqslant I_{2m}) \end{cases} \tag{2-32}$$

式中 t_{up}——反时限特性上限动作时限；

t_1——反时限特性下限动作时限。

第五节 发电机失磁保护

一、发电机失磁运行及后果

发电机失磁故障是指发电机的励磁突然全部消失或部分消失。引起失磁的原因有转子绕组故障、励磁机（变）故障、自动灭磁开关误跳闸、半导体励磁系统中某些元件损坏或回路发生故障以及误操作等。各种失磁故障综合起来看，有励磁绕组直接短路或经励磁电机电枢绕组闭路而引起的失磁，励磁绕组开路引起的失磁，励磁绕组经灭磁电阻短接而失磁，励磁绕组经整流器闭路（交流电源消失）失磁等几种形式。

当发电机完全失去励磁时，励磁电流将逐渐衰减至零。由于发电机的感应电动势 E_d 随着励磁电流的减小而减小，因此，其电磁转矩也将小于原动机的转矩，因而引起转子加速，使发电机的功角 δ 增大。当 δ 超过静态稳定极限角时，发电机与系统失去同步。发电机失磁后将从电力系统中吸取感性无功功率。在发电机超过同步转速后，转子回路中将感应出频率为 f_g-f_s（其中，f_g 为对应发电机转速的频率，f_s 为系统的频率）的电流，此电流产生异步转矩。当异步转矩与原动机转矩达到新的平衡时，即进入稳定的异步运行。

当发电机失磁进入异步运行时，将对电力系统和发电机产生以下影响。

(1) 需要从电力系统中吸收很大的无功功率以建立发电机的磁场。所需无功功率的大小，主要取决于发电机的参数（X_1、X_2、X_{ad}）以及实际运行时的转差率。汽轮发电机与水

轮发电机相比，前者的同步电抗 $X_d=(X_1+X_{ad})$ 较大，所需无功功率较小。假设失磁前发电机向系统送出无功功率 Q_1，而在失磁后从系统吸收无功功率 Q_2。则系统中将出现 Q_1+Q_2 的无功功率缺额。失磁前带的有功功率越大，失磁后转差就越大，所吸收的无功功率也就越大，因此，在重负荷下失磁进入异步运行后，如不采取措施，发电机将因过电流使定子过热。

（2）由于从电力系统中吸收无功功率将引起电力系统的电压下降，如果电力系统的容量较小或无功功率储备不足，则可能使失磁发电机的机端电压、升压变压器高压侧的母线电压或其他邻近的电压低于允许值，从而破坏了负荷与各电源间的稳定运行，甚至可能因电压崩溃而使系统瓦解。

（3）失磁后发电机的转速超过同步转速，因此，在转子及励磁回路中将产生频率为 f_g-f_s 的交流电流，即差频电流。差频电流在转子回路中产生的损耗，如果超出允许值，将使转子过热。特别是直接冷却的大型机组，其热容量的裕度相对降低，转子更易过热。而流过转子表层的差频电流还可能使转子本体与槽楔、护环的接触面上发生严重的局部过热。

（4）对于直接冷却的大型汽轮发电机，其平均异步转矩的最大值较小，惯性常数也相对较低，转子在纵轴和横轴方向呈现较明显的不对称，使得在重负荷下失磁后，这种发电机的转矩、有功功率要发生周期性摆动。这种情况下，将有很大的电磁转矩周期性地作用在发电机轴系上，并通过定子传到机座上，引起机组振动，直接威胁着机组的安全。

（5）低励磁或失磁运行时，定子端部漏磁增加，将使端部和边段铁芯过热。实际上，这一情况通常是限制发电机失磁异步运行能力的主要条件。

由于汽轮发电机异步功率比较大，调速器也较灵敏，因此当超速运行后，调速器立即关小汽门，使汽轮机的输出功率与发电机的异步功率很快达到平衡，在转差率小于0.5%的情况下即可稳定运行。故原则上汽轮发电机在很小转差下异步运行一段时间是完全允许的。此时，是否需要并允许异步运行，则主要取决于电力系统的具体情况。例如，当电力系统的有功功率供应比较紧张，同时一台发电机失磁后，系统能够供给它所需要的无功功率，并能保证电力系统的电压水平时，则失磁后就应该继续运行；反之，若系统没有能力供给失磁发电机所需要的无功功率，并且系统中有功功率有足够的储备，则失磁以后就不应该继续运行。

对水轮发电机而言，考虑到：①其异步功率较小，必须在较大的转差下（一般达到1%～2%）运行，才能发出较大的功率；②由于水轮机的调速器不够灵敏，时滞较大，甚至可能在功率尚未达到平衡以前就大大超速，从而使发电机与系统解列；③其同步电抗较小，如果异步运行，则需要从电力系统吸收大量的无功功率；④其纵轴和横轴很不对称，异步运行时，机组振动较大等，因此水轮发电机一般不允许在失磁以后继续运行。

在发电机上，尤其是在大型发电机上应装设失磁保护，以便及时发现失磁故障，并采取必要的措施，如发出信号、自动减负荷、动作于跳闸等，以保证发电机和系统的安全。

考虑失磁对电力系统和发电机本身的危害，并不像发电机内部短路那样迅速地表现出来。另一方面，大型机组，特别是汽轮发电机，突然跳闸，会给机组本身及其辅机造成很大的冲击，对电力系统也会加重扰动。因此，失磁后应首先采取切换励磁电源、切换厂用电源以及迅速降低原动机出力等措施，随即检查造成失磁的原因并予以消除，使机组恢复正常运行，以避免不必要的事故停机。如果在发电机允许的时间内，不能消除造成失磁的原因，则再由失磁保护或由人操作停机。

二、发电机失磁后的机端测量阻抗

发电机与无穷大系统并列运行等值电路和相量图如图 2-24 所示。图中 $\dot{E}_d$ 为发电机的同步电动势；$\dot{U}_g$ 为发电机端的相电压；$\dot{U}_S$ 为无穷大系统的相电压；$\dot{I}$ 为发电机的定子电流；X_d 为发电机的同步电抗；X_S 为发电机与系统之间的联系电抗，$X_\Sigma=X_d+X_S$；φ 为受端的功率因数角；δ 为 $\dot{E}_d$ 和 $\dot{U}_S$ 之间的夹角（即功角）。根据电机学知识，发电机送到受端的功率 $S=P-jQ$（规定发电机送出感性无功功率时表示为 $P-jQ$）分别为

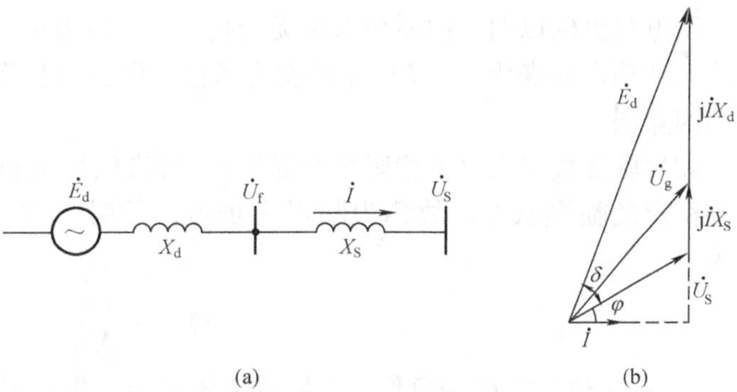

图 2-24　发电机与无穷大系统并列运行的等值电路和相量图
(a) 等值电路；(b) 相量图

$$P=\frac{\dot{E}_d\dot{U}_S}{X_\Sigma}\sin\delta \tag{2-33}$$

$$Q=\frac{\dot{E}_d\dot{U}_S}{X_\Sigma}\cos\delta-\frac{\dot{U}_S^2}{X_\Sigma} \tag{2-34}$$

在正常运行时，$\delta<90°$；一般当不考虑励磁调节器的影响时，$\delta=90°$为稳定运行的极限；$\delta>90°$后发电机失步。

1. 发电机在失磁过程中的机端测量阻抗

发电机从失磁开始到进入稳态异步运行，一般可分为以下三个阶段。

(1) 失磁后到失步前（等有功圆）。在此阶段中，转子电流逐渐减小，发电机的电磁功率 P 开始减小，由于原动机所供给的机械功率还来不及减小，于是转子逐渐加速，使 $\dot{E}_d$ 和 $\dot{U}_S$ 之间的功角 δ 随之增大，P 又要回升。在这一阶段中，$\sin\delta$ 的增大与 $\dot{E}_d$ 的减小相互补偿，基本上保持了电磁功率 P 不变。

与此同时，无功功率 Q 将随着 $\dot{E}_d$ 的减小和 δ 的增大而迅速减小，按式（2-33）计算的 Q 值将由正变为负，即发电机变为吸收感性的无功功率。

在这一阶段中，发电机端的测量阻抗为

$$\begin{aligned}Z_g&=\frac{U_g}{\dot{I}}=\frac{U_S+j\dot{I}X_S}{\dot{I}}=\frac{\dot{U}_S\hat{\dot{U}}_S}{\dot{I}\hat{\dot{U}}_S}+jX_S=\frac{U_S^2}{S}+jX_S\\&=\frac{U_S^2}{2P}\times\frac{P-jQ+P+jQ}{P-jQ}+jX_S=\frac{U_S^2}{2P}\left(1+\frac{P+jQ}{P-jQ}\right)+jX_S\\&=\left(\frac{U_S^2}{2P}+jX_S\right)+\frac{U_S^2}{2P}e^{j2\varphi}\end{aligned} \tag{2-35}$$

如上所述，式（2-35）中的 U_S、X_S 和 P 为常数，而 Q 和 φ 为变数，因此它是一个圆的

方程式，表示在复阻抗平面上如图 2 - 25 所示。其圆心 O′的坐标为$\left(\frac{U_S^2}{2P}, X_S\right)$，半径为$\frac{U_S^2}{2P}$。

由于这个圆是在有功功率 P 不变的条件下作出的，因此称为等有功阻抗圆。由式（2 - 34）可见，机端测量阻抗的轨迹与 P 有密切关系，对应不同的 P 值有不同的阻抗圆，且 P 越大时圆的直径越小。

发电机失磁以前，向系统送出无功功率，φ 角为正，测量阻抗位于第一象限，失磁以后随着无功功率的变化，φ 角由正值变为负值，因此测量阻抗也沿着圆周随之由第一象限过渡到第四象限。

（2）临界失步点（静稳阻抗边界圆）。对汽轮发电机组，当 $\delta=90°$时，发电机处于失去静态稳定的临界状态，故称为临界失步点。此时由式（2 - 34）可得输送到受端的无功功率为

$$Q=-\frac{U_S^2}{X_\Sigma} \tag{2-36}$$

式（2 - 36）中 Q 为负值，表明临界失步时，发电机自系统吸收无功功率，且为一常数，故临界失步点也称为等无功点。此时机端的测量阻抗为

$$\begin{aligned}Z_g&=\frac{X_d+X_S}{j2}(1-e^{j2\varphi})+jX_S=-j\frac{X_d+X_S}{2}+j\frac{X_d+X_S}{2}e^{j2\varphi}+jX_S\\&=-j\frac{X_d-X_S}{2}+j\frac{X_d+X_S}{2}e^{j2\varphi}\end{aligned} \tag{2-37}$$

由式（2 - 37）可知，发电机在输出不同的有功功率 P 而临界失稳时，其无功功率 Q 恒为常数。φ 为变量，也是一个圆的方程，为以 jX_S 和 $-jX_d$ 两点连线为直径的圆，如图 2 - 26 所示。其圆心 O′的坐标为$\left(0, -\frac{X_d-X_S}{2}\right)$，半径为$\frac{X_d-X_S}{2}$。这个圆称为临界失步圆也称静稳阻抗圆或等无功圆。其圆周为发电机以不同的有功功率 P 而临界失稳时，机端测量阻抗的轨迹，圆内为静稳破坏区。

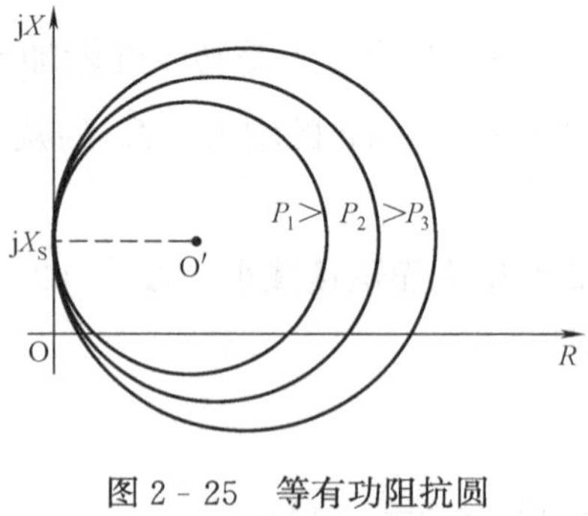

图 2 - 25　等有功阻抗圆

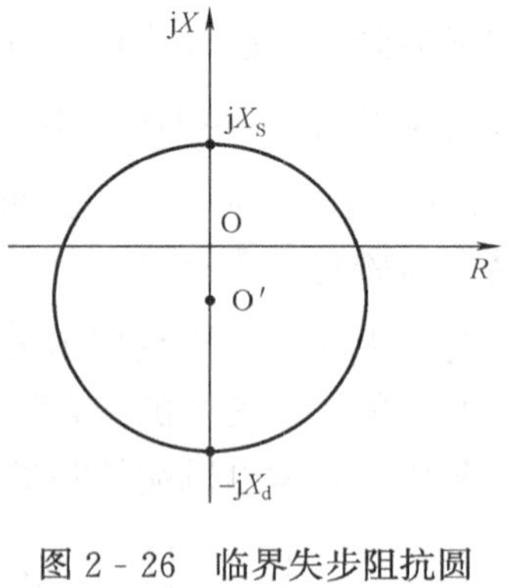

图 2 - 26　临界失步阻抗圆

（3）静稳破坏后的异步运行阶段（异步阻抗圆）。静稳破坏后的异步运行阶段可用图 2 - 27 所示的等值电路来表示，按图 2 - 24 所示的电流正方向，机端测量阻抗应为

$$Z_g=-\left[jX_1+\frac{jX_{ad}\left(\frac{R_2}{s}+jX_2\right)}{\frac{R_2}{s}+j(X_{ad}+X_2)}\right] \tag{2-38}$$

当发电机空载运行失磁时，转差率 $s\approx 0$，$R_2/s\approx\infty$，此时机端测量阻抗为最大，即

$$Z_g=-jX_1-jX_{ad}=-jX_d \tag{2-39}$$

当发电机在其他运行方式下失磁时，Z_g 将随转差率增大而减小，并位于第四象限。极限情况是当 $f_g\to\infty$ 时，$s\to-\infty$，$R_2/s\to 0$，Z_g 的数值为最小。此时，有

$$Z_g=-j\left(X_1+\frac{X_2X_{ad}}{X_2+X_{ad}}\right)=-jX'_d \tag{2-40}$$

综上所述，发电机失磁前在过激状态下运行时，其机端测量阻抗位于第一象限（见图 2-28 中的 a 或 a′点），失磁以后，测量阻抗沿等有功圆向第四象限移动。当它与静稳阻抗圆（等无功阻抗圆）相交时（b 或 b′点），表示机组运行处于静稳定的极限。越过 b（或 b′）点以后，转入异步运行，最后稳定运行于 c（或 c′）点，此时平均异步功率与调节后的原动机输入功率相平衡。

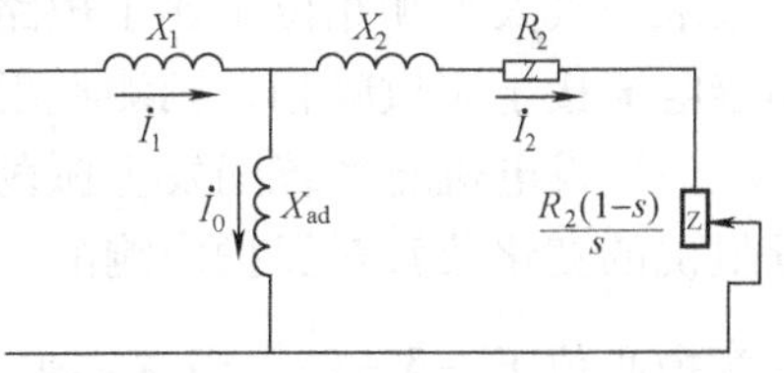

图 2-27　异步电机等值电路

异步边界阻抗特性圆是以 $-jX'_d/2$ 和 $-jX_d$ 两点连线为直径的圆，如图 2-28 所示，进入圆内表明发电机已进入异步运行。异步边界阻抗圆小于静稳极限阻抗圆，完全落在第三、四象限。所以在同一工况的系统中运行，若失磁保护采用静稳极限阻抗元件，在失磁故障时一定比采用异步边界阻抗元件动作得更早。由于异步边界阻抗特性圆没有一、二象限的动作区，采用异步边界阻抗元件有利于减少非失磁故障时的误动几率。

2. 发电机在其他运行方式下的机端测量阻抗

为了便于和失磁情况下的机端测量阻抗（见图 2-29 中的 Z_{g4}）进行鉴别和比较，现对发电机在下列几种运行情况下的机端测量阻抗进行简要说明。

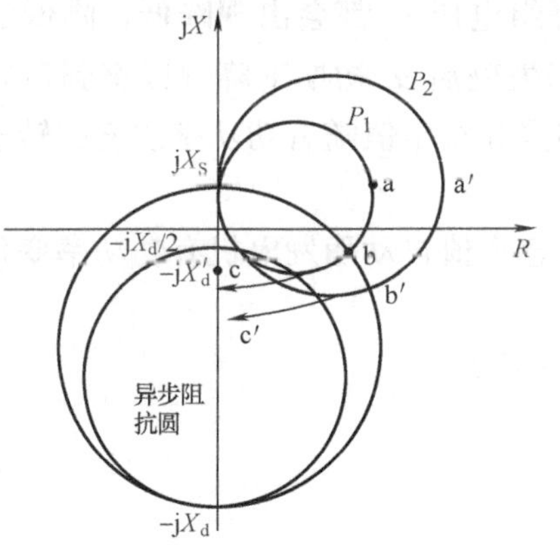

图 2-28　发电机失磁后机端测量阻抗的变化轨迹

a→b→c　—P_1 较大时的轨迹

a′→b′→c　—P_2 较小时的轨迹

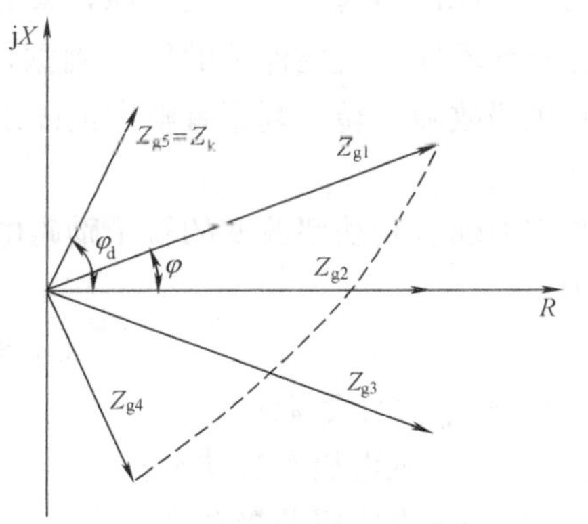

图 2-29　发电机在各种运行情况下的机端测量阻抗

（1）发电机正常运行时的机端测量阻抗。当发电机向外输送有功功率和无功功率时，其机端测量阻抗 Z_g 位于第一象限，如图 2-29 中的 Z_{g1}，它与 R 轴的夹角 φ 为发电机运行时的功率因数角。当发电机只输出有功功率时，测量阻抗 Z_{g2} 位于 R 轴上。当发电机欠励运行

时，向外输送有功功率，同时从电力系统吸收一部分无功功率（Q 值变为负），但仍保持同步并列运行，此时，测量阻抗 Z_{g3} 位于第四象限。

（2）发电机外部故障时的机端测量阻抗。当采用 0°接线方式时，故障相测量阻抗位于第一象限，其大小和相位正比于短路点到保护安装地点之间的阻抗 Z_k，如图 2 - 29 中的 Z_{g5}。如继电器接于非故障相，则测量阻抗的大小和相位需经具体分析后确定。

（3）发电机与系统间发生振荡时的机端测量阻抗。根据图 2 - 30 所示系统振荡时机端测量阻抗的变化及其对保护影响的分析，当假定机端母线为无限大母线，即认为 $E_d = U_S$ 时，振荡中心位于 $\frac{1}{2}X_\Sigma$ 处。当 $X_S \approx 0$ 时，振荡中心即位于 $\frac{1}{2}X'_d$ 处，此时机端测量阻抗的轨迹沿直线 OO′而变化，如图 2 - 30 所示。当 $\delta = 180°$时，测量阻抗的最小值 $Z_g = -j\frac{1}{2}X'_d$。

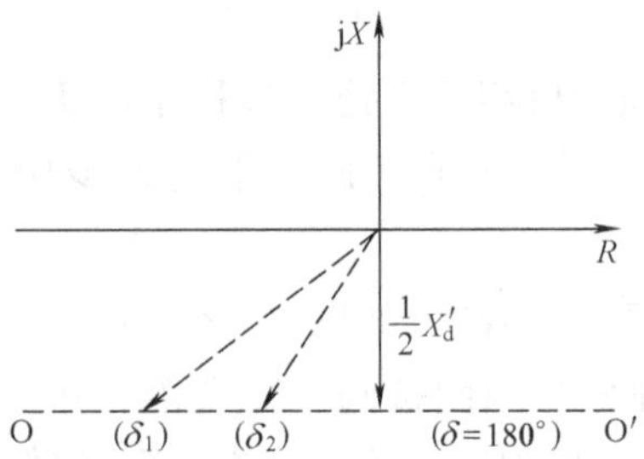

图 2 - 30　系统振荡时机端测量阻抗的变化轨迹

系统发生振荡时，即使 $X_S \approx 0$，振荡阻抗轨迹均不会进入异步边界阻抗圆，采用异步边界阻抗判据的失磁保护不可能误动。

（4）发电机自同步并列时的机端测量阻抗。在发电机接近于额定转速，不加励磁而投入断路器的瞬间，与发电机空载运行时发生失磁的情况实质是一样的。但由于自同步并列的方式是在断路器投入后立即给发电机加上励磁，因此，发电机无励磁运行的时间极短。对此情况，应该采取措施防止失磁保护的误动作。

三、失磁保护转子判据

由各种原因引起的发电机失磁，其转子励磁绕组电压 u_f 都会出现降低，降低的幅度随失磁方式而不同。失磁保护的转子判据，便是根据失磁后 u_f 初期下降（以至到负）的特点来判别失磁故障。转子判据有整定值固定的转子判据和整定值随有功功率改变的转子判据两种整定方式。

整定值随有功功率改变的转子励磁电压判据的整定值自动随发电机有功功率变化。其表达式为

$$U_{fd} \leqslant K_{set}(P - P_t) \tag{2-41}$$

式中　K_{set}——整定系数；

P——发电机有功功率；

P_t——发电机凸极功率。

上述变励磁电压判据能在导致发电机失步的初始阶段动作，与静稳边界阻抗元件相比具有提前预测失磁失步的功能，显著提高机组减出力的效果。

整定值固定的转子判据能在机组空载运行或 $P < P_t$ 轻载运行时出现全失磁情况下可靠动作，其表达式为

$$U_{fd} < U_{fd.set} \tag{2-42}$$

式中　$U_{fd.set}$——给定励磁电压整定值。

以上两判据构成“或”门，输出发“失磁”信号和“切换励磁”命令。

四、失磁保护的构成逻辑

大型发电机失磁后，当电力系统或发电机本身的安全运行遭到威胁时，应将故障的发电机切除，以防止故障的扩大。完整的失磁保护通常由发电机机端测量阻抗判据、转子低电压判据、变压器高压侧低电压判据、定子过电流判据构成。一种比较典型的发电机失磁保护构成的逻辑图如图 2-31 所示。

通常取机端阻抗判据作为失磁保护的主判据。一般情况下阻抗整定边界为静稳边界圆，故也称为静稳边界判据，但也可以为其他形状。当定子静稳判据和转子低电压判据同时满足时，判定发电机已失磁失稳，经与门 Y3 和延时 t_1 后出口切除发电机。若因某种原因，造成失磁时转子低电压判据拒动，定子静稳判据也可单独出口切除发电机，此时为了单个元件动作的可靠性，增加了延时 t_4 才出口。

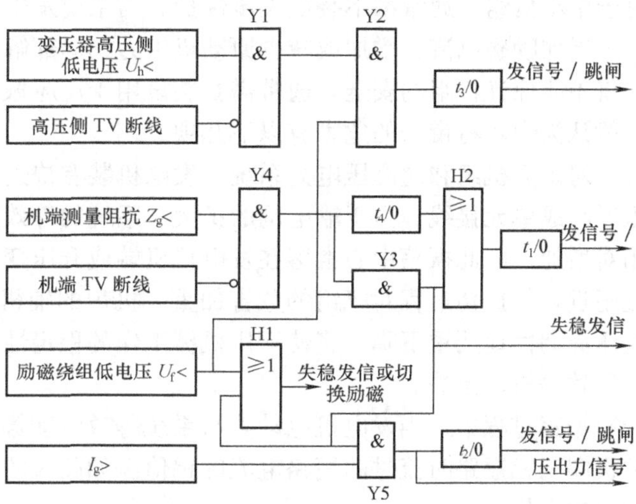

图 2-31　发电机失磁保护构成的逻辑图

转子低电压判据满足时发失磁信号，并发出切换励磁命令。此判据可以预测发电机是否因失磁而失去稳定，从而在发电机尚未失去稳定之前及早地采取措施（如切换励磁等），防止事故的扩大。转子低电压判据满足并且静稳边界判据也满足时，则经与门 Y3 电路也将迅速发出失稳信号。此信号表明发电机由失磁导致失去了静稳，将进入异步运行。

汽轮机在失磁时一般可允许异步运行一段时间，此期间由定子过电流判据进行监测。若定子电流大于 1.05 倍的额定电流，表明平均异步功率超过 1.05 倍的额定功率，发出减出力命令，减小发电机的出力后，允许汽轮机继续稳定异步运行一段时间。允许稳定异步运行的时间一般为 2～15min(t_2)，经过 t_2 之后再发跳闸命令。这样，在 t_2 期间运行人员可有足够的时间去排除故障，以图重新恢复励磁，避免跳闸，这对安全运行具有很大意义。如果出力在 t_2 内不能压下来，而过电流判据又一直满足，则发跳闸命令以保证发电机本身的安全。

对于无功储备不足的系统，当发电机失磁后，有可能在发电机失去静稳之前，高压侧电压就达到了系统崩溃值。所以转子低电压判据满足并且高压侧低电压判据（低电压定值一般取 $0.85U_N$）也满足时，说明发电机的失磁已造成了对电力系统安全运行的威胁，经与门 Y2 和短延时 t_3 发出跳闸命令，迅速切除发电机。

另外，为了防止电压互感器回路断线时造成失磁保护误动作，设有 TV 断线闭锁元件。TV 断线闭锁元件分为变压器高压侧 TV 断线闭锁元件和机端 TV 断线闭锁元件，高压侧 TV 断线闭锁元件输出闭锁高压侧低电压元件，并发高压侧 TV 断线信号，机端 TV 断线判别元件输出闭锁机端测量阻抗元件，并发机端 TV 断线信号。

第六节 发电机失步保护

一、装设失步保护的必要性

对于中小机组，通常都不装设失步保护。当系统发生振荡时，由运行人员来判断，然后利用人工增加励磁电流、增加或减少原动机出力、局部解列等方法来处理。对于大机组，这样处理将不能保证机组的安全，通常需要装设用于反应振荡过程的专门的失步保护。

一般认为失步将带来的危害有以下几项。

（1）对于大机组和超高压电力系统，发电机装有快速响应的自动调整励磁装置，并与升压变压器组成单元接线。由于输电网的扩大，系统的等效阻抗值下降，发电机和变压器的阻抗值相对增加，因此振荡中心常落在发电机机端或升压变压器的范围以内。由于振荡中心落在机端附近，使振荡过程对机组的危害加重。机炉的辅机都由接在机端的厂用变压器供电，机端电压周期性地严重下降，将使厂用机械工作的稳定性遭到破坏，甚至使一些重要电动机制动，导致停机、停炉。

（2）振荡过程中，当发电机电动势与系统等效电动势的夹角为180°时，振荡电流的幅值将接近机端三相短路时流过的短路电流的幅值。如此大的电流反复出现有可能使定子绕组端部受到机械损伤。

（3）由于大机组热容量相对下降，对振荡电流引起的热效应的持续时间也有限制，因为时间过长有可能导致发电机定子绕组过热而损坏。

（4）振荡过程常伴随短路故障出现。发生短路故障和切除故障后，汽轮发电机轴系可能发生扭转振荡。当故障切除后，若随即发生电气参数的振荡过程，则加到轴系上的制动转矩是一脉振转矩，从而可能加剧轴系的扭转振荡，使大轴遭受机械损伤，甚至造成严重事故。

（5）在短路伴随振荡的情况下，定子绕组端部先遭受短路电流产生的应力，相继又承受振荡电流产生的应力，使定子绕组端部出现机械损伤的可能性增加。

对于电力系统来说，一台发电机与系统之间失步，如不能及时和妥善处理，可能扩大到整个电力系统，导致电力系统的崩溃。

由于上述原因，对于大机组，特别是大型汽轮发电机，需要装设失步保护，用以及时检出失步故障，迅速采取措施，以保障机组和电力系统的安全运行。由于失步会带来上述危害，因此通常要求发电机失步保护在振荡的第一、二个振荡周期内能够可靠动作。

二、失步保护原理

要求失步保护只反应发电机的失步情况，能可靠躲过系统短路和同步摇摆，并能在失步开始的摇摆过程中区分加速失步和减速失步。目前，实用的失步保护主要基于反应发电机机端测量阻抗变化轨迹的原理。这里介绍一种数字保护中应用的具有双遮挡器动作特性的失步保护原理。

如图 2-32 所示（图中忽略了电阻），假定振荡中心落在机端保护安装处 M。R_1、R_2、R_3、R_4 将阻抗平面分为 0～4 共五个区，加速失步时测量阻抗轨迹从 $+R$ 向 $-R$ 方向变化，0～4 区依次从右到左排列；减速失步时测量阻抗轨迹从 $-R$ 向 $+R$ 方向变化，0～4 区依次从左到右排列。当测量阻抗从右向左穿过 R_1 时判定为加速失步，当测量阻抗从左向右穿过 R_4 时判定为减速失步。然后当测量阻抗穿过 1 区进入 2 区，并在 1 区及 2 区停留的时间分

别大于 t_1 和 t_2 后，对于加速过程发加速失步信号，对于减速过程发减速失步信号。加速失步信号或减速失步信号作用于降低或提高原动机出力。若在加速或减速信号发出后，没能使振荡平息，测量阻抗继续穿过 3 区进入 4 区，并在 3 区及 4 区停留的时间分别大于 t_3 和 t_4 后，进行失步周期（也称滑极）计数。当失步周期累计达到一定值时，失步保护出口跳闸。

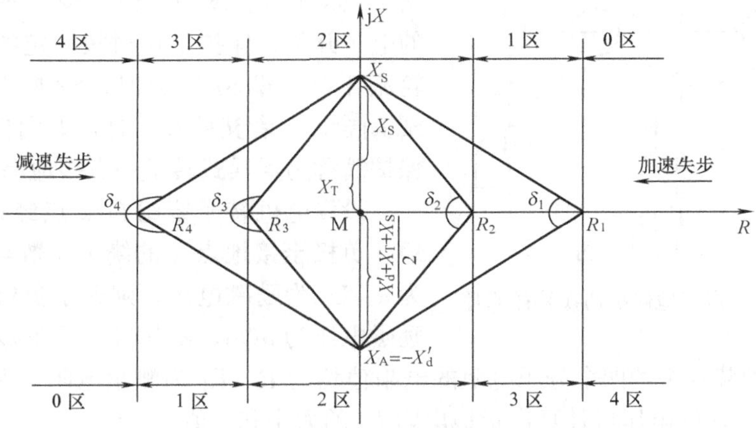

图 2-32　失步阻抗轨迹与失步保护原理图

若测量阻抗在任一区内永久停留，则判定为短路。无论是在加速过程还是在减速过程，测量阻抗在任一区（1～4 区）内停留的时间小于对应的延时时间（t_1～t_4）就进入下一区，则判定为短路。若测量阻抗轨迹部分穿越这些区域后以相反的方向返回，则判断为可恢复的摇摆振荡。

第七节　发电机励磁回路接地保护

发电机励磁回路（包括转子绕组）绝缘破坏会引起转子绕组匝间短路和励磁回路一点接地故障以及两点接地故障。发电机励磁回路一点接地故障很常见，而两点接地故障也时有发生。励磁回路一点接地故障对发电机不会造成危害，如果发生两点接地故障，则将严重威胁发电机的安全。

当发电机励磁回路发生两点接地故障时，由于故障点流过相当大的故障电流而烧伤转子本体；由于部分绕组被短接，励磁电流增加，可能因过热而烧伤励磁绕组；同时，部分绕组被短接后，使得气隙磁通失去平衡，从而引起转子振动，特别是多极发电机会引起严重的振动，甚至会造成灾难性的后果。此外，汽轮发电机励磁回路两点接地，还可能使轴系和汽轮机磁化。因此，应该避免励磁回路的两点接地故障。

过去，水轮发电机都装设一点接地保护，动作于信号，不装设两点接地保护。中小型汽轮发电机只装设可供定期检测用的绝缘检查电压表和正常不投入运行的两点接地保护，不装设一点接地保护。当用绝缘检查电压表检出一点接地故障后，再把两点接地保护装置投入。两点接地保护动作后，经延时停机。

现在，大型汽轮发电机均装设一点接地保护，一般一点接地保护动作于信号，装设两点接地保护动作于跳闸；也有采用一点接地保护动作于停机的。最常用的转子接地保护有切换采样式一点接地保护和定子二次谐波电压两点接地保护。

一、切换采样式发电机励磁回路一点接地保护

切换采样式转子一点接地保护是利用轮流对不同采样点分别进行独立采样测量的原理构成的，微机型转子一点接地保护切换采样原理如图 2-33 所示。图中，S1、S2 是两个由微机控制的电子开关，保护工作时按一定的时钟脉冲频率轮流开合，即 S1 闭合时，S2 断开；S1 断开时，S2 闭合。二者交替开、合，如同打乒乓球，故该保护简称为乒乓式转子一点接地保护。

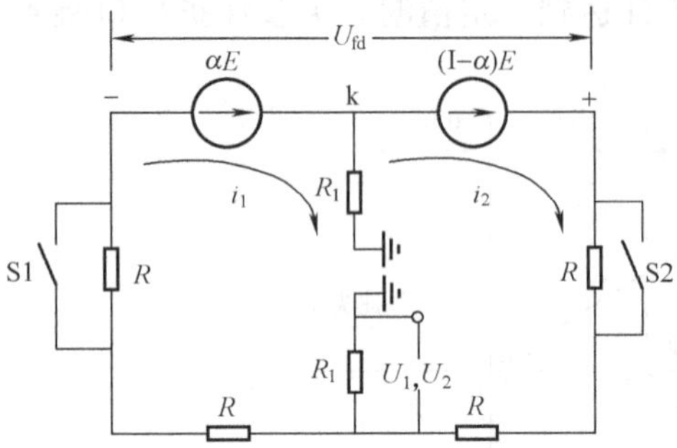

图 2-33 转子一点接地保护切换采样原理

设发电机转子绕组在 k 点经过渡电阻 R_t 接地，负极至接地点 k 的绕组匝数与总匝数的比值为 α。U_{fd}为励磁电压，则转子负极与 k 点之间的励磁电压为 αU_{fd}，k 点与转子正极之间的电压为 $(1-\alpha)U_{fd}$。保护装置中的四个分压电阻的电阻值均为 R。R_1 为测量电阻，保护装置通过测量不同状态 R_1 两端的电压可计算出接地电阻 R_t 的大小和 α 值。

在第一采样时刻（S1 闭合，S2 断开），保护测量并读取 R_1 两端的电压 U_1 和励磁电压 U_{fd1}，由采样等值电路可知

$$U_1 = \frac{(3\alpha - 1)U_{fd1}}{2R + 3R_t + 3R_1}R_1 \tag{2-43}$$

在第二采样时刻（S1 断开，S2 闭合），保护测量并读取 R_1 两端的电压 U_2 和励磁电压 U_{fd2}，且有

$$U_2 = \frac{(3\alpha - 2)U_{fd2}}{2R + 3R_t + 3R_1}R_1 \tag{2-44}$$

考虑到因励磁电压的波动可能使两次采样时刻测量的励磁电压不等，为消除由此引起的计算误差，计算中引入系数 $K=U_{fd1}/U_{fd2}$。令 $\Delta U=U_1-KU_2$，并将式（2-43）、式（2-44）代入得

$$\Delta U = \frac{U_{fd1}}{2R + 3R_t + 3R_1}R_1 \tag{2-45}$$

由式（2-45）解得

$$R_t = \frac{U_{fd1}}{3\Delta U} - R_1 - \frac{2}{3}R \tag{2-46}$$

将式（2-45）代入式（2-43）整理得

$$\alpha = \frac{U_1}{3\Delta U} + \frac{1}{3} \tag{2-47}$$

保护装置按式（2-46）、式（2-47）计算出 R_t 和 α，将 R_t 与整定值比较来判断转子绕组的接地程度。

转子一点接地保护的程序逻辑框图如图 2-34 所示。此保护由两段组成，高定值Ⅰ段和低定值Ⅱ段。

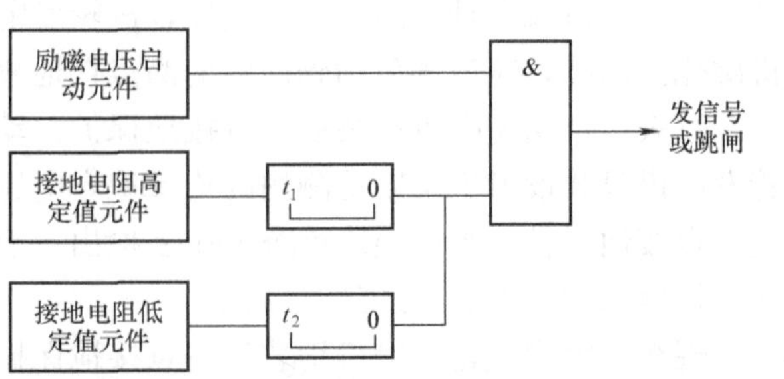

图 2-34 转子一点接地保护的程序逻辑框图

（1）Ⅰ段的动作判据为

$$R_t < R_{set.h} \tag{2-48}$$

式中　$R_{set.h}$——高接地电阻整定值，一般$R_{set.h} \geqslant 10k\Omega$。

高定值段延时动作发信号，动作时限$t_1=4\sim10s$。

（2）Ⅱ段的动作判据为

$$R_t < R_{set.l} \tag{2-49}$$

式中　$R_{set.l}$——低接地电阻整定值，一般$R_{set.l} < 10k\Omega$。

低定值段延时动作发信号，动作时限$t_1=1\sim4s$。

为防止励磁电压下降及计算溢出引起保护误动作，装置设置了启动元件，动作判据为

$$U_{fd} > 50V \tag{2-50}$$

保护装置将实时计算出的R_t和α值记忆储存，并在单元管理机上实时显示出来，供值班人员掌握发电机转子绝缘状况和一点接地位置。同时还将α值提供给转子两点接地保护，方便地实现转子两点接地故障的识别。

切换采样原理构成的转子绕组一点接地保护具有灵敏度高、误差小、动作无死区的特点，且其动作特性不受励磁电压波动及转子绕组对地电容的影响，灵敏度不因故障点位置的变化而变化；同时在启、停机时也能够实施保护，并且原理简单、调试方便、易于实现。目前，国产大型机组的微机型发变组保护广泛采用这一算法。

二、反应发电机定子电压二次谐波分量的励磁回路两点接地保护

这种发电机转子两点接地及匝间短路保护基于反应发电机定子电压二次谐波分量的原理。当发电机转子绕组两点接地或匝间短路故障时，气隙磁通分布的对称性遭到破坏，出现偶次谐波，发电机定子绕组每相感应电动势也就出现了偶次谐波分量。因此利用定子电压的二次谐波分量，就可以实现转子两点接地及匝间短路保护。

通过分析可以发现，转子侧发生两点接地或匝间短路故障在定子侧形成的二次谐波电压的相序和发电机外部不对称短路产生的负序电流所形成的定子二次谐波电压相序相反。利用此特征可以实现灵敏度更高的转子两点接地保护。二次谐波电压转子两点接地保护的程序逻辑框图如图2-35所示。

保护从发电机机端电压互感器取三相电压，由软件滤取二次谐波电压分量，将其与整定值比较来判别转子两点接地故障。保护的动作判据为

$$U_{2\omega} > U_{set} \tag{2-51}$$

动作电压按躲过额定运行情况下机端二次谐波电压值整定，即

$$U_{set} = K_{rel}U_{2\omega.unb.N} \tag{2-52}$$

式中　K_{rel}——可靠系数，一般取2.5～3；

$U_{2\omega.unb.N}$——发电机额定负荷时，机端二次谐波电压实测值。

为防止误动作，保护受转子一点接地保护闭锁，当转子绕组发生一点接地后，自动将转子两点接地保护投入工作。

保护经一定延时后动作于跳闸，以躲过外部短路暂态过程的影响和瞬时转子绕组两点接地短路，延时时间t一般取0.5～1.0s。

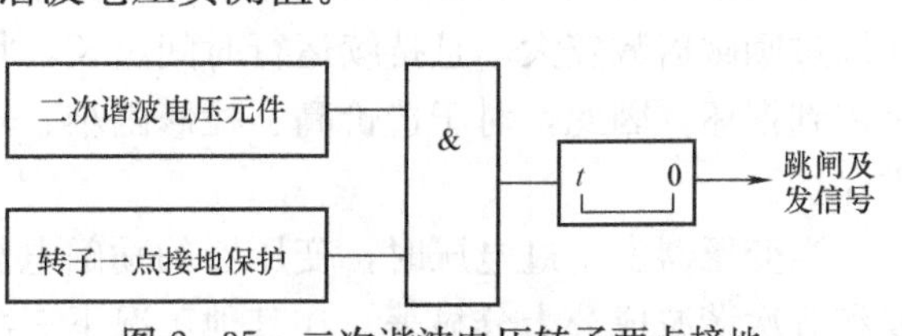

图2-35　二次谐波电压转子两点接地保护的程序逻辑框图

三、反应接地位置变化的转子绕组两点接地保护

发电机转子绕组出现一点接地后，当另一点又发生接地时，改变了转子绕组的电压分布，即转子负极至接地点的有效匝数与全绕组有效匝数的比值 α 发生了变化，如图 2-36 所示。k1 点接地时 $\alpha_1=\dfrac{N_1}{N_1+N_2}$；当 k2 点再接地时 $\alpha_2=\dfrac{N_1'}{N_1'+N_2}$。显然有 $\Delta\alpha=|\alpha_2-\alpha_1|>0$，被短接的匝数越多，$\Delta\alpha$ 越大。利用测量 $\Delta\alpha$ 大小即可构成反应接地位置变化的转子绕组两点接地保护。

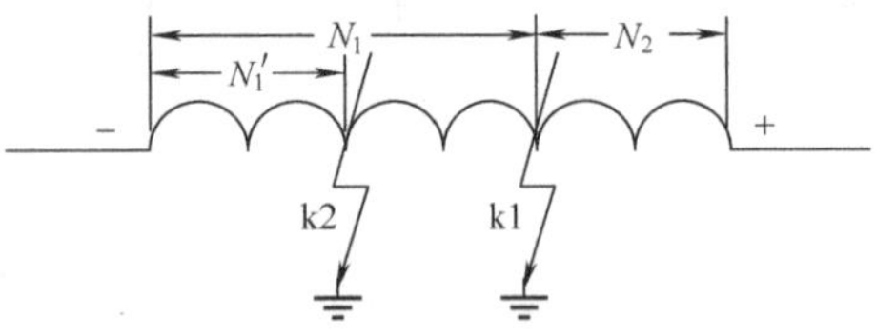

图 2-36　转子绕组两点先后接地匝数变化示意图

该保护与切换采样式转子一点接地保护配合使用，可共享一点接地保护测得的接地位置数据 α。两点接地保护由连续测得的即时值 α_2 与前一次测得并记忆的值 α_1 计算出变化量 $\Delta\alpha=\alpha_2-\alpha_1$，并与整定值比较，以确定保护是否动作。保护的动作判据为

$$|\Delta\alpha|>\alpha_{set} \tag{2-53}$$

式中　α_{set}——转子绕组两点接地位置变化整定值。

反应接地位置变化的转子两点接地保护的动作时限按躲过瞬时出现的两点接地故障整定，一般取 $t=0.5\sim1.0$s。

第八节　发电机组其他保护

一、发电机及变压器过励磁保护

发电机、变压器的工作磁密与电压成正比、与频率成反比。对于发电机，当 $n=U/f$（标幺值）大于 1 时，会引起发电机过励磁。过励磁主要表现为发电机铁芯饱和之后谐波磁密增加，使附加损耗增加，引起过热。另外由于定子铁芯背部漏磁场增强，处于这一漏磁场中的定子定位筋，也要感应出电动势，并且与相邻定位筋中的感应电动势存在相位差，并通过定子铁芯形成闭路。在定位筋附近的部位电流密度很大，将引起局部过热，造成机组局部烧伤。

现代大型变压器应用冷轧硅钢片，正常额定工作磁密 B_n 约在 1.7～1.8T，而饱和磁密 B_b 则为 1.9～2.0T，B_b/B_n 约为 1.10，工作磁密和饱和磁密相差很小。因此，当变压器的 U/f 有较小的变化时，就有可能引起过励磁。过励磁使铁芯饱和时，漏磁场增大，使附近金属构件及油箱产生涡流损失，绕组导线也会产生涡流损失。这些损失造成发热，使绝缘受损及金属构件机械变形。此外，铁芯饱和时，励磁电流急剧增大，且含有大量高次谐波分量。而铁芯和其他金属部件的涡流损耗与频率平方成正比，所以将会导致变压器严重过热。如果过励磁倍数较大，且持续运行时间过长，将使变压器绝缘老化，缩短变压器的寿命，甚至遭到损坏。因此，对于造价高、检修困难、停电损失较大的大型变压器应装设专用的过励磁保护。

当变压器发生过电压时，变压器的励磁电流也将急剧增大，而这一励磁电流中的三次谐波和五次谐波成分十分显著。在其他工况下三次谐波也会经常出现，特别是内部短路电流很大时将有很显著的三次谐波成分。因此三次谐波不能作为判断过励磁的特征量，而五次谐波

则可作为判断特征量，变压器差动保护一般选择五次谐波与基波的比不小于 35%作为过励磁闭锁差动保护的判据。

一般来说，发电机承受过励磁能力比变压器要弱一些，当发电机和变压器之间不设断路器时，过励磁保护可按发电机过励磁特性来整定。过励磁保护可采用定时限和反时限两种，对于大型机组一般采用反时限特性。过励磁保护反应过励磁倍数 $n=U/f$ 的增加而动作，n 的反时限允许特性曲线见图 2-37。

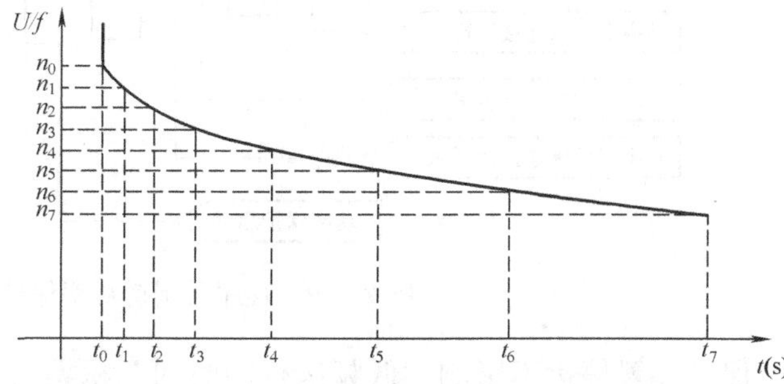

图 2-37　过励磁保护反时限允许特性曲线

过励磁保护动作逻辑框图如图 2-38 所示。

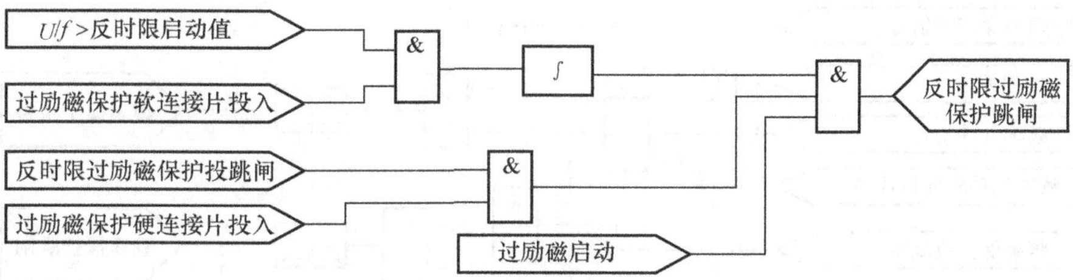

图 2-38　过励磁保护动作逻辑框图

二、发电机逆功率保护

发电机逆功率保护主要用于保护汽轮机。当主汽门误关闭时或机炉保护动作于主汽门关闭而发电机并未从系统解列时，发电机就变成了同步电动机运行，从电力系统吸收有功功率。这种工况，对发电机并无危险。但由于汽轮机的鼓风损失，其尾部叶片有可能过热，造成汽轮机事故，因此发电机组不允许在这种状况下长期运行。

逆功率保护有两种实现方法。其一是反应逆功率大小的逆功率保护，由于各种原因导致失去原动力，发电机变为电动机运行时逆功率保护动作跳开主断路器。发电机功率用三相电压、三相电流计算得到。另外一种是习惯上称为程序跳闸的逆功率保护。发电机在过负荷、过励磁、失磁等各种异常运行保护动作后需要程序跳闸时，程序跳闸的逆功率保护动作出口，先关闭汽轮机的主汽门，然后由程序逆功率保护经主汽门触点闭锁跳开发电机一变压器组的主断路器。在发电机停机时，可利用该保护的程序跳闸功能，先将汽轮机中的剩余功率向系统送完后再跳闸，从而更能保证汽轮机的安全。

该保护是以反应发电机从系统吸收有功功率的大小而动作的，是以主汽门是否关闭的条件来决定动作时间的。程序跳闸逆功率保护动作逻辑框图如图 2-39 所示。

三、发电机低频保护

发电机低频保护主要用于保护汽轮机不受低频共振的影响。汽轮机各节叶片都有一共振频率，当系统频率接近或等于共振频率时，将引起叶片的共振而损坏汽轮机。

低频运行对于汽轮机而言是个疲劳过程，一般汽轮机低频运行累计达一定时间，汽轮机将达到疲劳寿命。因此，低频运行的时间是个积累的过程，而且不同的低频有不同的积累速

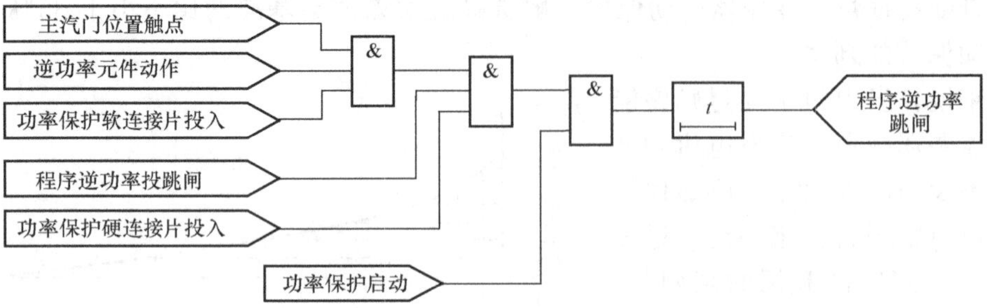

图 2-39 程序跳闸逆功率保护动作逻辑框图

度。保护装置停运不影响“低频运行的时间”积累值。

低频保护反应系统频率的降低，并受出口断路器辅助触点闭锁，即发电机退出运行时低频保护也自动退出运行。发电机低频保护动作逻辑框图如图 2-40 所示。

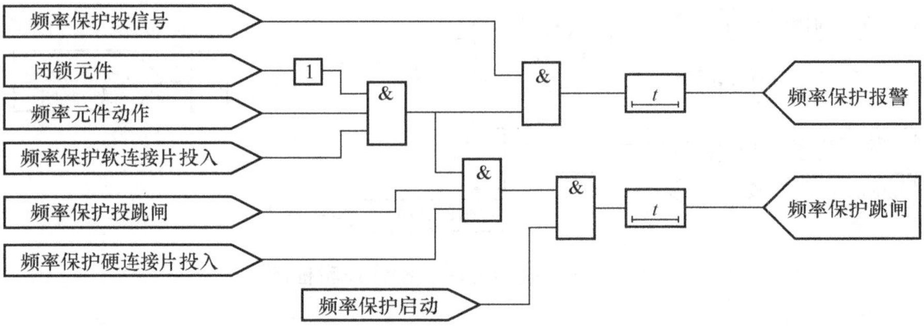

图 2-40 发电机低频保护动作逻辑框图

四、发电机误上电保护及断路器闪络保护

1. 发电机误上电保护

发电机在盘车状态下（低速旋转），主断路器误合闸，系统三相电压突然加在机端，使同步发电机处于异步启动工况，此时，由系统向发电机定子绕组倒送大电流。定子气隙同步旋转磁场和转子有较大滑差，在转子本体中感应差频电流，会引起转子过热而损伤，是一种破坏性很大的故障。目前，大型发变组广泛采用 500kV 电压等级，3/2 断路器的接线方式增加了误上电的几率。为了大型发电机组的安全，通常要求装设误上电（误合闸）保护。

误上电保护原理有多种，这里介绍其中一种。误上电保护将启停机过程分为两个阶段，以开机为例。第一阶段：开机→合磁场开关。在此期间，由于无励磁，发电机不可能进行并网操作，因此只要发电机断路器合闸和定子有电流，则必然为误上电，瞬时跳闸。第二阶段：合磁场开关→并网。在此期间，用阻抗元件来区分并网和误上电，并且误上电情况越严重，跳闸也越快。误上电保护逻辑框图见图 2-41，保护动作的几种情况及判别如下：

（1）发电机盘车时，未加励磁，断路器误合，造成发电机异步启动。采用两组 TV 均低电压延时 t_1 投入，电压恢复，延时 t_2（与低频闭锁判据配合）退出。

（2）发电机启停过程中，已加励磁，但频率低于定值，断路器误合。采用低频判据延时 t_3 投入，频率判据延时 t_4 返回，其时间应保证跳闸过程的完成。

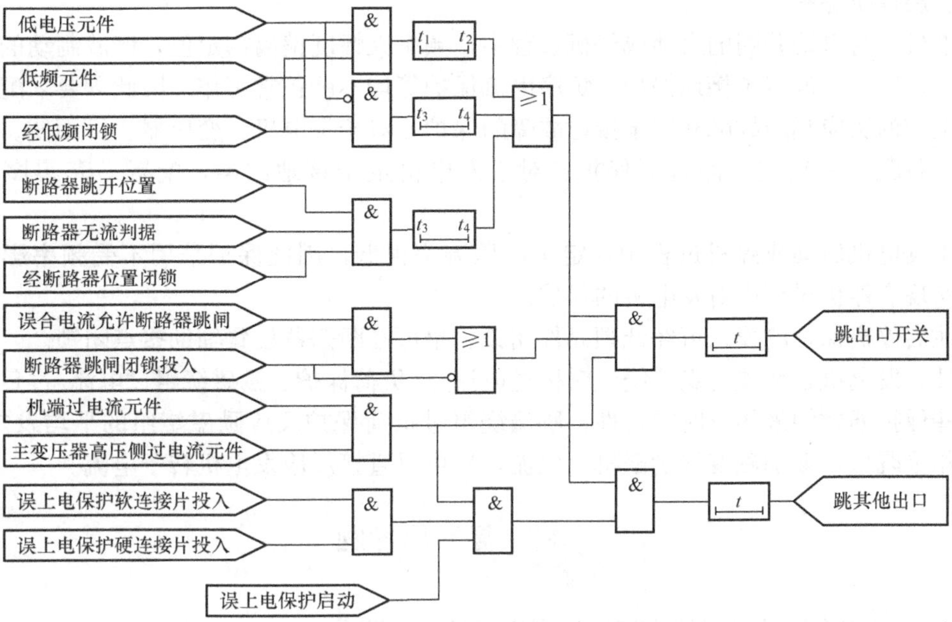

图 2-41　发电机误上电保护逻辑框图

(3) 发电机启停过程中，已加励磁，但频率高于定值，断路器误合或非同期。采用断路器位置接点，经控制字可以投退。判据延时 t_3 投入（考虑断路器分闸时间），延时 t_4 退出，其时间应保证跳闸过程的完成。

当发电机非同期合闸时，如果发电机断路器两侧电动势相差180°附近，非同期合闸电流太大，跳闸易造成断路器损坏，此时闭锁跳出口断路器，先跳灭磁开关，当断路器电流小于定值时再动作于跳出口断路器。

高压厂用变压器低压侧断路器误合，也会导致发电机异步启动，高压厂用变压器侧断路器误合只经过低频判据闭锁。

误上电保护动作，跳开主断路器，若主断路器拒动，应启动失灵保护。误上电保护在发电机并网后自动退出运行，解列后自动投入运行。

2. 断路器闪络保护

大型发变组在与系统进行并列过程中，断路器主触点两断口之间可能承受两侧电动势绝对值之和（$\delta=180°$）的高电压，有时会造成断口闪络事故。在高压侧断路器刚跳开不久的一段时间内，两断口之间也可能短时承受高电压而引起闪络。为尽快消除断口闪络故障而装设断路器闪络保护。

如果断路器未合闸而发电机定子有电流，则认为断路器发生闪络。断口闪络只考虑一相或两相，不会三相同时闪络。判断条件为：

(1) 断路器三相位置接点均为断开状态；

(2) 负序电流大于整定值；

(3) 发电机已加励磁，机端电压大于一固定值。

保护动作首先使发电机灭磁，以降低断口电压，使之停止闪络，无效时再启动失灵保护。

五、启停机保护

发电机未与系统并网的启动或停机过程中，频率大幅度偏离额定值，谐波制动的变压器差动保护、三次谐波定子接地保护、负序电流保护等均不能正常工作。因此，要求配置在低频下能工作的反应相间故障和定子接地故障的保护。对于发电机、变压器、厂用变、励磁变的故障，各配置一组差回路过流保护。对于发电机定子接地故障，配置一套零序过电压保护。

由于发电机启动或停机过程中，定子电压频率很低，因此保护采用不受频率影响的算法，以实现启停机过程中对发电机的保护。

上述启停机保护的投入可经低频元件闭锁，也可经断路器位置辅助接点闭锁。

另外，发电机还配置有定子绕组对称过电流/过负荷保护、励磁绕组过电流/过负荷保护等。这些保护通常均采用反时限特性。励磁绕组过负荷保护反应励磁绕组的平均发热状况，保护动作量既可以取励磁变（励磁机）电流，也可以直接反应发电机转子电流。

复习思考题

1. 发电机完全纵差动保护为何不反应匝间短路故障？
2. 试分析发电机不完全纵差动保护的特点和不足。
3. 发电机定子绕组匝间短路有何危害？常采用哪些匝间短路保护方案？
4. 何谓纵向零序电压？零序电压式匝间短路保护能否反应定子回路的单相接地？为什么？
5. 发电机的零序电压保护为什么存在死区？如何提高零序电压保护的灵敏度？
6. 如何构成双频式定子接地保护？试说明实现100%定子接地保护区的原理。
7. 发电机反时限负序电流保护有何优点？为什么可将其作为发电机转子过热的主保护？
8. 发电机失磁对系统和发电机本身有什么影响？试说明失磁保护静态稳定边界的物理概念。
9. 发电机励磁回路为什么要装设一点接地和两点接地保护？

第三章　变压器微机继电保护原理

发电厂中的变压器较多，除了主变压器（简称主变）外还包括高、低压厂用变压器（简称高、低厂变），高压启动/备用变压器（简称高压启备变），励磁变压器（简称励磁变）等。变压器发生故障将给发电厂的运行带来严重的影响。为了保证变压器的安全运行和防止事故扩大，装设灵敏、快速、可靠和选择性好的微机保护是极为重要的。

第一节　变压器纵差动保护

变压器纵差动保护（或差动保护）用于反应变压器绕组的相间短路故障、绕组的匝间短路故障、中性点接地侧绕组的接地故障及引出线的相间短路故障、中性点接地侧引出线的接地故障。发电厂中的主变（发电机—变压器组）、高压厂变、高压启备变均配置有纵差动保护。其保护原理都一样，所不同的主要是引入的电流量有差异。变压器差动保护的灵敏度比发电机差动保护低一些。它不仅能反应变压器内部的相间短路，也能反应变压器内部的匝间短路故障。

一、变压器纵差动保护的基本原理

差动保护的基本原理源自基尔霍夫电流定律，把变压器、发电机或其他被保护电力设备看成是一个节点，如果流入节点的电流等于流出节点的电流，则节点无泄漏，这时说明被保护设备无故障或故障在外部。如果流入节点的电流不等于流出节点的电流，则节点中存在其他电流通路，说明被保护设备发生了故障。用输入电流与输出电流的差作为动作量的保护就称为差动保护。

变压器差动保护的基本原理与发电机纵差动保护相同。图3-1示出了变压器纵差动保护单相原理接线，其中变压器T两侧电流 $\dot{I}_1$、$\dot{I}_2$ 流入变压器为其电流正方向。当变压器正常运行或外部短路故障时 $\dot{I}_1$ 与 $\dot{I}_2$ 反相，必有 $\dot{I}_1+\dot{I}_2=0$，若电流互感器TA1、TA2变比选择合理，则在理想状态下有 $I_d=|\dot{I}'_1+\dot{I}'_2|=0$（实际是不平衡电流），差动元件KD不动作。当变压器发生短路故障时，$\dot{I}_1$ 与 $\dot{I}_2$ 同相位（假设变压器两侧均有电源），必有 $\dot{I}_1+\dot{I}_2=\dot{I}_k$（短路电流），于是 I_d 流过相应短路电流，KD动作，将变压器从电网中切除。

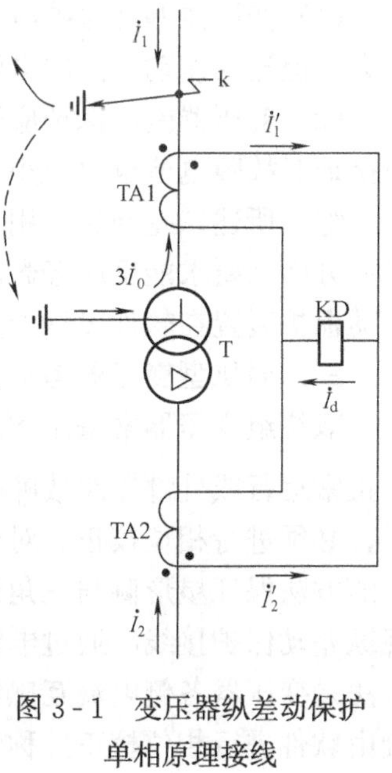

图3-1　变压器纵差动保护单相原理接线

可以看出，纵差动保护的保护区是TA1、TA2之间的电气部分。为使纵差动保护发挥应有性能，在接线上应注意如下几点。

(1) 由于变压器 Y_Nd 接线的关系，变压器两侧电流间存在相位移动，为保证正常运行或区外短路故障时 $\dot{I}_1$ 与 $\dot{I}_2$ 有反相关系，所以必须进行相位校正。

（2）即使满足了区外短路故障时 $\dot{I}_1$、$\dot{I}_2$ 的反相关系，注意到变压器两侧 TA 变比的不同，为保证区外短路故障时差动元件电流尽量小，$|\dot{I}'_1|$ 应与 $|\dot{I}'_2|$ 相等，为此应进行幅值校正。

（3）Y_N 侧保护区外接地故障时，如图 3-1 中 k 点接地，零序电流 $3\dot{I}_0$ 仅在变压器一侧流通，流过电流互感器 TA1，为保证纵差动保护不动作，$\dot{I}'_1$ 电流中应扣除相应的零序电流分量。

因此从理论上说，正常运行时流入变压器的电流等于流出变压器的电流，但是由于变压器内部结构、变压器各侧的额定电压不同、接线方式不同、各侧电流互感器变比不同、各侧电流互感器的特性不同产生的误差，以及有载调压产生的变比变化等，产生了一系列特有的技术问题。

二、变压器差动保护的不平衡电流问题

在正常运行及区外故障情况下变压器差动保护的不平衡电流均比较大。其原因有以下几方面。

（1）变压器差动保护两侧电流互感器的电压等级、变比、容量以及铁芯和特性不一致，使差动回路的稳态和暂态不平衡电流都可能比较大。

（2）正常运行时的励磁电流将作为变压器差动保护不平衡电流的一种来源，特别是当变压器过励磁运行时，励磁电流可达变压器额定电流的水平。

（3）空载变压器突然合闸时，或者变压器外部短路切除而变压器端电压突然恢复时，暂态励磁电流的大小可达额定电流的 6～8 倍，可与短路电流相比拟。

（4）正常运行中的有载调压，根据变压器运行要求，需要调节分接头，这又将增大变压器差动保护的不平衡电流。

另外，变压器差动保护还要考虑以下两种情况下的灵敏度。

（1）变压器差动保护应能反应高、低压绕组的匝间短路。虽然匝间短路时短路环中电流很大，但流入差动保护的电流可能并不大。

（2）变压器差动保护应能反应高压侧（中性点直接接地系统）的单相接地短路，但经高阻接地时故障电流也比较小。

综上所述，差动保护用于变压器，一方面由于各种因素产生较大或很大的不平衡电流，另一方面又要求能反应轻微内部短路，变压器差动保护要比发电机差动保护复杂。微机型的差动保护装置在软件设计上充分考虑了上述因素。

三、微机型变压器差动保护的相位校正

双绕组变压器常采用 Yd11 接线方式，因此，变压器两侧电流的相位差为 30°。为保证在正常运行或外部短路故障时动作电流计算式中的高压侧电流 $\dot{I}'_1$ 与低压侧电流 $\dot{I}'_2$ 有反相关系，必须进行相位校正。对于 Yyd11 及 Yd11d11 接线式的三绕组变压器，也应通过相位校正的方法保证星形侧与三角形侧电流有反相关系。对于微机型纵差动保护，一种方法是按常规纵差动保护接线，通过电流互感器二次接线进行相位校正，称为“外转角”方式；另一种方法是变压器各侧电流互感器二次接线同为星形接法，利用微机保护软件计算的灵活性，直接由软件进行相位校正。称为“内转角”方式。内转角的计算方法又可分为星形侧向三角形侧（称Y→△）校正的算法及三角形侧向星形侧（称△→Y）校正的算法两种。

当变压器各侧电流互感器二次均采用星形接线时，可简化TA二次接线，增加电流回路的可靠性。因此，微机型变压器差动保护中，一般各侧TA都按星形接法接入到微机差动保护装置，TA的匹配和变压器接线方式引起的各侧电流之间的相位关系全部由微机差动保护装置自动进行处理，即采用“内转角”方式进行相位校正。电流互感器TA二次接线如图3-2所示。当变压器为Yd11连接时，图3-3（a）示出了TA一次侧的电流相量图，为消除各侧TA二次电流之间的30°角度差，必须由保护软件通过算法进行调整。

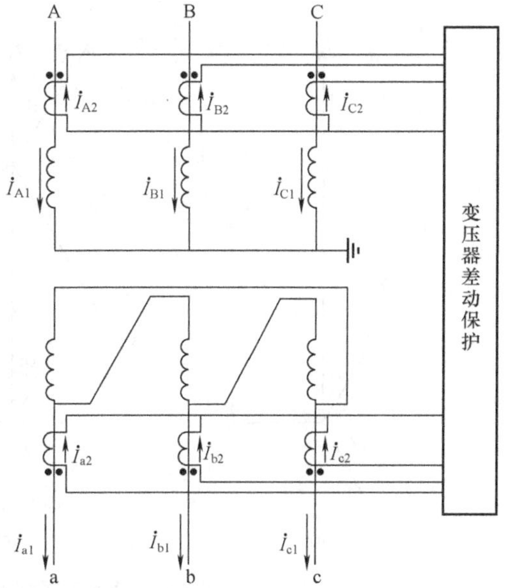

图3-2　Yd11接线变压器内转角相位校正接线图

1. 星形侧向三角形侧（称Y→△）校正的算法

大部分保护装置采用星形侧向三角形侧（称Y→△变化）校正相位的方法，其校正方法如下：

星形侧
$$\left.\begin{aligned}\dot{I}'_{A2}&=(\dot{I}_{A2}-\dot{I}_{B2})/\sqrt{3}\\\dot{I}'_{B2}&=(\dot{I}_{B2}-\dot{I}_{C2})/\sqrt{3}\\\dot{I}'_{C2}&=(\dot{I}_{C2}-\dot{I}_{A2})/\sqrt{3}\end{aligned}\right\}\tag{3-1}$$

三角形侧
$$\left.\begin{aligned}\dot{I}'_{a2}&=\dot{I}_{a2}\\\dot{I}'_{b2}&=\dot{I}_{b2}\\\dot{I}'_{c2}&=\dot{I}_{c2}\end{aligned}\right\}\tag{3-2}$$

式中　$\dot{I}_{A2}$、$\dot{I}_{B2}$、$\dot{I}_{C2}$——星形侧TA二次电流；

$\dot{I}'_{A2}$、$\dot{I}'_{B2}$、$\dot{I}'_{C2}$——星形侧校正后的各相电流；

$\dot{I}_{a2}$、$\dot{I}_{b2}$、$\dot{I}_{c2}$——三角形侧TA二次电流；

$\dot{I}'_{a2}$、$\dot{I}'_{b2}$、$\dot{I}'_{c2}$——三角形侧校正后的各相电流。

经过软件校正后，差动回路两侧电流之间的相位一致，如图3-3（b）所示。同理，对于三绕组变压器，若采用Yyd11接线方式，两星形侧的相位校正方法都是相同的。

需要说明，采用Y侧进行相位校正的方法，当Y侧为中性点接地运行发生接地短路故障时，差动回路不反映零序分量电流，保护对接地短路故障的灵敏度将受到影响。

2. 三角形侧向星形侧（称△→Y）校正的算法

保护装置采用三角形侧向星形侧变化（称△→Y）调整差流平衡时，其校正方法如下

星形侧
$$\left.\begin{aligned}\dot{I}'_{A2}&=(\dot{I}_{A2}-\dot{I}_{0})\\\dot{I}'_{B2}&=(\dot{I}_{B2}-\dot{I}_{0})\\\dot{I}'_{C2}&=(\dot{I}_{C2}-\dot{I}_{0})\end{aligned}\right\}\tag{3-3}$$

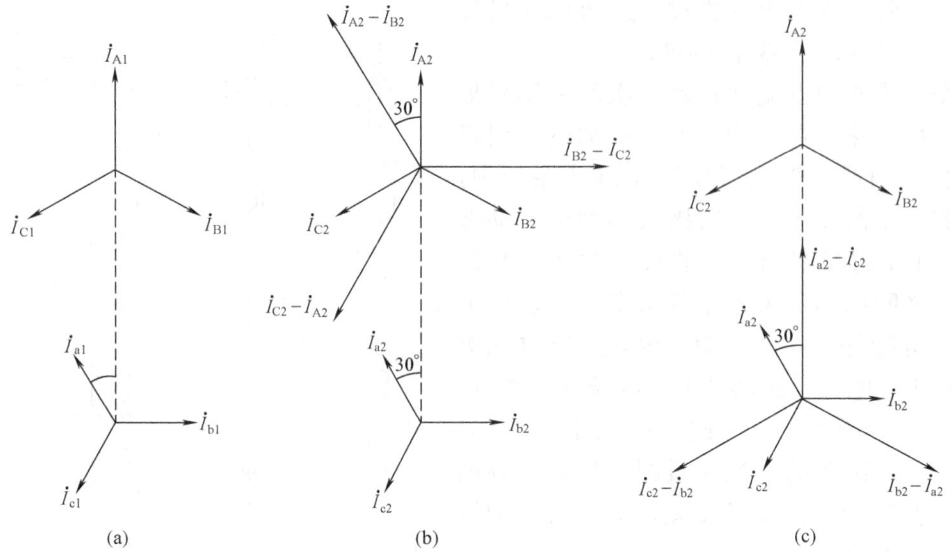

图 3-3 Yd11 接线变压器内转角相位校正相量图

(a) TA 一次侧电流相量；(b) 星形侧向三角形侧调整；(c) 三角形侧向星形侧调整

三角形侧
$$\left.\begin{aligned}\dot{I}'_{a2}&=(\dot{I}_{a2}-\dot{I}_{c2})/\sqrt{3}\\\dot{I}'_{b2}&=(\dot{I}_{b2}-\dot{I}_{a2})/\sqrt{3}\\\dot{I}'_{c2}&=(\dot{I}_{c2}-\dot{I}_{b2})/\sqrt{3}\end{aligned}\right\}\tag{3-4}$$

式中 $\dot{I}_{A2}$、$\dot{I}_{B2}$、$\dot{I}_{C2}$——星形侧 TA 二次电流；

$\dot{I}'_{A2}$、$\dot{I}'_{B2}$、$\dot{I}'_{C2}$——星形侧校正后的各相电流；

$\dot{I}_{a2}$、$\dot{I}_{b2}$、$\dot{I}_{c2}$——三角形侧 TA 二次电流；

$\dot{I}'_{a2}$、$\dot{I}'_{b2}$、$\dot{I}'_{c2}$——三角形侧校正后的各相电流；

$\dot{I}_0$——星形侧零序二次电流。

经过软件校正后，差动回路两侧电流之间的相位一致，如图 3-3（c）所示。同理，对于三绕组变压器，若采用 Yyd11 接线方式，星形侧的软件算法都是相同的，三角形侧同样进行相位校正。

需要说明，在△侧进行相位校正的方法，当变压器高压侧保护区内和保护区外发生单相接地短路时，流过差动回路 Y 侧电流互感器的零序分量电流与变压器中性点零序电流互感器的零序分量电流的方向正好相反，见图 3-4。

设变压器区外发生 A 相单相接地短路故障时，流过变压器高压侧 A 相的短路电流 $\dot{I}_{Ak}=\dot{I}_{Ak1}+\dot{I}_{Ak2}+\dot{I}_{Ak0}$，变压器中性点的电流 $\dot{I}_0$ 与 A 相零序电流 $\dot{I}_{Ak0}$ 相同，见图 3-4（a）。二者相互抵消，使加入 A 相差动元件的电流为 $\dot{I}_{Ak}=\dot{I}_{Ak1}+\dot{I}_{Ak2}$。由于变压器的△侧不存在零序电流分量，故在外部发生单相接地短路时不会产生不平衡电流。

若在变压器的区内发生单相接地短路，此时变压器 Y 侧 A 相零序电流 $\dot{I}_{Ak0}$ 改变方向，与变压器中性点的电流 $\dot{I}_0$ 方向相反，见图 3-4（b）。加入 A 相差动元件的电流为 $\dot{I}_{Ak0}$ 和 $\dot{I}_0$

二者的叠加。也就是说，在变压器区内发生单相接地短路时，加入差动元件的短路电流能反映区内接地短路故障时的零序电流分量。

可见，采用不同方式的相位补偿，将影响在变压器Y侧发生单相接地短路时差动保护的灵敏度，引入变压器中性点零序电流分量后，在变压器区外发生单相接地短路故障时不会由于零序分量的存在而产生不平衡电流，而在变压器区内发生单相接地短路时又可以反映零序分量电流，从而提高了差动保护对单相接地短路的灵敏度。

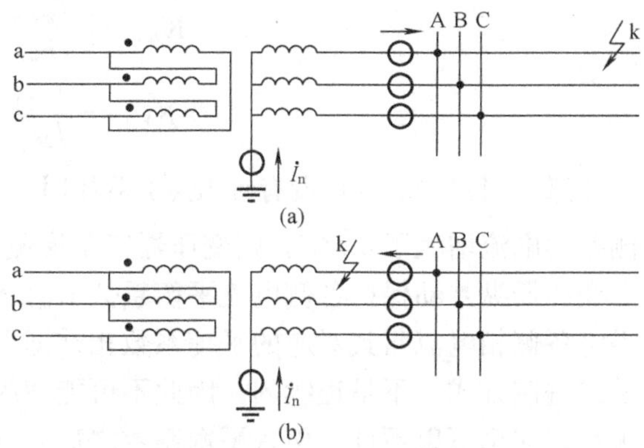

图3-4　单相接地短路时零序分量电流的分布
(a) 区外单相接地时零序电流分布；
(b) 区内单相接地时零序电流分布

四、微机型变压器差动保护的幅值校正

通过相位校正，满足了正常运行和区外短路时电流的反相关系。但由于变压器各侧的额定电压、接线方式及差动TA变比都不相同，因此在正常运行时，流入差动保护的各侧电流也不相同。为保证区外故障时差动保护不误动，微机保护应在相位校正的基础上进行幅值校正（幅值校正通常称为电流平衡调整），将各侧大小不同的电流折算成大小相等、方向相反的等值电流，使得在正常运行时或区外故障时，差动电流（称为不平衡电流）尽可能小。

将各侧不同的电流值折算成作用相同的电流，相当于将某一侧或某两侧的电流乘以修正系数，该系数叫做平衡系数。

设有三绕组变压器，其接线为Yyd11，变压器各侧TA均为星形接线，则各侧流入差动保护某相的一次额定电流计算公式为

$$I_{1N}=\frac{S_N}{\sqrt{3}U_{Nl}} \tag{3-5}$$

式中　S_N——变压器额定容量；

I_{1N}——变压器计算侧一次额定计算电流；

U_{Nl}——变压器计算侧的额定线电压。

变压器各侧电流互感器二次额定计算电流为

$$I_{2N}=\frac{I_{1N}}{n_{TA}}=\frac{S_N}{\sqrt{3}U_{Nl}n_{TA}} \tag{3-6}$$

式中　I_{2N}——变压器计算侧二次额定计算电流；

n_{TA}——变压器计算侧电流互感器变比。

注意，当式（3-1）和式（3-4）计及$\sqrt{3}$系数后，此处不再计及，否则在计算电流I_{2N}时要乘以系数$\sqrt{3}$。

设变压器高、中、低压各侧的额定电压、额定二次计算电流及差动TA的变比分别为$U_{N.h}$、$I_{2N.h}$、n_h，$U_{N.m}$、$I_{2N.m}$、n_m，$U_{N.l}$、$I_{2N.l}$、n_l，一般以高压侧（电源侧）$I_{2N.h}$电流为基准，将其他两侧的电流I_m和I_l折算到高压侧的平衡系数分别为$K_{b.m}$及$K_{b.l}$，即

$$K_{b.m}=\frac{I_{2N.h}}{I_{2N.m}}=\frac{U_{N.m}n_m}{U_{N.h}n_h} \tag{3-7}$$

$$K_{b.1}=\frac{I_{2N.h}}{I_{2N.1}}=\frac{U_{N.1}n_1}{U_{N.h}n_h} \tag{3-8}$$

注意，当式（3-1）没有计及$\sqrt{3}$系数时，和电流互感器TA外部采用角接类似，使星形侧差动电流增大了$\sqrt{3}$倍，则变压器三角形侧$K_{b.1}$计算式中要乘以系数$\sqrt{3}$。

变压器纵差动保护各侧电流平衡系数$K_{b.m}$及$K_{b.1}$求出后，电流平衡调整自然实现了，即只需将各侧相电流与其对应的平衡系数相乘即可。应当指出，由于微机保护电流平衡系数取值是二进制方式，不是连续的，因此不可能使纵差动保护达到完全平衡，但引起的不平衡电流极小，完全可以不计。引入平衡系数之后差动电流的计算式为

$$I_d=|\dot{I}_h+K_{b.m}\dot{I}_m+K_{b.1}\dot{I}_1| \tag{3-9}$$

应当指出，变压器微机保护各侧电流互感器采用星形接线，不仅可明确区分励磁涌流和短路故障，有利于加快保护的动作速度；而且有利于电流互感器二次回路断线的判别。但是，对于中性点直接接地的自耦变压器，变压器外部接地时，高压侧和中压侧的零序电流可以相互流通，为防止纵差动保护误动作两侧的电流互感器必须接成三角形。

另外，由于变压器绕组开焊或断路器一相偷跳，形成的正序、负序电流对变压器而言是穿越性的，相当于保护区外短路故障，因此纵差动保护不反应。

第二节　变压器差动保护比率制动特性

一、比率制动差动元件基本原理

经过相位校正和幅值校正处理后差动保护的动作原理可以按相比较，可以用无转角、变比等于1的理想变压器来分析。和发电机纵差动保护一样，为避开区外短路不平衡电流的影响，同时区内短路要有较高的灵敏度，理想的办法就是采用比率制动特性。以图3-5说明比率制动微机差动保护的原理。

比率制动的差动保护是分相设置的，所以双绕组变压器可取单相来说明其原理。如果以流入变压器的电流方向为正方向，则差动电流为$I_d=|\dot{I}_1+\dot{I}_2|$。

为了使区外故障时制动作用最大，区内故障时制动作用最小或能等于零，用最简单的方法构成制动电流，则可采用$I_{res}=|\dot{I}_1-\dot{I}_2|/2$。

假设$\dot{I}_1$、$\dot{I}_2$已经过软件的相位变换和电流补偿，则区外故障时$\dot{I}_2=-\dot{I}_1$，这时I_{res}达到最大，I_d为最小。

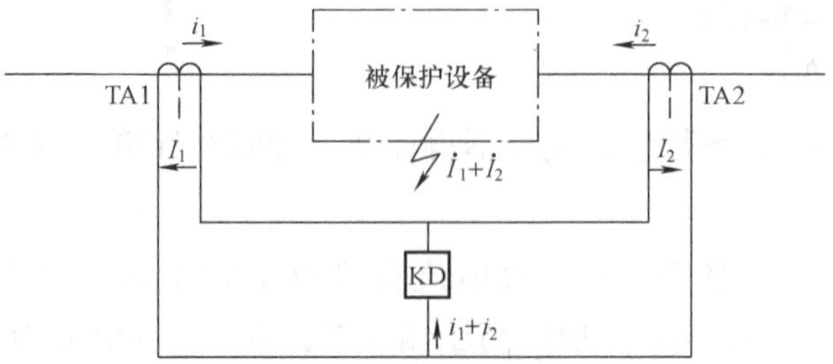

图3-5　双绕组变压器的差动电流

但是，由于电流互感器特性不同（或电流互感器饱和）和有载调压使变压器的变比发生变化等会产生不平衡电流I_{unb}，另外内部的电流算法补偿也存在一定误差，在正常运行时仍然有小量的不平衡电流。所以正常运行时I_d的值等于这两者之和。区内故障时，

I_d 达到最大，I_{res}为最小，I_{res}一般不为零，也就是说区内故障时仍然带有制动量，即使这样保护的灵敏度仍然很高。

以 I_d 为纵轴、I_{res}为横轴，比率制动差动保护的特性曲线如图 3-6 所示，图中的纵轴表示差动电流，横轴表示制动电流，a、b 线段表示差动保护的动作整定值，这就是说 a、b 线段的上方为动作区，a、b 线段的下方为非动作区。另外 a、b 线段的交点通常称为拐点。c 线段表示区内短路时的差动电流 I_d。d 线段表示区外短路时的差动电流 I_d。比率制动的微机差动保护的动作原理为：由于正常运行时 I_d 仍然有小量的不平衡电流 $I_{unb.n}$，所以差动保护的动作电流必须大于这个不平衡电流，即

$$I_{op.min} > I_{unb.n} \tag{3-10}$$

这个值用特性曲线的 a 线段表示；当区外发生短路故障时，I_d 和 I_{res}随着短路电流的增大而增大，如图 3-6 中的 d 线段所示，为了防止差动保护误动作，差动保护的动作电流 I_{op}必须随着短路电流的增大而增大，并且必须大于外部短路时的 I_d，特性曲线的斜线 b 线段表示的就是这个作用的动作电流变化值。当区内发生短路故障时，差动电流 I_d 的变化如图 3-6 中 c 线段所示。一般来说，微机差动保护的比率制动特性曲线都是可整定的，$I_{op.min}$按正常运行时的最大不平衡电流确定，b 线段的斜率及其与横轴的交点根据所需的灵敏度进行设定。

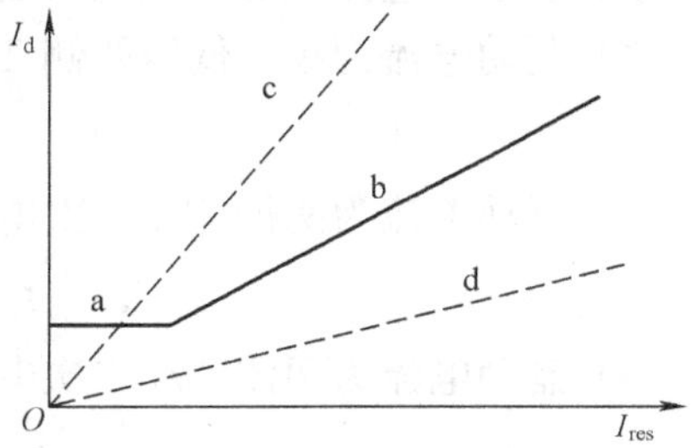

图 3-6　比率制动差动保护的特性曲线

二、两折线比率制动特性

1. *差动元件的动作方程*

微机型变压器差动保护中，差动元件的动作特性最基本的是采用具有二段折线形的动作特性曲线，如图 3-7 所示。

在图 3-7 中，$I_{op.min}$为差动元件起始动作电流幅值，也称为最小动作电流；$I_{res.min}$为最小制动电流，又称为拐点电流（一般取 0.5～1.0I_{2N}，I_{2N}为变压器计算侧电流互感器二次额定计算电流）；$K=\text{tg}\alpha$ 为制动段的斜率。微机变压器差动保护的差动元件采用分相差动，其比率制动特性可表示为

$$I_d \geqslant I_{op.min} \quad (I_{res} \leqslant I_{res \cdot min}) \tag{3-11}$$

$$I_d \geqslant I_{op.min} + K(I_{res} - I_{res \cdot min}) \quad (I_{res} > I_{res \cdot min}) \tag{3-12}$$

式中　I_d——差动电流的幅值；

I_{res}——制动电流幅值。

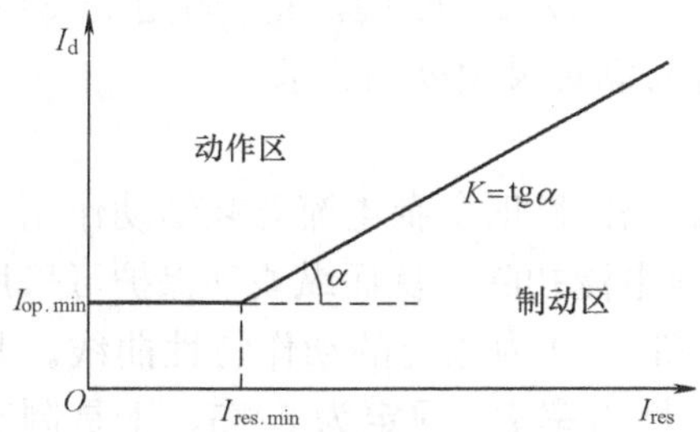

图 3-7　两折线比率制动差动保护特性曲线

也可用制动系数 K_{res}来表示制动特性。令 $K_{res}=I_d/I_{res}$，则可得到 K_{res}与斜率 K 的关系式为

$$K_{res} = \frac{I_{op.min}}{I_{res}} + K\left(1 - \frac{I_{res.min}}{I_{res}}\right) \tag{3-13}$$

从式（3-13）可以看出，K_{res}随 I_{res}的大小不同有所变化，而斜率 K 是不变的。通常用最大制动电流 $I_{res.max}$对应的最大制动系数 $K_{res.max}$。

2. 差动电流的取得

变压器差动保护的差动电流，取各侧电流互感器（TA）二次电流相量和的绝对值。对于双绕组变压器为

$$I_d = |\dot{I}_1 + \dot{I}_2| \tag{3-14}$$

对于三绕组变压器或引入三侧电流的变压器为

$$I_d = |\dot{I}_1 + \dot{I}_2 + \dot{I}_3| \tag{3-15}$$

式中　$\dot{I}_1$、$\dot{I}_2$、$\dot{I}_3$——分别为变压器高、中、低压侧 TA 的二次电流。

3. 制动电流的取得

在微机保护中，变压器制动电流的取得方法比较灵活，关键是应在灵敏度和可靠性之间作一个最合适的选择。对于双绕组变压器，两侧差动保护一般有以下几种取法。

（1）制动电流为高、低压两侧 TA 二次电流相量差的一半，即

$$I_{res} = |\dot{I}_1 - \dot{I}_2|/2 \tag{3-16}$$

（2）制动电流为两侧 TA 二次电流幅值和的一半，即

$$I_{res} = (|\dot{I}_1| + |\dot{I}_2|)/2 \tag{3-17}$$

（3）制动电流为两侧 TA 二次电流幅值的最大值，即

$$I_{res} = \max\{|\dot{I}_1|, |\dot{I}_2|\} \tag{3-18}$$

对于三侧及多侧差动保护一般有以下取法。

（1）制动电流取各侧 TA 二次电流幅值和的一半，即

$$I_{res} = (|\dot{I}_1| + |\dot{I}_2| + |\dot{I}_3| + |\dot{I}_4|)/2 \tag{3-19}$$

（2）制动电流取各侧 TA 二次电流幅值的最大值，即

$$I_{res} = \max\{|\dot{I}_1|, |\dot{I}_2|, |\dot{I}_3|, |\dot{I}_4|\} \tag{3-20}$$

注意：无论是双侧绕组还是多侧绕组，电流都要折算到同一侧进行计算和比较。

三、三折线比率制动特性

图 3-8 示出了三折线比率制动特性，有两个拐点电流 I_{res1} 和 I_{res2}，通常 I_{res1} 固定为 $0.5I_{2N}$。比率制动特性由三个直线段组成，制动特性可表示为

$$I_d > I_{op.min} \quad (I_{res} \leqslant I_{res1}) \tag{3-21a}$$

$$I_d > I_{op.min} + K_1(I_{res} - I_{res1}) \quad (I_{res1} < I_{res} \leqslant I_{res2}) \tag{3-21b}$$

$$I_d > I_{op.min} + K_1(I_{res2} - I_{res1}) + K_2(I_{res} - I_{res2}) \quad (I_{res} > I_{res2}) \tag{3-21c}$$

式中　K_1、K_2——分别是两个制动段的斜率。

此种制动特性通常 I_{res1} 固定为 $0.5I_{2N}$ 或（0.3～0.75）I_{2N} 可调，I_{res2} 固定为 $3I_{2N}$ 或 $(0.5\sim3)I_{2N}$ 可调，K_2 固定为 1。这种比率制动特性容易满足灵敏度的要求。

四、工频变化量比率制动特性

由于负荷电流总是穿越性质的，因此变压器区内短路故障时负荷电流总起制动作用。为提高灵敏度特别是匝间短路故障时的灵敏度，应将负荷电流扣除，从而纵差动保护可采用故障分量比率制动特性，即工频变化量比率制动特性，图 3-9 为相应的动作特性曲线。其中 $\Delta I_{op.min}$ 固定为 $0.2I_{2N}$，特性段斜率 K_1 固定为 0.6，特性斜率 K_2 固定为 0.75，于是制动特性可表示为

$$\Delta I_{\mathrm{d}} > 1.25\Delta I_{\mathrm{d.T}} + 0.2I_{\mathrm{n}} \tag{3-22a}$$

$$\Delta I_{\mathrm{d}} > 0.6\Delta I_{\mathrm{res}} \quad (\Delta I_{\mathrm{res}} \leqslant 2I_{\mathrm{n}}) \tag{3-22b}$$

$$\Delta I_{\mathrm{d}} > -0.3I_{\mathrm{n}} + 0.75\Delta I_{\mathrm{res}} \quad (\Delta I_{\mathrm{res}} > 2I_{\mathrm{n}}) \tag{3-22c}$$

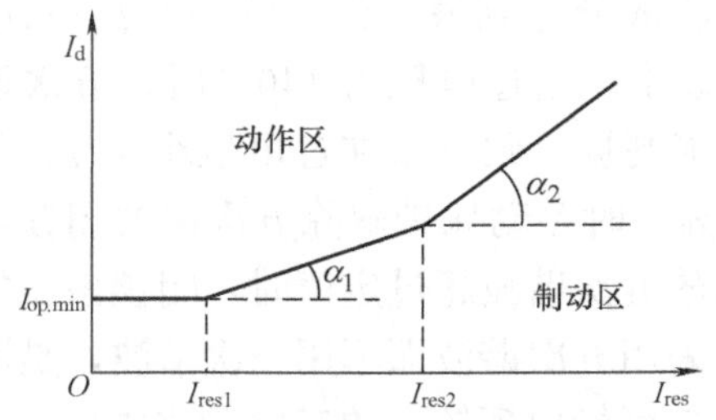

图 3-8　三折线比率制动差动保护特性曲线

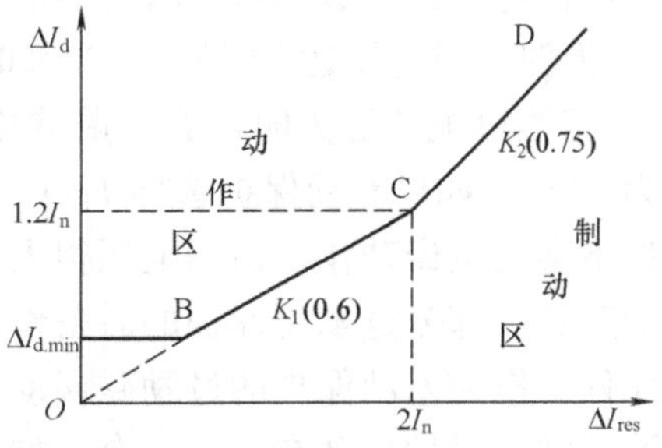

图 3-9　工频变化量比率制动特性曲线

其中

$$\Delta I_{\mathrm{d}} = |\Delta\dot{I}_1 + \Delta\dot{I}_2 + \Delta\dot{I}_3 + \Delta\dot{I}_4| \tag{3-22d}$$

$$\Delta I_{\mathrm{res}} = \max\{|\Delta\dot{I}_{\varphi1}| + |\Delta\dot{I}_{\varphi2}| + |\Delta\dot{I}_{\varphi3}| + |\Delta\dot{I}_{\varphi4}|\} \tag{3-22e}$$

式中　$\Delta\dot{I}_1$、$\Delta\dot{I}_2$、$\Delta\dot{I}_3$、$\Delta\dot{I}_4$——变压器各侧流入的故障分量电流；$\Delta\dot{I}_{\varphi1}$、$\Delta\dot{I}_{\varphi2}$、$\Delta\dot{I}_{\varphi3}$、$\Delta\dot{I}_{\varphi4}$ 类同。

式（3-22e）中的 max 只是取三相（φ）中电流最大值，$\Delta I_{\mathrm{d.T}}$ 是差动电流的浮动门槛。由于引入了浮动门槛，系统振荡和频率偏差情况下，保护不会发生误动作。

工频变化量比率差动保护按相判别，实行最大相的 ΔI_{res} 制动，动作后需经励磁涌流判据闭锁和五次谐波过励磁判据闭锁才能出口。

两折线、三折线比率制动特性的斜率一经设定就不再发生变化。也有的变压器比率制动特性采用变斜率制动特性。变斜率制动特性的斜率是不固定的，随 I_{res} 发生变化。由于变斜率制动特性能较好地与不平衡电流特性配合，因此躲区外故障的不平衡电流能力较强，同时使区内短路故障时有高的灵敏度。变斜率制动特性可应用在发电机、发电机变压器组、变压器的纵差动保护中。

五、差动速断保护

一般情况下，当发生区内短路，在电流互感器不饱和或饱和不太严重时，比率制动的差动保护作为变压器的主保护均能灵敏快速动作。

如果区内短路电流非常大，电流互感器严重饱和而使交流暂态传变严重恶化，短路电流的二次波形将发生畸变，可能出现间断角和包括二次谐波的各种高次谐波；对于长线或附近装有静止补偿电容器的场合，在变压器发生区内严重故障时由于谐振也会短时出现较大的衰减二次谐波电流。上述情况下，间断角原理和谐波制动原理的差动保护均可能拒绝动作。因此，微机差动保护都配置有高定值的差动电流速断保护，这时不需再进行是否是励磁涌流的判断，没有了制动量，改由差动电流元件直接出口。

差动电流速断的动作一般在半个周期内实现，而决定动作的测量过程在 1/4 周期内完成，这时电流互感器还未严重饱和，能实现快速、正确地切除故障。差动速断的整定值以躲过最大不平衡电流和空载合闸的励磁涌流最大值来整定，这样在正常操作和稳态运行时差动速断保护可靠不动作。根据有关文献的计算和工程经验，差动速断的整定值一般不小于变压器额定电流的 6 倍，如果灵敏度足够的话，整定值取不小于变压器额定电流的 7～9 倍较好。

另外，当变压器过电压在 120%～140%时，励磁电流可达额定电流的 10%～50%，差动保护可能误动作，要采取防止变压器过励磁时误动的措施。

变压器过电压（过励磁）时励磁电流中三次谐波和五次谐波电流十分显著。以五次谐波电流 I_5 为例，当电压达 115%～120%时，五次谐波成分达到最大值（约为基波电流 I_1 的 50%），但当过电压更大时，五次谐波成分又明显减小；当过电压为 140%时，五次谐波成分约为 35%，如果差动保护选择 $I_5/I_1 \geqslant 35\%$ 为闭锁判据，则可望在过电压小于 140%时差动保护不会发生误动作；而当电压很大（超过 140%）时差动保护解除五次谐波闭锁，使差动保护起到一部分过励磁保护的后备作用。当某相的五次谐波超过定值时，闭锁该相的比率差动元件。作为差动保护的过励磁误动闭锁判据，采用五次谐波而不用三次谐波，是因为三次谐波经常大量地出现在其他场合，如内部短路时就可能出现较大的三次谐波成分。

第三节　变压器纵差动保护的励磁涌流

微机型变压器纵差动保护除满足常规继电保护的要求外，可以较好地解决下述问题。

（1）正确识别励磁涌流和区内短路故障时的短路电流。变压器空载合闸或区外短路故障切除电压突然恢复时，变压器有很大的励磁电流即励磁涌流通过，数量上和短路电流是同一水平。因该励磁涌流仅在变压器的一侧流通，会流入差动回路。变压器区内短路故障时，差动回路通过的是很大的短路电流。显然，作为纵差动保护，励磁涌流作用下保护不应动作，短路电流作用下保护应可靠动作。为此，应正确识别励磁涌流和短路电流。

（2）解决好区外短路故障时差动回路中的不平衡电流和保护灵敏度间的矛盾。区外短路故障时，由于纵差动保护各侧电流互感器变比不匹配、有载调压变压器分接头的改变、电流互感器误差特别是暂态误差的影响，差动回路中流过数值不小的不平衡电流，为保证纵差动保护不误动作，动作电流应高于区外短路故障时的最大不平衡电流，这势必要影响区内短路故障时保护的灵敏度。作为纵差动保护，既要保证区外短路故障差动回路流过最大不平衡电流时不发生误动作，又要在区内短路故障时保证一定的灵敏度。

（3）区外短路故障切除电压突然恢复的暂态过程中，应保证纵差动保护不发生误动作。因为在这个暂态过程中，一方面变压器存在励磁涌流，励磁涌流的非周期分量将使一侧电流互感器（励磁涌流仅在变压器一侧流通）的误差特别是角误差增大；另一方面变压器也存在负荷电流。这两方面的因素导致差动回路不平衡电流的增大，微机型变压器纵差动保护在这种情况下不应误动作。

（4）电流互感器饱和不应影响纵差动保护的正确动作。特别是在保护区外短路故障时，一侧电流互感器的饱和导致差动回路电流增大，同时使制动电流减小。若不采取措施，很容易使纵差动保护发生误动作。

此外，还应注意变压器区内短路故障时一侧电流流出以及区内短路故障时二次谐波含量较高等对纵差动保护带来的影响。

一、变压器励磁涌流的特点

正常运行时变压器的励磁电流很小通常只有变压器额定电流的 3%～6%或更小，所以差动保护回路的不平衡电流也很小。区外短路时，由于系统电压下降，变压器的励磁电流也不大，故差动回路的不平衡电流也较小。所以在稳态运行情况下，变压器的励磁电流对差动保护的影响可略去不计。但是，在电压突然增加的特殊情况下，例如在空载投入变压器或区外故障切除后恢复供电等情况下，就可能产生很大的变压器励磁电流。这种暂态过程中变压器励磁电流通常称为励磁涌流。由于励磁涌流的存在，将使差动保护误动作，所以微机差动保护装置必须采取相应对策防止差动保护误动作。

三相变压器的励磁涌流与合闸时电源电压初相角、铁芯剩磁、饱和磁密、系统阻抗等有关，而且直接受三相绕组的接线方式和铁芯结构形式的影响。此外，励磁涌流还受电流互感器接线方式及其特性的影响。分析和实践均表明：在 Yd11 或 YNd11 接线的变压器励磁涌流中，差动回路中有一相电流呈对称性涌流，另两相呈非对称性涌流，其中一相为正极性，另一相为负极性。同时，在励磁涌流中，除基波和非周期电流外，含有明显的二次谐波和偶次谐波，以二次谐波为最大，这个二次谐波电流是变压器励磁涌流的最明显特征，因为在其他工况下很少有偶次谐波发生。二次谐波的含量在一般情况下不会低于基波分量的 15%，而短路电流中几乎不含有二次谐波分量。励磁涌流有如下两大特点。

(1) 励磁涌流幅值大且衰减，含有非周期分量电流。对中、小型变压器励磁涌流可达额定电流的 10 倍以上，且衰减较快；对大型变压器，一般不超过额定电流的 4.5 倍，衰减慢，有时时间可达 1min。当合闸初相角不同时，对各相励磁涌流的影响不同。

(2) 波形呈间断特性。图 3-10 示出了短路电流与励磁涌流波形。由图 3-10 可见，短路电流波形连续，正半周、负半周的波宽 θ_w 为 180°，波形间断角 θ_j 几乎为 0°，如图 3-10 (a) 所示。励磁涌流波形如图 3-10 (b)、(c) 所示，其中图 3-10 (b) 所示为对称性涌流，波形不连续出现间断，在最严重情况下有

$$\theta_{w.max} = 120°, \quad \theta_{j.min} = 50.8° \tag{3-23}$$

图 3-10 (c) 所示为非对称性涌流，波形偏于时间轴一侧，波形同样不连续出现间断，最严重情况下有

$$\theta_{w.max} = 155.4°, \quad \theta_{j.min} = 80° \tag{3-24}$$

显然，检测差动回路电流波形的 θ_w、θ_j 可判别出是短路电流还是励磁涌流。通常取 $\theta_{w.set} = 140°$、$\theta_{j.set} = 65°$，即 $\theta_j > 65°$ 判为励磁涌流，$\theta_j \leqslant 65°$ 同时 $\theta_w \geqslant 140°$ 判为内部故障时的短路电流。

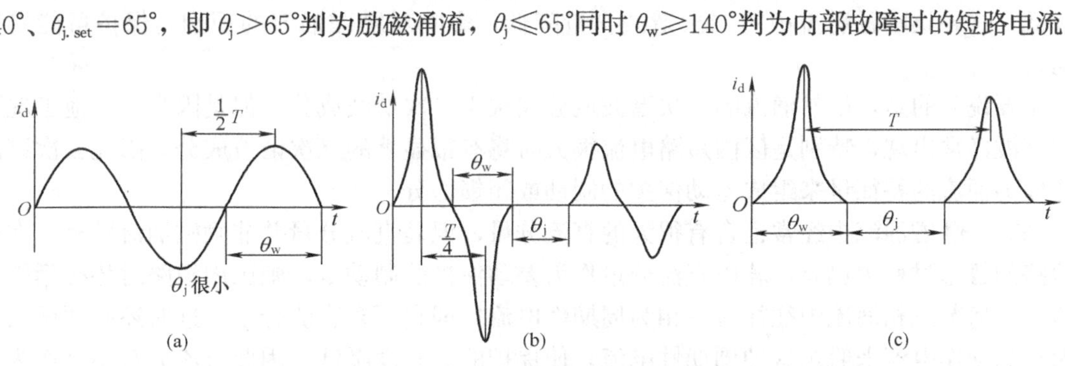

图 3-10 短路电流和励磁涌流波形
(a) 短路电流波形；(b) 对称性涌流波形；(c) 非对称性涌流波形

二、变压器励磁涌流的识别方法

1. 二次谐波电流制动

测量纵差动保护中三相差动电流中的二次谐波含量识别励磁涌流。判别式为

$$I_{d2\varphi} > K_{2\varphi} I_{d\varphi} \tag{3-25}$$

式中 $I_{d2\varphi}$——差动电流中的二次谐波电流；

$K_{2\varphi}$——二次谐波制动系数；

$I_{d\varphi}$——差动电流，$I_{d\varphi}=\frac{1}{N}\sum_{n=1}^{N}|i_{d\varphi}(n)|$，其中 $i_{d\varphi}$为差动电流采样值；N 为每周采样点数。

当式（3-25）满足时，判为励磁涌流，闭锁纵差动保护；当式（3-25）不满足时，开放纵差动保护。为加快保护动作时间，二次谐波电流和差动电流的计算窗口可取 10ms。

式（3-25）中的 $I_{d\varphi}$也可用差动电流中的基波分量 $I_{d\varphi1}$代替，同样可识别励磁涌流和故障电流。

二次谐波电流制动原理因判据简单，在电力系统的变压器纵差动保护中获得了普遍应用。但随着电力系统容量增大、电压等级提高、变压器容量增大，应注意如下问题。

（1）当系统带有长线路或用电缆线连接变压器时，变压器区内短路故障差动电流中的二次谐波含量可能较高，将引起二次谐波制动的纵差动保护拒动或延时动作。

采用差动电流速断保护可部分解决这一问题；或者当电压低于 70%额定电压时解除二次谐波的制动，也可使这一问题得到改善；采用制动电流 I_{res}、差动电流 I_d间比值小于某一值时解除二次谐波制动的措施，同样可改善这一问题。解除二次谐波制动的条件为

$$I_{res} < KI_d \tag{3-26}$$

式中 I_{res}——制动电流，见式（3-16）；

I_d——差动电流，见式（3-14）；

K——系数，K 可取 30%。

当变压器低压侧存在并联补偿电容时，区内短路故障在某些情况下也会产生二次谐波电流，同样对二次谐波制动的纵差动保护发生影响。

区内短路故障电流互感器饱和时，二次电流中的二次谐波同样要起到制动作用。

（2）对某些大型变压器，变压器的工作磁通 φ_m（幅值）与铁芯饱和磁通 φ_{sat}之比有时取得较低，这导致励磁涌流中的二次谐波含量降低，影响对励磁涌流的识别，保护可能发生误动。

需要说明的是，虽然涌流的三次谐波成分仅次于二次谐波成分，但是因为在其他工况下三次谐波经常出现，特别是区内短路电流很大时将有很显著的三次谐波成分，因此三次谐波不能作为涌流的特征量来组成差动保护的制动或闭锁部分。

同时，励磁涌流中经常也含有很大的直流分量，但是直流分量并非励磁涌流独有，在区内短路的暂态过程中也有，若以直流分量作为差动保护的制动量，则区内短路时势必延缓动作速度，何况三相涌流中往往有一相为周期性电流，即它不含直流分量，这时还必须增大差动保护的动作电流来躲过这种周期性电流，使保护的灵敏度降低。因此直流分量不宜作为差动保护的制动量。

2. 利用波形对称识别原理识别励磁涌流

由于波形对称识别原理需对相差工频半周的电流进行同时比较，在模拟式保护中难以实现，而在微机变压器差动保护中，励磁涌流的鉴别由波形对称识别元件（软件算法）来实现。波形对称识别元件能有效地识别励磁涌流引起的差动电流波形畸变，使差动保护躲励磁

涌流的能力大大提高，并在变压器空载投入伴随区内故障时，差动保护能快速、可靠动作。

波形对称识别原理是通过判别差动回路电流波形对称性来识别励磁涌流的。所谓波形对称是指工频半周时间内的差动电流波形延迟半周与相邻半周时间内的电流波形关于时间轴对称。波形对称的判据为

$$|i_d(\alpha)-i_d(\alpha-\pi)|>K|i_d(\alpha)+i_d(\alpha-\pi)| \tag{3-27}$$

式中　$i_d(\alpha)$ ——某一时刻差动电流的瞬时值；

$i_d(\alpha-\pi)$ ——超前 $i_d(\alpha)$ 半个工频周期的差动电流瞬时值；

K——常数。

利用式（3-27）对电流进行连续半周比较，满足式（3-27）的电流波形视为对称，否则视为不对称。对于正弦波形的短路电流，半周内均有 $i_d(\alpha)$ 与 $i_d(\alpha-\pi)$ 大小相等、方向相反，满足式（3-27）。实际上变压器区内短路时，差动回路电流并非理想正弦波，但是适当选择 K 值，仍能满足式（3-27）判据的要求。

在微机型变压器差动保护中，波形对称识别元件是取经电抗变换器 TK 变换后的差动电流第 n 点的采样值 $i_d(n)$ 和半周前的采样值 $i_d(n-N/2)$（N 为每周采样点数）进行波形对称识别运算的。为方便地实现半周连续比较，可先分别求得 $i_d(n)-i_d(n-N/2)$ 及 $i_d(n)+i_d(n-N/2)$ 的半周积分值 S_- 和 S_+，然后再进行比较。故实际采用的波形对称识别判据为

$$S_->KS_+ \tag{3-28}$$

考虑到由于 S_- 和 S_+ 都很小时，式（3-28）可能发生误判，还应附加以下判据，即

$$S_->\alpha I_d+0.1I_N \tag{3-29}$$

式中　$\alpha I_d+0.1I_N$——门槛值；

I_N——变压器额定电流二次值；

$0.1I_N$——构成固定门槛；

I_d——差动电流的半周积分值；

α——比例系数；

αI_d——构成浮动门槛，当差动电流增大时，浮动门槛值随之增大，有利于波形的正确识别。

式（3-28）和式（3-29）共同构成波形对称识别元件的完整判据，仅当两判据同时成立，才判定波形对称，允许比率差动元件动作跳闸。

3. 判别电流间断角识别励磁涌流

判别电流间断角识别励磁涌流的判据为

$$\theta_j>65°,\quad \theta_w<140° \tag{3-30}$$

只要 $\theta_j>65°$就判为励磁涌流，闭锁纵差动保护；而当 $\theta_j\leqslant65°$且 $\theta_w\geqslant140°$时，则判为故障电流，开放纵差动保护。可见，对于非对称性励磁涌流，能够可靠闭锁纵差动保护；对于对称性励磁涌流，虽 $\theta_{j.min}=50.8°<65°$，但 $\theta_{w.max}=120°\leqslant140°$，同样也能可靠闭锁纵差动保护。

励磁涌流的一次波形具有明显的间断角特性，但进入差动元件的励磁涌流的二次波形在很多情况下丧失了这种特性。差动保护可利用间断角特性作为涌流制动量，但是差动保护要利用间断角特性作为涌流制动量，在处理上要求较高、较为复杂。

虽然上述判据直接简单，但这是建立在精确测量 θ_j、θ_w 基础上的。考虑到电流互感器在饱和状态下会使传变后的二次电流间断角发生变化甚至可能消失（需采取措施恢复），测量 θ_j 和 θ_w 要求采样频率高（大于 3600Hz）导致对硬件要求高，同时精确测量的 θ_j 和 θ_w 要求有合理的门槛（实际是浮动门槛）。

三、变压器差动保护的逻辑

1. 励磁涌流制动的差动保护动作逻辑

二次谐波制动原理差动保护的程序逻辑框图如图 3-11 所示。图中，三相比率差动元件按不同两相形成与逻辑（Y1、Y2、Y3），再经或（H3）输出构成两相及以上元件动作才有输出的与或动作逻辑，俗称“三取二”逻辑，采用该逻辑可防止一相比率差动元件误判引起保护的误动，并能保证任何一相发生区内故障时，差动保护可靠动作。这是因为采用相位补偿措施后，变压器星形侧一相短路会引起两相差动回路电流增大，致使两相比率差动元件同时动作。可见，采用“三取二”逻辑提高了差动保护动作的可靠性。

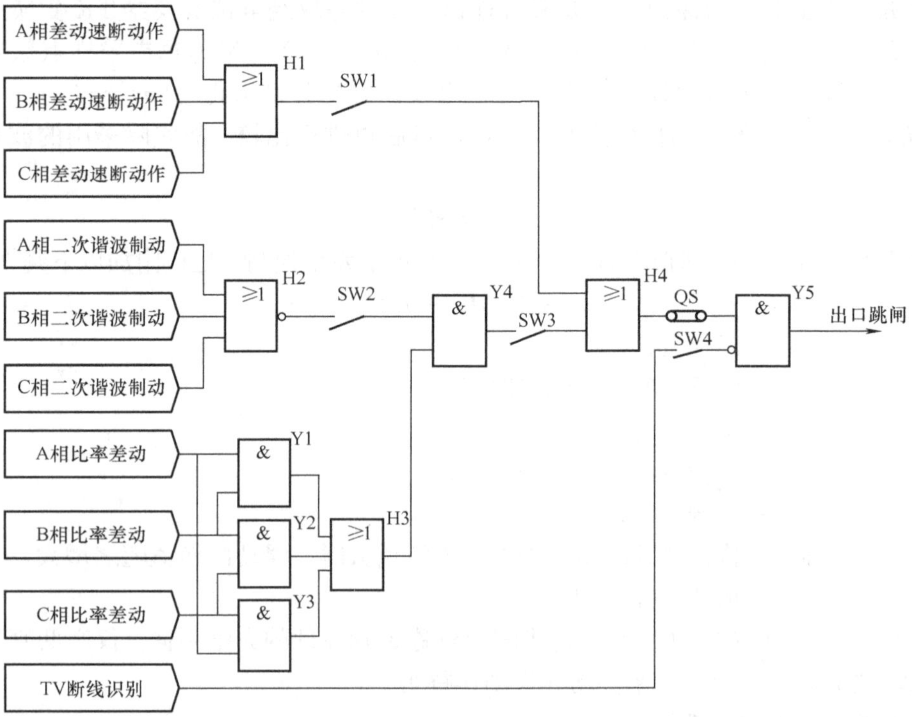

图 3-11　二次谐波制动原理差动保护的程序逻辑框图

考虑到现代大型变压器多采用冷轧硅钢片，饱和磁密与额定磁密之比较小，而剩磁可能较大，使进入差动元件的某一相涌流的二次谐波成分非常小，但是另外的两相或一相将超过 20%，因此采用三相“或”方式的二次谐波制动方案，经与门 Y4 对比率差动元件出口进行闭锁，从而实现涌流超定值制动保护。二次谐波制动比以 15%～20%为宜。

三相差动速断元件任一相动作即可瞬时出口跳闸，以加快变压器内部故障的切除速度。当电流互感二次回路断线引起差动电流增大时，由 TA 断线识别元件对整个差动保护实行闭锁，并发出断线闭锁信号。

图 3-11 中 SW1、SW2、SW3、SW4 表示由控制字设定的软件逻辑开关，俗称软压板，

它们分别控制差动速断、二次谐波制动、二次谐波制动的差动保护和 TA 断线闭锁等功能的投入和退出。QS 为差动保护跳闸出口连接片，俗称硬压板，用以控制差动保护的投入和退出。

2. 波形对称识别原理构成的变压器差动保护动作逻辑

采用波形对称识别制动作为涌流判据的变压器差动保护逻辑如图 3-12 所示。波形比较一般采用按相制动方式。

图 3-12 中波形对称识别元件与比率差动元件按相构成与门（Y1、Y2、Y3）逻辑，可防止保护在区内发生非对称故障情况下，因健全相励磁涌流的制动作用而造成的拒动。Y4、Y5、Y6 和 H2 构成的与或逻辑要求两相及以上波形对称识别差动元件动作后，才能经 H2、Y7 出口跳闸。

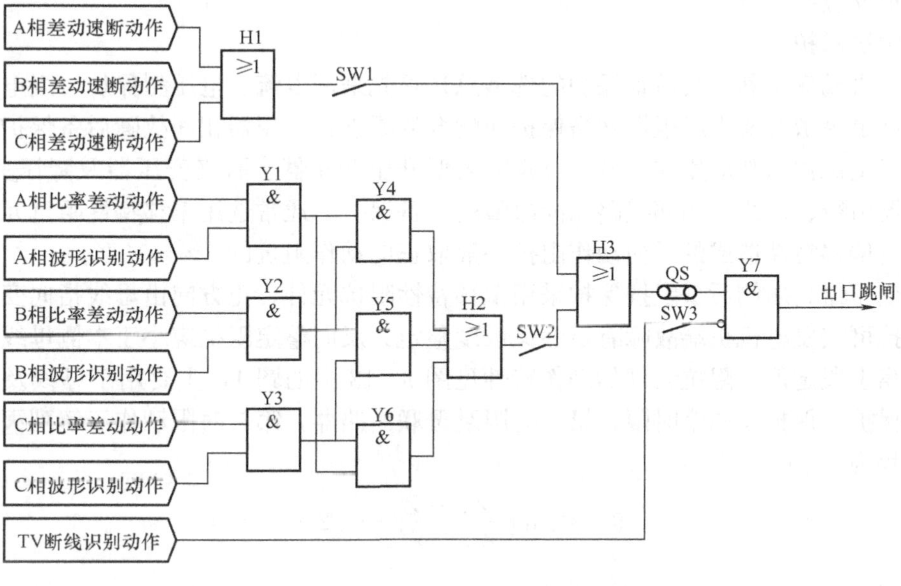

图 3-12　波形比较制动的差动保护逻辑

当变压器空载投入时，若 B 相差动电流为对称涌流，且 B 相波形对称识别元件不能正确识别，与 B 相比率差动元件同时动作，与门 Y2 有输出，但此时其他两相（A、C 相）差动电流为单向励磁涌流，A、C 相的波形对称识别元件能正确识别，并分别闭锁 A、C 相比率差动元件，Y1、Y3 无输出，因不满足由 Y4、Y5、Y6 和 H2 构成的与或动作逻辑关系，保护不会误动。

当变压器空载投入的同时区内发生一相短路，考虑到相位补偿的作用，有两相差动回路存在短路电流，故有两相波形对称识别差动元件动作，经与或动作逻辑及 H2、Y7 出口跳闸。

图 3-12 中的差流速断、TA 断线闭锁以及软、硬连接片同图 3-11。

第四节　变压器相间短路故障的后备保护

为反应变压器外部相间短路故障引起的过电流以及作为差动保护和气体保护（也称瓦斯

保护）的后备，变压器应装设反应相间短路故障的后备保护。根据变压器容量和保护灵敏度要求，后备保护的方式主要有：后备阻抗保护、复合电压启动（方向）过电流保护、低电压启动过电流保护及简单过电流保护等，而复合电压启动（方向）过电流保护应用最广。为防止变压器长期过负荷运行带来的绝缘加速老化，还应装设过负荷保护。

对于单侧电源的变压器，后备保护装设在电源侧，作纵差动保护、瓦斯保护的后备或相邻元件的后备。对于多侧电源的变压器，后备保护装设于变压器各侧。当作为纵差动保护和瓦斯保护的后备时，装设在主电源侧的保护动作后跳开各侧断路器，而且主电源侧的保护对变压器各电压侧的故障均应满足灵敏度的要求。变压器各侧装设的后备保护，主要作为各侧母线保护和相邻线路的后备保护，动作后跳开本侧断路器，如高厂变低压侧过电流保护作为厂用母线的保护。此外，当变压器断路器和电流互感器间发生故障时（称死区范围），只能由后备保护反应。

一、阻抗保护

对发电机或变压器，其后备保护的选型总是首先采用电流、电压型保护，当电流、电压保护不能满足灵敏度要求或根据网络保护间配合的要求，变压器相间故障后备保护可采用阻抗保护。阻抗保护通常应用在 330～500kV 大型升压变压器、联络变压器及降压变压器上，作为变压器引线、母线、相邻线路相间故障的后备保护，通常选用偏移特性阻抗元件或全阻抗元件。由偏移特性造成的反向动作阻抗一般取正向动作阻抗的 5%～10%。

如主变压器高压侧后备阻抗保护采用偏移特性阻抗元件，正方向由母线指向变压器。正向整定阻抗可按发电机机端故障有足够灵敏度整定；反向整定阻抗应小于本侧母线引出线最短线路距离Ⅰ段定值。阻抗元件的动作特性见图 3 - 13 中的圆 1，主要用于母线及变压器故障的后备保护。保护设两个时限，第一时限跳母联断路器，第二时限动作于解列灭磁。其动作判据方程为

$$90^\circ < \arg \frac{Z_m - Z_{set}}{Z_m + \alpha Z_{set}} < 270^\circ \tag{3-31}$$

或

$$90^\circ < \arg \frac{\dot{U}_m - \dot{I}_m Z_{set}}{\dot{U}_m + \alpha \dot{I}_m Z_{set}} < 270^\circ \tag{3-32}$$

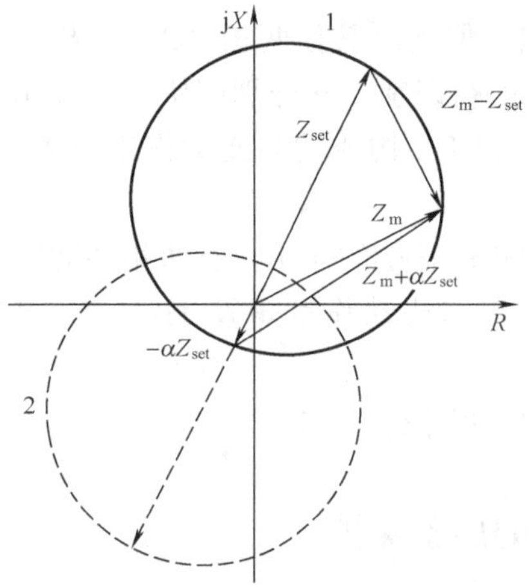

图 3 - 13 变压器后备阻抗保护动作特性

当偏移特性阻抗元件的正方向由变压器指向母线时，正向整定阻抗应与母线上的引出线阻抗保护段配合；反向整定阻抗保护到本侧变压器引线。此种情况不能作为变压器相间故障后备保护，而主要用于母线及高压侧出线故障的后备保护。动作特性见图 3 - 13 中的虚线圆 2。

当偏移特性阻抗元件采用 0°接线用作变压器相间后备保护时，测量阻抗与变压器的接线方式有关。

（1）对 Yy12 接线的变压器，变压器一侧相间短路故障时，另一侧的阻抗元件能正确测量故障点到保护安装处的阻抗。

（2）对 Yd 接线的变压器，一侧三相短路故障时，

另一侧的阻抗元件也能正确测量故障点到保护安装处的阻抗；但当一侧发生两相短路故障时，另一侧的阻抗元件不能正确测量出故障点到保护安装处的真实阻抗，且测量阻抗均比真实阻抗大许多，保护不能动作。这种情况下阻抗元件作为变压器相间后备保护时有问题。

(3) 三绕组变压器低压侧（d 侧）两相短路故障时，因高压侧、中压侧的阻抗元件不能正确反应故障，所以低压侧的后备保护尤为重要。

作为变压器阻抗保护，首要任务是阻抗元件的测量阻抗不受变压器接线方式的影响；其次，作为阻抗保护的共性问题，应具有躲负荷阻抗的能力强（后备保护阻抗动作特性大，负荷阻抗容易落入动作特性内）、电压互感器二次断线失压不误动、不受系统振荡影响的特点。

反应变压器相间短路故障可采用多相补偿阻抗元件解决变压器接线方式的影响问题。多相补偿阻抗元件的测量阻抗不受变压器接线方式的影响，可发挥优良性能。阻抗元件依赖负序分量动作，不受负荷电流大小的影响，可充分按灵敏度要求来整定阻抗，有利于灵敏度的提高。系统振荡时，多相补偿阻抗元件因没有负序分量而不会动作，不受系统振荡影响。

二、复合电压启动（方向）过电流保护

复合电压启动过电流保护的复合电压启动部分由负序过电压元件与低电压元件组成。在微机保护中，接入微机保护装置的电压为三个相电压或三个线电压，负序过电压与低电压功能由算法实现。过电流元件的实现通过接入三相电流由保护算法实现，二者相与构成复合电压启动过电流保护。

各种不对称短路时存在较大的负序电压，负序过电压元件将动作，一方面开放过电流保护，当过电流保护动作后经过设定的延时动作于跳闸；另一方面使低电压保护的数据窗的数据清零，使低电压元件动作。对称性三相短路时，由于短路初瞬间也会出现短时的负序电压，负序过电压元件将动作，低电压保护的数据窗的数据被清零，低电压元件也动作。当负序电压消失后，低电压元件可设定在电压达到较高值时才返回，三相短路后电压一般都会降低，若它低于低电压元件的返回电压，则低电压元件仍处于动作状态不返回。在特殊的对称性三相短路情况下，短路初瞬间不会出现短时的负序电压，这时只要电压降低于低电压元件的动作值，复合电压启动元件也将动作。

可采用两段两时限复合电压闭锁过电流保护，作为主变压器相间短路的后备保护。通过整定控制字可选择过电流Ⅰ段、Ⅱ段经复合电压闭锁。

复合电压元件由相间低电压和负序电压或门构成，有两个控制字（即过电流Ⅰ段经复压闭锁、过电流Ⅱ段经复压闭锁）来控制过电流Ⅰ段和过电流Ⅱ段经复合电压闭锁。当经复压闭锁控制字为“1”时，表示本段过电流保护经过复合电压闭锁。

对于自并励发电机，在短路故障后电流衰减会变小，故障电流在过电流保护动作出口前可能已小于过电流定值，因此，复合电压过电流保护启动后，过电流元件需带记忆功能，使保护能可靠动作出口。控制字中“电流记忆功能”在保护装置用于自并励发电机时置“1”。

主变过电流保护不但经过主变高压侧复合电压闭锁，而且还可经低压侧发电机机端复合电压闭锁。当控制字“经低压侧复合电压闭锁”置“1”时，主变过电流保护经低压侧复合电压闭锁。

复合电压过电流保护一般均设有 TV 断线整定控制字（即 TV 断线时保护的投退原则）来控制 TV 断线时复合电压元件的动作行为。当判断出本侧 TV 断线时，若“TV 断线保护投退”控制字为“1”，则表示复合电压元件不满足条件；若“TV 断线保护投退”控制字为

“0”，则表示复合电压元件自动满足条件，这样复合电压闭锁过电流保护就变为纯过电流保护。

1. 复合电压过电流保护动作逻辑

图 3-14 示出了复合电压启动（方向）过电流保护逻辑框图（只画出Ⅰ段，其他段类似，但最末一段一般不设方向元件控制）。图中或门 H1 的输出“1”表示复合电压已动作，U_2 为保护安装侧母线上负序电压，U_{2set} 为负序整定电压，$U_{\varphi\varphi.min}$ 为母线上最低相间电压；KW1、KW2、KW3 为保护安装侧 A 相、B 相、C 相的功率方向元件，I_A、I_B、I_C 为保护安装侧变压器三相电流，I_{1set} 为Ⅰ段电流定值。KG 为控制字，KG1 为“1”时，方向元件投入，KG1 为“0”时，方向元件退出。可以看出，各相的电流元件和该相方向元件构成“与”关系，符合按相启动原则；KG2 为其他侧复合电压的控制字，KG2 为“1”时，其他侧复合电压起到该侧方向电流保护的闭锁作用，KG2 为“0”时，其他侧复合电压不引入。引入其他侧复合电压可提高复合电压元件的灵敏度；KG3 为复合电压的控制字，KG3 为“1”时，复合电压起闭锁作用，KG3 为“0”时，复合电压不起闭锁作用；KG4 为保护段投、退控制字，KG4 为“1”时，该段投入，KG4 为“0”时，该段保护退出。XB1 为保护投、退硬连接片。显然，KG1＝“1”、KG3＝“1”时为复合电压闭锁的方向过电流保护；KG1＝“1”、KG3＝“0”时为方向过电流保护；KG1＝“0”、KG3＝“0”时为过电流保护；KG1＝“0”、KG3＝“1”时为复合电压闭锁的过电流保护。

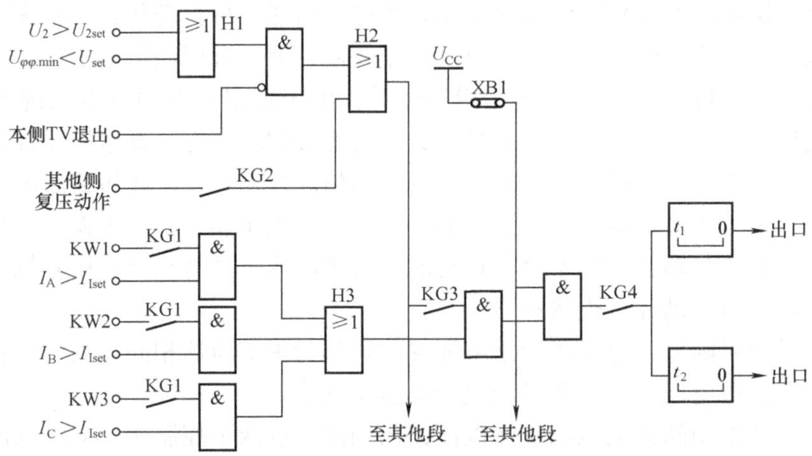

图 3-14 复合电压启动（方向）过电流保护逻辑框图（Ⅰ段）

对多侧电源的三绕组变压器，一般情况下三侧均装设反应相间短路故障的后备保护，每侧设两段。其中高压侧的第Ⅰ段为复合电压闭锁的方向过电流保护，设有两个时限，短延时跳本侧母联断路器，长延时跳本侧或三侧断路器；第Ⅱ段为复合电压闭锁的过电流保护，设一个时限，可跳本侧断路器和三侧断路器。中压侧和低压侧的第Ⅰ段、第Ⅱ段均为复合电压闭锁的方向过电流保护，同样其中的第Ⅰ段设两个时限，短延时跳本侧母联断路器，长延时跳本侧、三侧断路器；第Ⅱ段也设两个时限，可跳本侧母联断路器和本侧或三侧断路器。根据具体情况由控制字确定需跳闸的断路器。

需要指出，电压互感器二次回路断线失压时，复合电压和方向元件要发生误动作，为此应设 TV 断线闭锁（图 3-14 中未画出）。判出 TV 断线后，根据整定的控制字可退出经方向或复合电压闭锁的各段过电流保护，也可取消方向或复合电压的闭锁。当然，各段过电流保护都不经方向元件控制和复合电压闭锁时，无需判 TV 断线。

2. 方向判别元件

和输电线路方向元件使用不同，方向元件的动作方向由控制字设定。当“过电流方向指向”控制字为“0”时，动作方向设定为变压器指向系统为正方向，采用 90°接线时对应灵敏角为 135°，见图 3-15（a）。此时后备保护起到变压器外部本侧相邻元件（母线及出线）短路故障的后备作用；当“过电流方向指向”控制字为“1”时，设定为母线指向变压器为正方向，采用 90°接线时对应灵敏角为－45°，见图 3-15（b）。此时，后备保护起到变压器内部短路故障及其他侧相邻元件短路故障的后备作用。

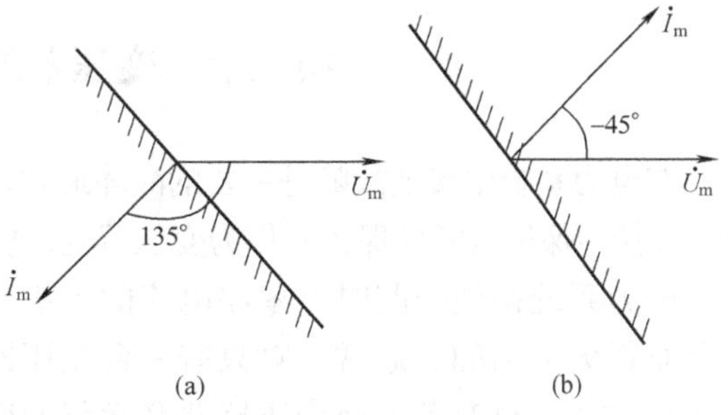

图 3-15　变压器方向元件的动作特性
（a）正方向指向系统；（b）正方向指向变压器

三、过负荷保护（信号）

变压器的过负荷电流在大多数情况下是三相对称的，过负荷保护作用于信号，同时闭锁有载调压。

过负荷保护安装地点，要能反应变压器所有绕组的过负荷情况。因此，双绕组升压变压器，过负荷保护应装设在低压侧（主电源侧）。双绕组降压变压器应装设在高压侧。一侧无电源的三绕组升压变压器，应装设在发电机电压侧和无电源一侧。三侧均有电源的三绕组升压变压器，各侧均应装设过负荷保护。单侧电源的三绕组降压变压器，当三侧绕组容量相同时，过负荷保护仅装设在电源侧；当三侧容量不同时，则在电源侧和容量较小的绕组侧装设过负荷保护。两侧电源的三绕组降压变压器或联络变压器，各侧均装设过负荷保护。

自耦变压器过负荷保护与自耦变压器各侧的容量比值以及负荷的分布有关，而负荷分布又与运行方式等有关，故自耦变压器的过负荷保护装设地点视具体情况而定。对于仅有高压侧电源的降压自耦变压器，过负荷保护一般装设在高压侧和低压侧。对于高压侧、中压侧均有电源的降压自耦变压器，当高压侧向中压侧及低压侧送电时，高压侧及低压侧可能过负荷；中压侧向高压侧及低压侧送电时，公共绕组先过负荷，而高压侧和低压侧尚未过负荷，因此这种变压器一般在高压侧、低压侧、公共绕组上装设过负荷保护。对于升压自耦变压器，当低压侧和中压侧向高压侧送电时，低压侧和高压侧过负荷，公共绕组可能不过负荷；当低压侧和高压侧向中压侧送电时，公共绕组先过负荷，而高压侧和低压侧尚未过负荷，因此这种变压器一般也在高压侧、低压侧、公共绕组上装设过负荷保护。对于大容量升压自耦变压器，低压绕组处在高压绕组及公共绕组之间，且当低压侧断开时，可能产生很大的附加损耗而产生过热现象，因此应限制各侧输送容量不超过 70%的通过容量（即额定容量），为了在这种情况下能发出过负荷信号，应增设低压绕组无电流投入特殊的过负荷保护，其整定值按允许的通过容量选择。

此外，有些过负荷保护采用反时限特性以及测量过负荷倍数有效值来构成。需要指出，变压器过负荷表现为绕组的温升发热，它与环境温度、过负荷前所带负荷、冷却介质温度、变压器负荷曲线以及变压器设备状况等因素有关，因此定时限过负荷保护或反时限过负荷保护不能与变压器的实际过负荷能力有较好的配合。显而易见，前述的过负荷保护不能充分发挥变压器的过负荷能力；当过负荷电流在整定值上、下波动时，保护可能不反应；过负荷状态变化时不能反映变化前的温升情况。较好的变压器过负荷保护应是直接测量计算出绕组上升的温度，与最高温度比较，从而可确定出变压器的真实过负荷情况。

第五节　变压器的零序（接地）保护

在电力系统中接地故障是主要的故障形式，所以对于中性点直接接地电网中的变压器，都要求装设接地保护（零序保护）作为变压器主保护的后备保护和相邻元件接地短路的后备保护。

电力系统接地短路时，零序电流的大小和分布，是与系统中变压器中性点接地的数目和位置有很大关系的。通常，对只有一台变压器的升压变电站，变压器都采用中性点直接接地的运行方式。对有若干台变压器并联运行的变电站，则采用一部分变压器中性点接地运行的方式。因此，对只有一台变压器的升压变电站，通常在变压器上装设普通的零序过电流保护，保护接于中性点引出线的电流互感器上。

变压器接地保护方式及其整定值的计算与变压器的型式、中性点接地方式及所连接系统的中性点接地方式密切相关。变压器接地保护要在时间上和灵敏度上与线路的接地保护相配合。

一、变压器接地保护的零序方向元件

普通三绕组变压器高压侧、中压侧中性点同时接地运行时，任一侧发生接地短路故障时，在高压侧和中压侧都会有零序电流流通，需要两侧变压器的零序电流保护相互配合，有时需要零序方向元件。对于三绕组自耦变压器，高压侧和中压侧除电的直接联系外，两侧共用一个中性点并接地，自然任一侧发生接地故障时，零序电流可在高压侧和中压侧间流通，同样需要零序电流方向元件以使变压器两侧的零序电流保护配合。双绕组变压器的零序电流保护一般不需零序方向元件。

二、变压器零序（接地）保护的配置

1. 中性点接地运行变压器的零序保护

当双绕组变压器中性点接地开关合上时，变压器直接接地运行，零序电流取自中性点回路的零序电流。零序电流保护原理参见图 3-16 所示零序保护原理图。通常接于中性点回路的电流互感器 TA 一次侧的额定电流选为高压侧额定电流的 1/4～1/3。

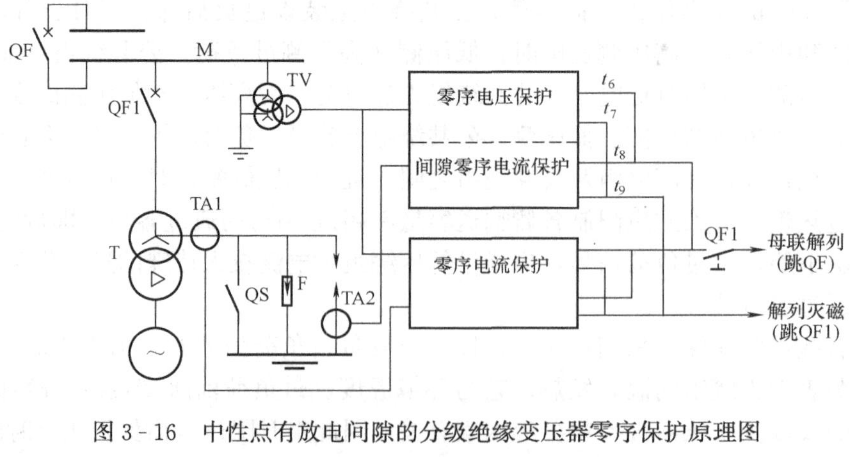

图 3-16　中性点有放电间隙的分级绝缘变压器零序保护原理图

零序保护由两段零序电流构成。Ⅰ段整定电流（即动作电流）与相邻线路零序过电流保护Ⅰ段（或Ⅱ段）或快速主保护配合。Ⅰ段保护设两个时限 t_1 和 t_2，t_1 时限与相邻线路零序过电流Ⅰ（或Ⅱ段）配合，取 $t_1=0.5\sim1s$，动作于母线解列或跳分段断路器，以缩小停电范围；$t_2=t_1+\Delta t$ 断开变压器高压侧断路器。第Ⅱ段与相邻元件零序电流保护后备段配合；Ⅱ段保护也设两个时限 t_4 和 t_5，时限 t_4 比相邻元件零序电流保护后备段最长动作时限大一个级差，动作于母线解列或跳分段断路器；$t_5=t_4+\Delta t$ 断开变压器高压侧断路器，见图3-17。

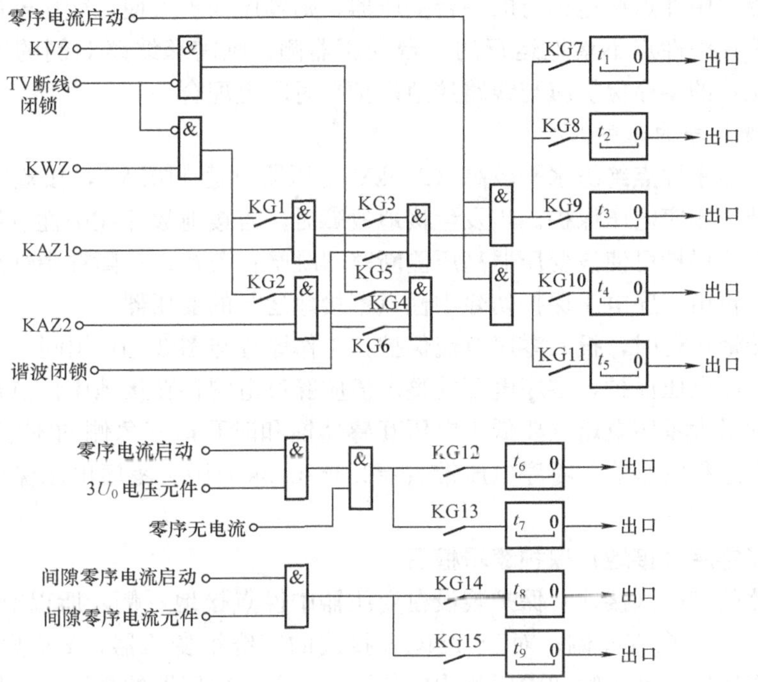

图3-17　变压器的零序（接地）保护逻辑框图

为防止变压器接入电网前高压侧接地时误跳母联断路器，在母联解列回路中应串联高压侧断路器 QF1 的动合辅助触点。

三绕组升压变压器高、中压侧中性点不同时接地或同时接地，但低压侧等值电抗等于零时，装设在中性点接地侧的零序保护与双绕组升压变压器的零序保护基本相同。

2. 中性点不接地运行的分级绝缘变压器零序保护

对分级绝缘的变压器，中性点一般装设放电间隙。中性点装设放电间隙的分级绝缘变压器的零序保护原理图如图3-16所示。当变压器中性点接地（QS 隔离开关接通）运行时，投入中性点接地的零序电流保护；当变压器中性点不接地（QS 隔离开关断开）运行时，投入间隙零序电流保护和零序电压保护，作为变压器中性点不接地运行时的零序保护。

电网内发生一点接地短路故障，若变压器零序后备保护动作，则首先切除其他中性点直接接地运行的变压器。倘若故障点仍然存在，变压器中性点电位升高，放电间隙击穿，间隙零序电流保护动作，经短延时 t_8（取 $t_8=0\sim0.1s$）先跳开母联或分段断路器，经稍长延时 t_9（取 $t_9=0.3\sim0.5s$）切除不接地运行的变压器；若放电间隙未被击穿，零序电压保护动作，经短延时 t_6（取 t_6=0.3s，可躲过暂态过程影响）将母联解列，经稍长延时 t_7（取 t_7=0.6～0.7s）切除不接地运行的变压器，见图 3-17。不过，对于 220kV 及以上的变压器，间隙零序电流保护和零序电压保护动作后，经短延时（0.3～0.5s）后也可直接跳开变压器断路器。

间隙零序电流保护一次动作电流值通常取 100A；作为开放间隙零序电流保护的启动元件，动作值灵敏度比测量元件要高 3～4 倍，如动作值取 25～35A。

对于分级绝缘的双绕组降压变压器，零序保护动作后先跳开高压分段断路器或桥断路器；若接地故障在中性点接地运行的一台变压器，则零序保护可使该变压器高压侧断路器跳闸；若接地故障在中性点不接地运行的一台变压器侧，则需靠线路对侧的接地保护切除故障。此时，变压器的零序保护应与线路接地保护在时限上配合。

3. 全绝缘变压器的零序保护

全绝缘变压器中性点绝缘水平较高（220kV 变压器可达 110kV），按规定装设零序电流保护外，还应装设零序电压保护。当发生接地故障时，若接地故障在中性点接地运行的一台变压器侧，则零序保护可使该变压器高压侧断路器跳闸；若接地故障在中性点不接地运行的一台变压器侧，再由零序电压保护切除中性点不接地运行的变压器。

当中性点接地运行时，投入零序电流保护，工作原理与图 3-16 相同。当中性点不接地运行时，投入零序电压保护，零序电压的整定值应躲过电网存在接地中性点情况下单相接地时开口三角侧的最大零序电压（要低于电压互感器饱和时开口三角侧的零序电压）。为避免单相接地时暂态过程的影响，零序电压带 t_6=0.3～0.5s 时限。零序电压保护动作后，切除变压器。

三、变压器零序（接地）保护逻辑框图

由于变压器的零序（接地）保护装设在变压器中性点接地一侧，所以对于 YNd 接线的双绕组变压器，装设在 YN 侧；对于 YNynd 接线的三绕组变压器，YN 侧和 yn 侧均应装设；对于自耦变压器，高压侧和中压侧均应装设。可见，变压器的零序（接地）保护是分侧装设的。

图 3-17 示出了变压器零序（接地）保护逻辑框图，KAZ1、KAZ2 是Ⅰ段、Ⅱ段零序电流元件（有的保护中有Ⅰ、Ⅱ、Ⅲ段），作测量零序电流之用；KWZ 是零序方向元件，为避免 $3\dot{U}_0$、$3\dot{I}_0$ 引入时引起极性错误，采用自产的 $3\dot{U}_0$、通过控制字也可采用自产的 $3\dot{I}_0$ 作零序方向元件的输入量（有些保护中不设零序方向元件）；KVZ 为零序电压闭锁元件，采用电压互感器开口三角形侧的零序电压作输入量。可以看出，KAZ1、KAZ2、KWZ、KVZ 等构成了变压器中性点接地运行时的零序（方向）过电流保护。作为零序电流的测量元件，输入零序电流可通过控制字采用自产的 $3\dot{I}_0$（即利用输入装置的三相电流求和得 $3\dot{I}_0$）或采用外接的 $3\dot{I}_0$。

KG1、KG2 为零序电流Ⅰ、Ⅱ段是否带方向的控制字（控制字为“1”时，方向元件投入；控制字为“0”时，零序电流不带方向）；KG3、KG4 为零序电流Ⅰ、Ⅱ段是否经零序电压闭锁的控制字；KG5、KG6 为零序电流Ⅰ、Ⅱ段是否经谐波闭锁的控制字；KG7～KG11 是零序电流Ⅰ、Ⅱ段带动作时限的控制字（有些保护中Ⅱ段可带 3 个时限）。可以看出，通过控制字，可构成零序过电流保护，也可构成零序方向过电流保护，并且各段可以获

得不同的动作时限。

零序电流启动可采用变压器中性点回路的零序电流，启动值应躲过正常运行时的最大不平衡电流；零序电压闭锁元件（KVZ）的动作电压应躲过正常运行时开口三角形侧的最大不平衡电压，一般取 3～5V。为防止变压器励磁涌流对零序过电流保护的影响，采用了谐波闭锁措施，当然利用励磁涌流中的二次及其偶次谐波来进行制动闭锁。

当变压器中性点不接地运行时，采用零序过电压元件（$3U_0$ 电压元件）和间隙零序电流元件来构成变压器的零序保护。图 3 - 17 中的 KG12～KG15 是零序过电压、间隙零序电流动作时限的控制字。考虑到接于变压器中性点的保护间隙击穿过程中，可能会出现间隙零序电流和零序过电压交替，带时间 t 延时返回就可保证间隙零序电流和零序过电压保护的可靠动作。

四、自耦变压器零序（接地）保护特点

自耦变压器高、中压侧间有电的联系，有共同的接地中性点且要求直接接地。当系统在高压或中压电网发生接地故障时，零序电流可在高、中压电网间流动，而流经接地中性点的零序电流数值及相位，随系统的运行方式不同会有较大变化。因此，自耦变压器高压侧和中压侧零序电流保护不能取用接地中性点回路电流，而应分别在高压及中压侧配置，并接在由本侧三相套管电流互感器组成的零序电流滤过器上。自耦变压器中性点回路装设的一段式零序过电流保护，只在高压或中压侧断开，内部发生单相接地故障，未断开侧零序过电流保护的灵敏度不够时才用。高压和中压侧的零序过电流保护应装设方向元件，动作方向由变压器指向该侧母线，即指向本侧系统。

考虑到自耦变压器的阻抗比较小，当变压器某侧（如中压侧）母线接地、而另一侧（如高压侧）相邻线路对端的零序电流保护第Ⅱ段整定值躲不过而可能动作时，此种情况可在故障母线侧（中压侧）装设两段式零序电流保护来保证选择性。其中的第Ⅰ段与该侧（中压侧）线路零序电流保护第Ⅰ段配合，动作时限为 0.5s；第Ⅱ段与其后备段配合。若另一侧相邻线路对端的零序电流保护第Ⅱ段的整定值能躲过该侧母线接地时的故障电流而不动作，则可不设零序电流保护的第Ⅱ段。

第六节 变压器本体保护

变压器差动保护是电气量保护，在任何情况下都不能代替反应变压器油箱内部故障的温度、油位、油流、气流等非电气量的本体保护。

变压器本体保护通常也称为非电量保护，主要包括变压器本体瓦斯保护、有载调压瓦斯保护和压力释放保护，微机型变压器保护一般采用专门的非电量保护装置。

变压器非电量保护最重要的是瓦斯保护（也称气体保护）。在油浸式变压器油箱内发生故障时，短路点电弧使变压器油及其他绝缘材料分解，产生气体（含有气体成分），从油箱向油枕流动，反映这种气流与油流而动作的保护称为瓦斯保护。瓦斯保护的测量元件为气体继电器，气体继电器安装于变压器油箱和油枕的通道上，为了便于瓦斯的排放，安装时需要有一定的倾斜度，连接管道有 2%～4%的坡度。

气体继电器上触点为轻瓦斯触点，保护动作后发延时信号。继电器的下触点为重瓦斯触点，保护动作后要跳开变压器断路器。由于重瓦斯保护反应油流流速的大小而动作，而油流的流速在故障过程中往往很不稳定，所以重瓦斯保护动作后必须有自保持回路，以保证断路器能可靠跳闸。

瓦斯保护能反应油箱内各种故障，且动作迅速，灵敏度高，特别对于变压器绕组的匝间短路（当短路匝数很少时），灵敏度好于其他保护。所以瓦斯保护目前仍然是大、中、小型变压器必不可少的油箱内部故障最有效的主保护。但瓦斯保护不能反应油箱外的引出线和套管上的任何故障，因此不能单独作为变压器的主保护，需与纵差动保护或电流速断保护配合使用。

本体重瓦斯、有载调压重瓦斯和压力释放保护有两种方法动作于跳闸。一种是将瓦斯保护接点接到非电量保护装置的开关量光隔输入端，然后通过非电量保护装置的出口继电器来实现保护的出口重动；另一种是把本体重瓦斯、有载调压重瓦斯和压力释放的信号逐一用重动继电器实现保护的出口重动。按照有关规范，后一种方法更好些，因为将重瓦斯和压力释放的动作信号逐一重动更加可靠，而且不易受干扰误动作，这时非电量保护装置的微机只起采集信号和与外部系统通信的作用。非电量保护装置也可采集轻瓦斯信号。但在大多数的情况下，轻瓦斯告警可直接接入到监控系统或 RTU 中去，而不接入微机本体保护装置。

复习思考题

1. 变压器纵差动保护为什么能反应匝间短路故障?

2. 实现变压器纵差动保护应考虑哪些特殊问题?

3. 变压器纵差动保护不平衡电流产生的原因有哪些? 采取什么措施克服不平衡电流的影响?

4. 什么是差动保护的比率制动特性和比率制动系数? 其制动电流有哪几种取法?

5. 变压器励磁涌流有哪些主要特征? 常采取哪些措施减小或消除励磁涌流的影响?

6. 说明变压器比率制动纵差动保护的整定原则。为什么具有制动特性的差动保护灵敏度高?

7. 在变压器保护中，什么情况下可以采用电流速断保护? 什么是差动速断保护? 后者与前者以及常用的差动保护有何区别?

8. 在变压器后备过电流保护中，为什么常采用低电压或复合电压启动?

9. 什么是复合电压启动? 试比较复合电压启动的过电流保护和负序电流保护的优、缺点。

10. 为什么变压器的零序电流保护要在各段中设两个时限?

第四章　厂用电保护及电气控制系统（ECS）

第一节　厂用电动机故障和不正常运行状态

一、异步电动机的故障

异步电动机的故障有定子绕组相间短路故障（包括引线电缆的相间短路故障）、绕组的匝间短路故障和单相接地故障。

定子绕组的相间短路故障对电动机来说是最严重的故障，不仅会引起绕组绝缘损坏、铁芯烧毁，甚至会使供电网络电压显著降低，破坏其他设备的正常工作，所以应装设反应相间短路故障的保护。容量在 2MW 以下的电动机装设电流速断保护（保护宜采用两相式）；容量在 2MW 及以上或容量小于 2MW 但电流速断保护灵敏度不满足要求的电动机装设纵差动保护。保护装置动作于跳闸。

定子绕组的匝间短路破坏电动机的对称运行。理论分析表明，电动机匝间短路故障时，由于负序电流的出现，电动机出现制动转矩，转差率增大，使定子电流增大；与此同时，电动机的热源电流增大，使电动机过热。当然，短路匝数很小时，产生的负序电流也很小，定子电流增大以及过热也是不大的。但是，故障点电弧要损坏绝缘甚至烧坏铁芯。因此，电动机绕组的匝间短路故障是一种较为严重的故障。然而到目前为止，还没有简单完善的反应匝间短路的保护装置。

定子绕组单相接地对电动机的危害程度取决于供电网络中性点接地方式以及单相接地电流的大小。在 380/220V 三相四线制供电网络中，由于供电变压器中性点是直接接地的，所以电动机应装设单相接地保护，动作于跳闸。对高压电动机，供电变压器中性点可能不接地或经消弧线圈接地，视具体情况单相接地保护装置动作于跳闸或信号；当供电变压器中性点经电阻接地时，单相接地保护装置动作于跳闸。

二、异步电动机的不正常运行状态

异步电动机的不正常运行状态有如下几种。

（1）电动机机械过负荷，这将引起电动机定子电流增大，容易引起发热。

（2）供电电压降低和频率降低时，电动机转速下降引起过负荷。

（3）电动机堵转。

（4）电动机启动时间过长。

（5）电动机运行过程中三相电流不平衡或运行过程中发生两相运行。

（6）电动机的供电电压过低或过高。电压过低时，电动机的驱动转矩随电压平方降低，电动机吸取电流随之增大，供电网络阻抗上压降相应增大，为保证重要电动机的运行，在次要电动机上装设低电压保护。不允许自启动的电动机也应装设低电压保护。低电压保护动作于跳闸。

此外，电动机在投入运行时可能出现相序错的情况；运行中的电动机也可能出现轴承温度过高等异常情况。

上述异步电动机的异常运行状况，导致电动机过负荷（不平衡运行还会出现负序电流），较长时间过负荷的直接后果是使电动机温升超过允许值，加速绕组绝缘的老化、降低寿命甚至将电动机烧坏。

运行中的异步电动机有时还会出现转子鼠笼断条的故障。转子鼠笼断条后，转子绕组失去平衡，电动机运行不平稳。

三、同步电动机的故障和不正常运行状态

异步电动机转子上无励磁，借助转速 n 低于同步速 n_1 在转子绕组中感应出电流产生旋转磁场维持运行，因此异步电动机的转子绕组是短路的，且转速 n 永远低于同步速 n_1。

同步电动机转子上设有励磁绕组，施加励磁电流（直流励磁电源供给），励磁绕组是集中绕组，产生的转子磁场相对于转子绕组在空间是恒定不变的；定子电流通过定子绕组产生旋转磁场，也称定子磁场。因此，同步电动机的基本工作原理是定子磁场拉着转子磁场一起旋转，产生驱动转矩。驱动转矩与输入电动机的有功功率成正比。正因为同步电动机的转子磁场与定子磁场具有相同的速率，故称同步电动机。

同步电动机的驱动转矩与加于电动机上的电压成正比，因此电压的降低对驱动转矩的降低并不像异步电动机那样敏感，转矩特性较好；此外，还可发出无功功率，提高电压水平。

同步电动机的故障和不正常运行状态，与异步电动机基本相同。不过，同步电动机的不正常运行状态还有另外几种情况。

（1）失步。同步电动机励磁电流减小、供电电压降低均会导致电动机驱动转矩减小，当转矩最大值小于机械负荷的制动力矩时，δ 角大于 90°，同步电动机失去同步。失步后，同步电动机转速下降，在启动绕组和励磁绕组中感应出交变电流，产生异步转矩，逐步转入异步运行。在异步运行期间，由于转矩交变，所以转子转速和定子电流发生振荡，严重时可能引起机械共振和电气共振，导致同步电动机损坏，故应装设失步保护。失步保护动作后，可作用于再同步控制回路；如不能再同步或不需再同步，则失步保护可动作于跳闸。

（2）失磁。同步电动机励磁消失或部分消失，因驱动转矩消失或减小，所以同步电动机将失步并转入异步运行。为反应同步电动机的失磁，应装设失磁保护。失磁保护动作后应增大励磁，无效时可动作于跳闸。

（3）非同步冲击。供电给同步电动机的电源中断后再恢复时，有可能造成对同步电动机的非同步冲击。当同步电动机不允许非同步冲击时，应装设非同步冲击保护。非同步冲击保护动作后，可动作于再同步回路，或动作于跳闸。

此外，在同步电动机上，还设有强行励磁装置，当供电电压降低到一定程度时，自动将励磁电压迅速上升到顶值；当同步电动机在运行中失步后，为尽快恢复同步运行，在同步电动机上还设有自动再同步装置。

第二节 异步电动机保护

数字式异步电动机保护装置，除具有保护功能外，还有遥测、遥控、遥信功能，与保护装置综合成一体，构成异步电动机保护测控（一体化）装置。遥测量有各相电流、各相电压、有功功率、无功功率、功率因数、有功电能、无功电能和脉冲电能等。在实时监控系统中，遥测量可通过通信接口直接上传给上位机；遥控可实现电动机的跳闸和合闸；遥信功能通过无源开关量输入，可实时观察到断路器位置状态、控制回路是否断线。通过温度变送器开关量的输入，还可观察电动机轴承温度是否越限或者对应开关柜温度是否过高等状态。此外，还具有跳、合闸次数统计，事件记录，故障录波等功能。某些装置还具有反应电动机电流、有功功率的4～20mA输出，供DCS之用。

电动机保护测控装置目前有两种形式，其区别在于反应相间短路故障的保护方式不同。一种是采用电流速断保护的方式，另一种是采用电流纵差动保护的方式。前者的保护测控装置应用在容量小于2MW的异步电动机上，后者的保护测控装置主要应用在容量2MW及以上的异步电动机上。在容量2MW及以上的异步电动机上，也可应用前述第一种保护测控装置再加装一套独立的纵差动保护装置。本节主要介绍其保护功能。

一、电流纵差动保护和电流速断保护

1. 电流纵差动保护

电流纵差动保护主要应用在容量2MW及以上电动机上；容量在2MW以下当电流速断保护灵敏度不足时也应用，作电动机定子绕组及电缆引线相间短路故障的保护。电动机容量在5MW以下时，采用两相式接线；5MW以上时采用三相式接线，以保证一点接地在保护区内另一点接地在保护区外纵差动保护的快速动作，跳开电动机。

图4-1示出了电动机纵差动保护接线（两相式），机端电流互感器与中性点侧电流互感器型号相同，具有相同变比。规定机端电流 $\dot{I}_A$、$\dot{I}_B$、$\dot{I}_C$ 流入电动机，中性点侧电流 $\dot{I}'_A$、$\dot{I}'_B$、$\dot{I}'_C$ 流入电动机（从中性点N流入电动机）为电流正方向，则纵差动保护的动作电流 I_d、制动电流 I_{res} 的表示式为

$$I_d = |\dot{I}_a + \dot{I}'_a|, I_d = |\dot{I}_c + \dot{I}'_c| \tag{4-1}$$

$$I_{res} = \frac{1}{2}|\dot{I}_a - \dot{I}'_a|, I_d = \frac{1}{2}|\dot{I}_c - \dot{I}'_c| \tag{4-2}$$

式中　$\dot{I}_a$、$\dot{I}_c$、$\dot{I}'_a$、$\dot{I}'_c$ ——分别为互感器二次侧电流，方向同 I_A、I_C 与 I'_A、I'_C 一致。

图4-2示出了纵差动保护的比率制动特性，其中图4-2（a）为两折线特性，最小制动电流（拐点电流）$I_{res.min}$ 一般取等于额定电流，斜率 K 在0.2～0.5间调整；图4-2（b）为三折线特性，拐点电流 I_{res1} 一般取 $0.5I_{2N}$（I_{2N} 为额定电流），I_{res2} 取 $2.5I_{2N}$，斜率 K_1 在0.2～0.5间调整，斜率 K_2 在0.5～1间调整。图4-2（a）及图4-2（b）动作特性的判据与第三章变压器差动保护动作特性式（3-11）、式(3-12）及式（3-21）相同。需要指出，应用三折线特性容易提高电动机内部相间短路故障灵敏度。

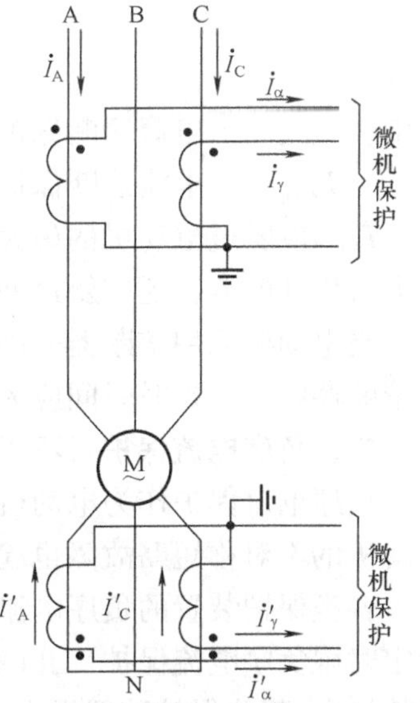

图4-1　电动机纵差动保护接线（两相式）

制动特性参数的设置应躲过电动机全电压下启动时差动回路最大不平衡电流；同时应躲过外部三相短路电动机向外供给短路电流时差动回路的不平衡电流；最小动作电流 $I_{d.min}$ 应躲过电动机正常运行时差动回路的不平衡电流。

与变压器纵差动保护相同，TA二次回路断线应闭锁保护出口并同时发出TA二次回路断线告警。因不考虑两个TA二次回路同时断线，所以TA二次回路断线判据

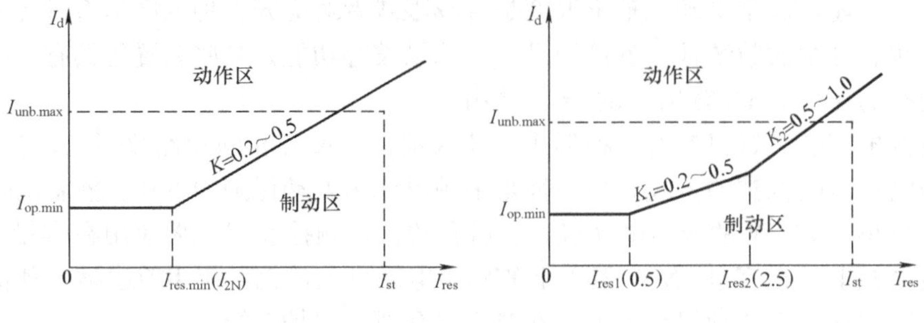

图 4 - 2　电动机纵差动保护比率制动特性

（a）两折线特性；（b）三折线特性

如下。

（1）两侧 TA 的二次电流中有一个小于最小动作电流（启动电流）$I_{d.min}$（或取更小的值），其他三个电流均大于此值或保持不变。

（2）差动回路电流大于 $I_{d.min}$，但小于 1.3 倍额定电流。

当上述两个条件同时满足时判 TA 二次回路断线。

纵差动保护中还设有差动电流速断保护，动作电流一般可取 3～8 倍额定电流。

2. 电流速断保护

电流速断保护应用在容量 2MW 以下的电动机上，作电动机定子绕组及其引线电缆相间短路故障的保护，保护动作于跳闸。

电流速断保护在电动机启动时不应动作，同时为兼顾保护灵敏度，所以电流速断保护有高、低两个定值，其中低定值电流速断保护在电动机启动结束后才投入。电流速断保护的动作判据为

$$I_{max} = \max\{I_a, I_c\} \tag{4-3a}$$

$$I_{max} \geqslant I_{set.H}（启动过程中投入） \tag{4-3b}$$

$$I_{max} \geqslant I_{set.L}（启动结束后投入） \tag{4-3c}$$

式中　$I_{set.H}$——电流速断保护整定电流高值；

$I_{set.L}$——电流速断保护整定电流低值。

$I_{set.H}$应躲过电动机的最大启动电流。$I_{set.L}$应躲过外部短路故障切除电压恢复时电动机的最大自启动电流；还应躲过外部三相短路故障电动机向外供出的最大反馈电流。

当电动机采用熔断器—高压接触器（F—C）回路控制时，电流速断保护应设有延时以与熔断器配合，延时时间应大于熔断器熔断时间并有一定的裕度。

二、负序电流保护（不平衡保护）

负序电流保护作为电动机匝间短路、断相、相序反以及供电电压较大不平衡的保护，对电动机的不对称短路故障也起后备保护作用。负序电流保护动作于跳闸。

各类保护装置的负序电流保护差别较大。某些保护装置设Ⅰ、Ⅱ、Ⅲ段，其中Ⅰ、Ⅱ段为定时限负序电流保护，Ⅱ段为灵敏段，Ⅲ段负序电流保护为反时限特性（也可设定为定时限特性）。某些保护装置设Ⅰ、Ⅱ段，其中的Ⅰ段负序电流保护为定时限特性，Ⅱ段负序电流保护可设定为反时限特性，也可设定为定时限特性或固定为定时限。某些保护装置在上述

两段式负序电流保护基础上，还有第Ⅲ段告警段（可设定为反时限运行，也可设定为定时限运行）。还有的保护装置只设一段负序电流保护，动作特性是带最大和最小定时限的反时限曲线。需要指出，三段式负序电流保护，因整定比较灵活，所以可取得较好的保护效果。另外，对有关负序电流保护的两个问题说明如下。

（1）区内、外两相短路故障时流入电动机的正、负序电流问题。对电动机内部B、C相间短路故障的理论分析表明：

1）电动机内部相间短路故障时，流入电动机的负序电流总是小于流入的正序电流，即使电动机空载不计负荷电流也总是如此。计及故障点过渡电阻后，也不改变这一结果。

2）电动机外部两相短路故障时，电动机流入负序电流和正序电流，并且负序电流要比正序电流大得多。这一结果不受电动机负荷电流大小、故障点过渡电阻大小的影响。

因此，当电动机的负序电流大于正序电流（如 $I_2>1.5I_1$）时，可判定为外部发生两相短路；当负序电流小于正序电流时，可判定为内部发生两相短路。可见，借助正序、负序电流的比较，可以明确区分出两相短路故障在内部还是在外部。

（2）负序电流保护的动作值问题。电动机较严重的故障和不对称运行，负序电流数值较大，而在较少匝数短路、中性点附近相间短路故障时，负序电流较小。因此，电动机的负序电流随故障类型、严重程度有很大的变化。

控制高压电动机的开断、接通，有真空断路器、少油断路器、SF_6 断路器，还有熔断器—高压接触器。前者不可能出现使电动机两相运行的情况，后者则可能出现熔断器熔断一相且高压接触器未能三相联跳造成电动机两相运行的情况。

作为电动机相序反、较多匝数短路以及相间短路故障的后备保护时，负序电流保护动作值较大，可取0.8～1倍额定电流；作为断相保护以及匝间短路保护时，负序动作电流可取0.3～0.6倍额定电流，其中低值对应负载较轻时，高值对应接近额定负载时的运行方式；作为较少匝数的短路以及中性点附近相间短路保护，负序电流的动作值较小，可按躲过正常运行时最大负序不平衡电流整定，可取0.2～0.3，动作后发告警信号或用于跳闸。

对于负序电流保护的动作时限，当采用判别区内外两相短路故障的措施时，动作时限不必与外部保护配合；当没有采取判别区内外两相短路故障的措施时，应根据外部短路故障的位置，与相应保护配合，以获得负序电流保护的选择性。

三、启动时间过长保护

电动机启动时间过长会造成电动机过热，当测量到的实际启动时间超过整定的允许启动时间时，保护动作于跳闸。

保护的动作判据为

$$t_{m} > t_{st.set} \tag{4-4}$$

式中　$t_{st.set}$——整定的允许启动时间，可取 $t_{st.set}=1.2t_{st.max}$，其中 $t_{st.max}$ 为实测的电动机最长的启动时间；

t_m——测量到的实际启动时间，或称计算启动时间。

当电动机三相电流均从零发生突变时认为电动机开始启动，启动电流达到10%额定电流时开始计时，启动电流过峰值后下降到112%额定电流时停止计时，所测得的时间即为 t_m 值。

需要指出，t_m 值与电动机负荷大小、启动时的电压高低有关，而式（4-4）中的 $t_{st.set}$ 整定后保持不变。为使电动机启动时间过长保护更符合实际情况，应使 $t_{st.set}$ 随实际启动电流发生变化，注意到电动机发热与电流平方成正比，故较为合理的 $t_{st.set}$ 应为

$$t_{st.set}=\left(\frac{I_{st.N}}{I_{st.max}}\right)^2 t_{yd} \tag{4-5}$$

式中 $I_{st.N}$——电动机的额定启动电流；

$I_{st.max}$——本次电动机启动过程中的最大启动电流；

t_{yd}——电动机的允许堵转时间。

启动时间过长保护在电动机启动完毕后自动退出。

四、墙转保护和正序过电流保护

当电动机在启动过程中或在运行中发生堵转，因为转差率 $s=1$，所以电流将急剧增大，容易造成电动机烧毁事故。堵转保护采用正序电流构成，有些保护装置还引入转速开关触点。堵转保护动作于跳闸。

1. 不引入转速开关触点时

不引入转速开关触点的堵转保护，与正序过电流保护是同一保护，在电动机启动结束后自动投入，即启动时间过长保护结束后自动计算正序电流。正序电流的动作值一般取 1.3～1.5 倍额定电流；动作时限即允许堵转时间应躲过电动机自启动的最长启动时间，可取

$$t_{yd}=1.2t_{st.max} \tag{4-6}$$

式中 $t_{st.max}$——电动机的最长启动时间。

正序过电流保护也作为电动机的对称过负荷保护。

当电动机在启动过程中堵转时，由启动时间过长保护起堵转保护作用。

2. 引入转速开关触点时

图 4-3 所示为引入转速开关触点构成的电动机堵转保护逻辑框图。电动机在运行中堵转，转速开关触点闭合，构成了堵转保护动作条件之一；另一动作条件是正序（或取最大相电流）过电流。因为引入了转速开关触点，所以堵转保护的动作时间可以较短，对电动机是十分有利的。正序电流动作值可取 1.5～2 倍额定电流，动作时间可取启动时间。

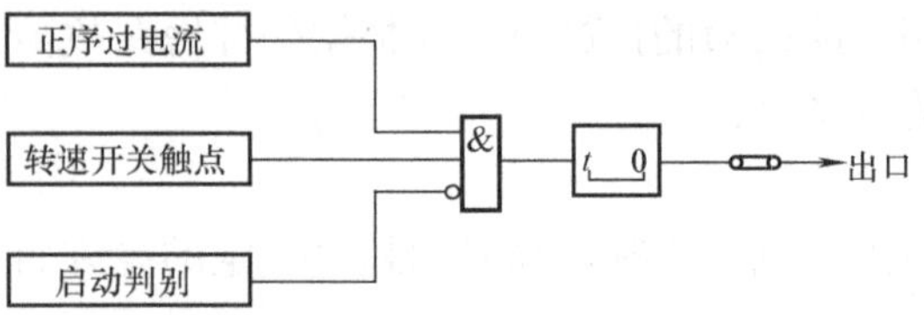

图 4-3 电动机堵转保护逻辑框图

此时的正序过电流保护可作过负荷保护用（有些保护装置不设正序过电流保护，直接采用过负荷保护），动作电流按躲过电动机的正常最大负荷电流 $I_{loa.max}$ 整定，即 K_{rel} 取 1.15～1.2

$$I_{1.set}=K_{rel}I_{loa.max} \tag{4-7}$$

动作时限按式（4-6）整定。保护在电动机启动结束后投入，对重要电动机可作用于信号，对不重要电动机可作用于跳闸。

五、过负荷保护

电动机的过负荷保护，动作电流可按式（4-7）整定，动作时限与电动机允许的过负荷时间相配合。动作后一般发信号。有些过负荷保护设两段时限，较短时限动作于信号，较长时限可动作于跳闸。有些保护装置中，以正序过电流保护取代过负荷保护。

六、过热保护

任何原因引起定子正序电流增大、出现负序电流均会使电动机过热。过热保护由过热告

警、过热跳闸、过热禁止再启动构成。图 4-4 所示为电动机过热保护逻辑框图。图中 H_R 是过热积累告警值，H_T 是过热积累跳闸值，H_B 是过热积累闭锁电动机再启动值，只有 $H<H_B$ 电动机才能再次启动，KG1、KG2 为投入过热告警、过热跳闸的控制字。热复归按钮闭合时，过热积累强迫为零。电动机过热保护模型为

$$H=[I_{eq}^2-(1.05I_{2N})^2]t>I_{2N}^2\tau \tag{4-8}$$

$$H_T=I_{2N}^2\tau \tag{4-9}$$

$$H>H_T \tag{4-10}$$

说明电动机过热积累超过允许值，所以 H_T 为过热积累跳闸值。通常过热积累用过热比例 h 表示，h 表示式为

$$h=H/H_T \tag{4-11}$$

可见，$h\geqslant1$ 时过热保护动作，电动机跳闸。

为了提示运行人员，过热比例通常在 $h=0.7\sim0.8$ 时告警，即过热积累告警值为（如 $h=0.7$）

$$H_R=hH_T \tag{4-12}$$

即电动机的过热积累达到 $70\%H_T$ 时就发出过热告警信号。

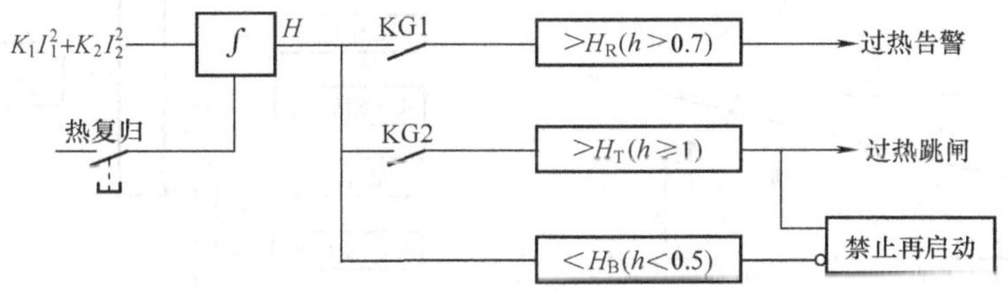

图 4-4　电动机过热保护逻辑框图

电动机被过热保护跳闸后，禁止再启动回路动作，使跳闸继电器处动作保持状态，电动机不能再启动。由于电动机已跳闸，故 H 值以散热时间常数 τ' 衰减，H 值逐渐减小，当减小到 H_B 值以下时，禁止再启动回路解除，电动机可以启动，当然启动时电动机过热积累不会超过允许值。通常 H_B 值取 $50\%H_T$，即 $h=0.5$。在紧急情况下，如在 h 较高时需启动电动机，则可人为按热复归按钮，人为清除记忆的过热积累。注意，实际的过热积累是存在的，并非为零。

七、接地保护

电动机中性点不接地，而供电变压器的中性点可能不接地、经消弧线圈接地、经电阻接地。而在 380/220V 三相四线制供电网络中，供电变压器中性点是直接接地的。

当供电变压器中性点不直接接地时，电动机可以看作一个元件（相当于一条线路），单相接地的检测与小电流接地系统的线路单相接地检测方法相同。

需要指出，当采用零序电流互感器获取零序电流时，为防止在启动电流下零序不平衡电流引起的误动，可采用最大相电流进行制动。动作特性如图 4-5 所示，动作特性表示式为

$$I_0\geqslant I_{set}\quad(I_{max}\leqslant1.05I_{2N}) \tag{4-13}$$

$$I_0>\left[1+\frac{1}{4}\left(\frac{I_{max}}{I_{2N}}-1.05\right)\right]I_{set}\quad(I_{max}>1.05I_{2N}) \tag{4-14}$$

式中　I_{2N}——电动机额定电流；

I_{set}——零序电流动作值；

I_{max}——最大相电流，$I_{max}=\max\{I_a, I_c\}$。

虽然引入了最大相电流的制动措施，但正常运行时并不降低接地保护的灵敏度。

对 380V 供电的电动机，因供电变压器中性点直接接地，所以电动机单相接地时，接地相的相电流较大，很容易检出接地故障的电动机。

当供电变压器中性点经小电阻接地时，如 6kV 系统，接地电流限制在 300A（接地电阻为 12Ω）。接地零序保护按灵敏度大于 2 整定，即可取零序保护定值为 140A，保护有较高的灵敏度。

八、低电压保护

当供电电压降低或短时中断后，为防止电动机自启动时使供电电压进一步降低，以致造成重要电动机自启动困难，所以在一些次要电动机或不需要自启动的电动机上装设低电压保护。

图 4-6 示出了低电压保护逻辑框图。可以看出，当三个相间电压均低于整定值时，保护延时动作。保护经低电流闭锁、TV 断线闭锁和断路器跳闸闭锁。

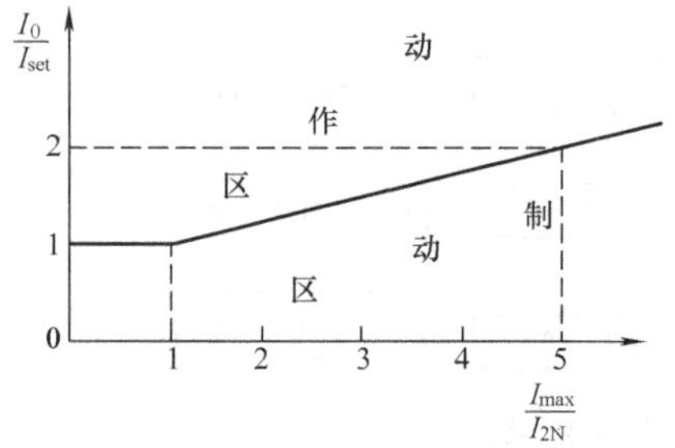

图 4-5 带最大相电流制动的接地保护动作特性

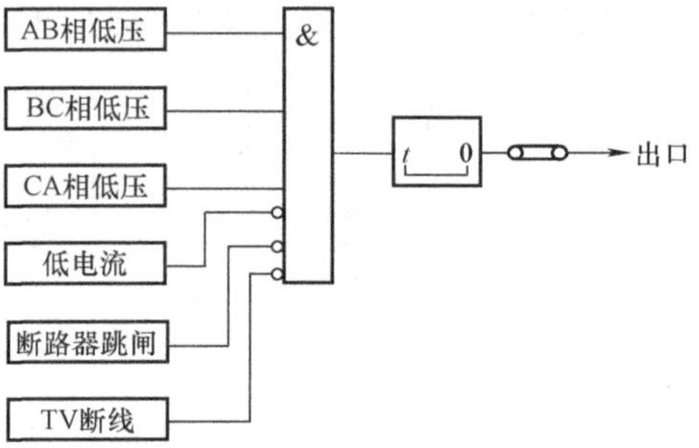

图 4-6 低电压保护逻辑框图

TV 断线判据如下：

(1) 电动机三相均有电流而无负序电流，但有负序电压，其值大于 8V。

(2) 无正序电压而三相均有电流。

条件 (1) 判为 TV 单相断线或两相断线；条件 (2) 判为 TV 三相断线。

需要指出，重要厂用电动机的低压保护动作时限，应躲过发电厂与系统发生振荡时的最长振荡周期。

九、过电压保护

供电电压过高时，会引起电动机铜损耗和铁损耗的增大，使电动机温升增大。为此，电动机可设有过电压保护。当三个相间电压均大于整定值时，保护经延时动作。

第三节 厂用电切换

对于大容量机组，由于采用发电机—变压器组单元接线，机组单元厂用工作电源从发电机出口引接，而发电机出口一般又不装设断路器，为了发电机组的启动尚需设置启动电源，并将启动电源兼作备用电源。在此情况下，机组启动时，其厂用负荷需由启/备变供电，待机组启动完成后，再切换至由工作电源（接至发电机出口的工作变压器）供电；而在机组正常停机（计划停机）时，停机前又要将厂用负荷母线从工作电源切换至备用电源供电，以保证安全停机。此外，在厂用工作电源发生事故（包括高压厂用工作变压器、发电机、主变压器、汽轮机等事故）而被切除时，又要求备用电源尽快自动投入。因此，厂用电源的切换在发电厂中是经常发生的。

图 4-7 所示为厂用电简化接线图。发电机 G 通过 T1、QF5 向系统送电，厂用电 6kVⅠ段由高厂变 T3 供电，QF1 处合闸状态；QF2 处断开状态，6kV 备用段处带电状态（QF6、QF4、QF3 处合闸状态）。当 QF1 因故跳闸时，QF2 因备用电源自动投入（AAT）动作而合闸，6kVⅠ段厂用电由备用电源供电。

当 6kVⅠ段上具有高压大容量电动机时，注意到高压大容量异步电动机在断电后残压衰减较慢，若残压较高且 AAT 又不检同期合闸，则可能造成对备用变压器和电动机的严重冲击，甚至损坏；同时过大的合闸冲击电流，有可能使备用变压器过电流保护动作，造成上述厂用电切换失败；若等到残压衰减到较小值后 AAT 再动作，则由于断电时间过长，将影响厂用机械的正常运行，此外 AAT 动作后，成组的异步电动机自启动，启动电流大，电动机电压难以恢复，导致自启动困难，甚至被迫停机停炉。

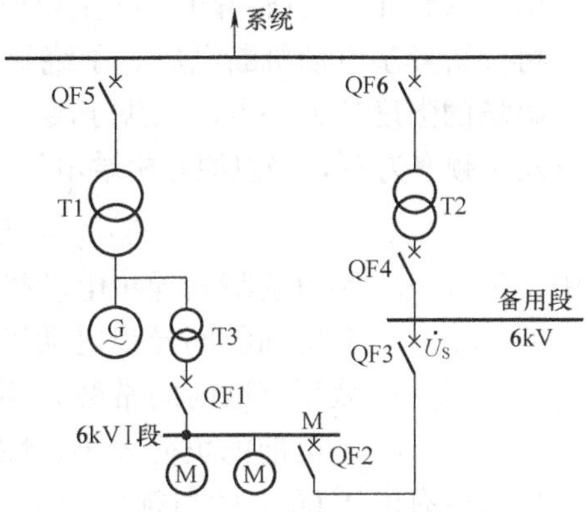

图 4-7　厂用电简化接线图

大机组的厂用备用电源一般接 220kV 电网。如果厂内没有装设 500kV 与 220kV 之间的联络变压器，则厂用工作电源与备用电源之间可能有较大的电压差 ΔU 和相角差，电压差可以用备用变压器的有载分接开关来调节。相角差 δ 则取决于电网的潮流，是无法控制的。按照实践经验，当相角差 $\delta<15°$时，厂用电切换造成电磁环网的冲击电流是厂用变压器所能承受的。否则，就只能改变运行方式或者采用快速自动切换。因此，为提高厂用电切换成功率，一般普通的 AAT 在上述情况下难以满足要求，应采用新的切换方式。

一、异步电动机失电后的母线残压

由异步电动机的工作原理可知，异步电动机的转子电流产生的旋转磁场与定子旋转磁场同步，在定子绕组中感应电动势的频率就是供电电源频率 f_1。此时电动机的转差率为 s，电动机的转速为 $n=(1-s)n_1$；转子电流 i_2 的频率 $f_2=sf_1$；电动机的次暂态电动势 $E''_{[0]}$ 可表示为

$$E''_{[0]}=U_{M[0]}-jX''I_{M[0]} \tag{4-15}$$

式中　$E''_{[0]}$——异步电动机断电前的次暂态电动势；

$U_{M[0]}$——异步电动机断电前端电压；

$I_{M[0]}$——异步电动机断电前流入电动机的电流。

设异步电动机断电前处额定运行状态，计算表明，$E''_{[0]}$ 的幅值可达 0.9。当异步电动机断电后，借助机械惯性仍处转动状态，转子电流要衰减。在此过程中，异步电动机相当于没有原动力的发电机。转子电流保持断电瞬间的频率 $s_{[0]}f_1$ 不变，但幅值以转子回路时间常数 T_f 衰减（$s_{[0]}$ 为断电瞬间的转差率），于是衰减转子电流产生的旋转磁场同样以 T_f 时间常数衰减，该旋转磁场相对转子的速率为 $s_{[0]}n_1$；另一方面，电动机断电后，电动机开始滑行，

转速自然逐渐降低。这样，转子磁场截切定子绕组的速率 n_{fd} 为

$$n_{fd} = n + s_{[0]}n_1 \tag{4-16}$$

在断电瞬间，$n=(1-s_{[0]})n_1$，所以 $n_{fd}=n_1$，即保持同步速；而后，随着 n 的降低，n_{fd} 相应减小。因此，电动机断电后，转子磁场在定子绕组中感应的电动势角频率 ω' 为

$$\omega' = 2\pi p n_{fd} = 2\pi p(n + s_{[0]}n_1) \tag{4-17}$$

式中 p——电动机的极对数。

所以 ω' 随转速下降不断变化，从同步角频率 ω_1 不断变小，与同步角频率的差值越来越大。由式（4-17）明显看出，ω' 主要取决于电动机断电前的负荷大小和负荷性质。

再分析异步电动机断电后定子绕组中感应电动势幅值的变化。幅值的变化一方面取决于转子磁场的强度，另一方面取决于转子磁场截切定子绕组的速度。注意到两方面均在不断衰减以及角频率为 ω'，当以原有机端电压作参考相量时，则电动机断电后的残压 $u_{M.y}$，可表示为

$$u_{M.y} = E''_{m[0]}\sin(\omega' t - \delta_{[0]})e^{-\frac{t}{T_a}} \tag{4-18}$$

式中 $E''_{m[0]}$——断电前瞬间异步电动机次暂态电动势幅值；

$\delta_{[0]}$——断电前瞬间异步电动机次暂态电动势滞后机端电压的相角；

T_a——残压衰减时间常数，不仅与转子回路时间常数有关，而且也与异步电动机断电前的负荷大小、性质有关。

机端原有电压 $U_{M[0]}$ 的角频率为 ω_1，即相量 $U_{M[0]}$ 逆时针以 ω_1 角速度转动；失电后电动机残压 $U_{M.y}$ 不仅以 T_a 时间常数衰减，同时以 ω_1 角速度逆时针转动。若以 $U_{M[0]}$ 作参考即固定不动，则 $U_{M.y}$ 以 $\omega_1-\omega'$ 的相对角速度顺时针转动，同时以 T_a 时间常数衰减。图 4-8 为异步电动机断电后机端残压 $U_{M.y}$ 端点的变化轨迹。

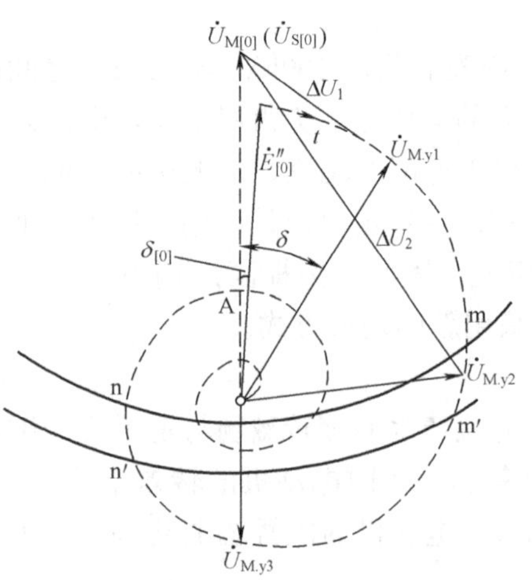

图 4-8 异步电动机断电后机端残压变化轨迹

在图 4-8 中，断电瞬间为时间 t 的起始点，$t=0$ 时，$\dot{U}_{M.y}=\dot{E}''_{[0]}$；$t=t_1$ 时，$\dot{U}_{M.y}=\dot{U}_{M.y1}$；$t=t_2$ 时，$\dot{U}_{M.y}=\dot{U}_{M.y2}$；$t=t_3$ 时，$\dot{U}_{M.y}=\dot{U}_{M.y3}$。可以看出，随着时间 $t\to t_1\to t_2\to t_3$，母线残压 $\dot{U}_{M.y}$ 与电源电压 $\dot{U}_{M[0]}$ 的相量差 $|\dot{U}_{M.y}-\dot{U}_{M[0]}|$ 值，由 $|\dot{E}''_{[0]}-\dot{U}_{M[0]}|\to\Delta U_1\to\Delta U_2\to$ 最大值 $\dot{U}_{M.y3}+\dot{U}_{M[0]}$。其中 t_3 时刻因 $\dot{U}_{M.y}$、$\dot{U}_{M[0]}$ 反相，为代数和最大。此外，$\dot{U}_{M.y}$ 端点沿图 4-8 中虚线变化时，t 越小 $\dot{U}_{M.y}$ 的衰减速度、转动角速度越小。注意，$\dot{U}_{M.y}$ 的衰减时间常数、转动速度是不均匀的。

二、备用电源投入时的冲击电流

异步电动机失电后转速 n 不断减小，故转差率 s 不断增大，由断电前的 $s_{[0]}$ 不断增大到停转时的 $s=1$。异步电动机断电滑行过程中，等值阻抗急剧减小；当转速降到 $70\%n_1$ 时，等值阻抗已接近启动阻抗。即使 AAT 快速动作，电动机断电时间很短，当备用电源投入时电动机的阻抗用启动阻抗或次暂态电抗代替，也会有较大的冲击电流。

设在图 4-7 中 QF1 断开后异步电动机滑行过程中 QF2 合闸，电动机由备用变压器 T2 供电，当系统看作无穷大电源系统时，电动机冲击电流可表示为（用标幺值表示）

$$\dot{I}_{imp}=\frac{\dot{U}_S-\dot{U}_{M.y}}{Z_{T2}+Z_{st}} \tag{4-19}$$

式中　$\dot{U}_S$——备用电源系统电压，与电动机正常运行时端电压 $\dot{U}_{M[0]}$ 同相位；

Z_{st}——异步电动机启动阻抗；

Z_{T2}——备用变压器 T2 阻抗。

考虑到电动机断电前的电压和备用电源电压相等，即 $\dot{U}_S=\dot{U}_{M[0]}$，则有

$$I_{imp}=\left|\frac{\dot{U}_{M[0]}-\dot{U}_{M.y}}{Z_{T2}+Z_{st}}\right| \tag{4-20}$$

由式（4-20）可见，当备用电源合闸时间越快，电压差 $|\dot{U}_{M[0]}-\dot{U}_{M.y}|$ 越小，合闸冲击电流越小；反之，合闸冲击电流越大。可见，加快备用电源投入时间，可有效减小冲击电流。由允许的合闸冲击电流可确定备用电源快速投入的时间。

备用电源投入时异步电动机承受电压 U_M 与式（4-20）中的冲击电流大小有关。设电动机阻抗为 Z_{st}（实际可视为电动机组和该母线上其他负荷的等值阻抗）、备用变压器阻抗为 Z_{T2}（已归算到电动机电压侧，Z_{T2} 理解为备用电源等值阻抗），则电动机承受电压 U_M 可表示为

$$U_M=\frac{Z_{st}}{Z_{T2}+Z_{st}}(\dot{U}_{M[0]}-\dot{U}_{M.y})=\frac{Z_{st}}{Z_{T2}+Z_{st}}\Delta U \tag{4-21}$$

为保证电动机安全启动，U_M 应小于电动机的允许电压，一般设为 1.1 倍额定电压。

三、厂用电源的切换方式

为减小高压大容量电动机失电后备用电源投入时的冲击电流及电动机承受的电压，提高厂用电切换成功率，目前广泛采用厂用电快速切换装置，简称厂用电快切。厂用电快切装置可实现多种切换方式，以满足各种不同的运行要求。

一般厂用电源的快速切换，要求工作电源切除后，在母线残压与备用电源电压之间的相角差远未达到第一次反相之前合上备用电源，可保证合上备用电源时电动机的转速下降较少，而冲击电流亦较小。

厂用电源的切换方式，除按操作控制分手动/自动外，还可按运行状态、断路器的动作顺序、切换的速度等进行区分。

1. 按运行状态分为正常切换和事故切换

（1）正常切换。在正常运行时，由于运行的需要（如开机、停机等），厂用母线从一个电源切换到另一个电源，对切换速度没有特殊要求。可以手动也可自动，自动时采用启动按钮启动。

（2）事故切换。由于发生事故（包括单元接线中的厂变、发电机、主变压器、汽轮机和锅炉等事故），厂用母线的工作电源被切除时，要求备用电源自动投入，以实现快速安全切换。自动方式下实现事故切换，一般采用保护或低电压启动。

2. 按断路器的动作顺序分为并联切换和串联切换

（1）并联切换。在切换期间，工作电源和备用电源是短时并联运行的（先合后断），它的优点是保证厂用电连续供给，缺点是并联期间短路容量增大，增加了断路器的断流要求。但由于并联时间很短（一般在几秒内），发生事故的几率低，所以在正常切换中被广泛采用。

（2）串联切换。其切换过程是，一个电源切除后，才允许投入另一个电源（先断后合）。在图 4-7 中，当 QF1 跳开后才发出 QF2 的合闸脉冲，这种跳闸脉冲和合闸脉冲是串联发出

的，故称串联切换。一般是利用被切除电源断路器的辅助触点去接通备用电源断路器的合闸回路。因此厂用母线上出现一个断电时间，断电时间的长短与断路器的合闸速度有关。串联切换时工作母线断电时间相对长一些。

在大容量机组厂用电源的切换中，厂用电源的事故切换一般采用串联切换，在工作电源断路器跳闸后，立即联动合上备用电源断路器。这是一种快速断电切换，但实现安全快速切换的一个条件是：厂用母线上电源回路断路器必须具备快速合闸的性能，断路器的固有合闸时间一般不要超过周波 0.5s。

3. 按切换速度分为快速切换和慢速切换

（1）快速切换。一般是指在厂用母线上的电动机反馈电压（即母线残压）与待投入电源电压的相角差还没有达到电动机允许承受的合闸冲击电流前，快速地将备用电源合上恢复供电。该切换方式工作母线失电时间很短。

由于实现快速切换的先决条件是必须具备快速动作的断路器和备用工作电源，工作电源间同相位或相位差较小，所以不仅切换时 ΔU 小，而且产生的冲击电流小、电动机上电压不大，有利于厂用电切换的成功。快速切换的断路器动作顺序可以是先断后合也可以跳合闸命令同时发出，前者也称快速断电切换，后者也称为快速同时切换。

1）快速断电切换。在这种情况下，QF1 跳闸后，尽可能快地合上 QF2 断路器。由于断路器动作快速，所以 QF2 合上时电动机转速降低很小，当然 $U_{S[0]}$ 与残压 $U_{M.y}$ 间的压差也较小，切换成功率很高。

目前 SN 型少油断路器的合闸时间均在 100～200ms 之间，为提高切换成功率，最好采用合闸时间在 40～50ms 间的真空断路器。

这种快速切换的最大优点是实施简单，但要求备用电源与工作电源同步或者具有很小的初相角差。考虑到异步电动机失电后残压 $U_{M.y}$ 总是以 $\omega_1-\omega'$ 的速度相对 $U_{M[0]}$ 相量顺时针转动并衰减的，因此 $U_{S[0]}$ 滞后 $U_{M[0]}$ 的初相角差有利于切换的成功。

2）快速同时切换。为缩短工作母线断电时间，在切换时，将切除一个电源和投入另一个电源的命令同时发出。由于同样的断路器合闸时间较分闸时间长，在切换期间一般会有很短的断电时间。图 4-7 中，QF2 的合闸脉冲可在 QF1 跳闸脉冲发出之后（可设置如 10ms）、QF1 跳开之前发出，或二者同时发出。这样工作母线断电时间小于 QF2 的合闸时间，最短时间接近 0ms，$U_{S[0]}$ 与残压 $U_{M.y}$ 间的相角差还未拉开，冲击最小。为与前述串联切换相区别，有时也称这种方式为同时切换，实际上仍是串联切换（先断后合）。

特别强调，快速切换能否成功，关键问题是要有快速动作的断路器，特别是切换电源上的快速合闸断路器；此外，切换电源与工作电源间的初始相角差要小，不应超过 20°；故障类型、保护动作时间和其他断路器的跳闸时间也有一定的影响。

（2）同期捕捉切换。在这种情况下，QF1 跳闸后，快切装置检测 U_S 与 $U_{M.y}$ 间的频差大小、相角差大小，当均在设定范围内时，发出 QF2 合闸脉冲，完成厂用电的快速切换。

在图 4-8 中，$U_{M.y}$ 端点过了 m 点后的 mn 区间为不安全区域，不允许切换。过了 n 点后，当 $U_{M.y}$ 与 $U_{S[0]}$ 第一次相位重合（A 点）时，QF2 的主触头闭合，这称为同期捕捉切换。显然，图 4-8 中 A 点位置（实际有一定 δ 角，通常小于 10°）备用电源对工作母线供电，切换肯定是成功的。

这种同期捕捉切换，对压差并无特别要求，只要求在规定频差下 QF2 合闸时 δ 角接近

0°。为实现同期捕捉切换，需实时测量出$U_{M.y}$与U_S间的频差、相角差，根据QF2的合闸时间，采用“导前相角”或“导前时间”原理，计算出QF2合闸脉冲发出的时刻。“导前相角”原理是根据同期捕捉阶段相角差变化的速度和合闸时间（合闸回路总时间），计算出合闸导前角，当实际的相角差达到合闸导前角、频差在设定值范围内时，即发出合闸脉冲；频差超过设定值时放弃合闸，一般频差设定值取得较大，如2～5Hz。“导前时间”原理是根据同期捕捉阶段实时的频差、相角差，按一定的变化规律模型，计算出$U_{M.y}$离图4-8中A点的时间，当该时间接近合闸回路总时间、频差不超过设定值时，发出合闸脉冲。

应当指出，同期捕捉切换一般在异步电动机失电后的0.4～0.6s，此时工作母线电压衰减到65%～70%的额定值，电动机转速下降不是很多，当然δ角接近0。合上备用电源，冲击电流是最小的。

当断路器合闸时间较长，或备用电源与工作电源间的初始相角差较大，即不具备快速切换的条件时，异步电动机失电后失去快速切换的机会。在这些情况下，同期捕捉切换不仅可使工作母线断电时间缩短，而且可提高厂用电切换成功率。

（3）慢速切换。主要是指残压切换，即工作电源切除后，当母线残压衰减到额定电压的20%～40%后实现的切换。因残压衰减到上述数值一般需1～2s，故残压切换是慢速切换。

残压切换虽然能保证电动机所受的合闸冲击电流不致过大，但由于停电时间较长，对电动机自启动和机炉运行工况产生不利影响。慢速切换通常作为快速切换的后备切换方式。

最严重的情况是$U_{M.y}$与$U_{S[0]}$反相合闸，当残压为40%U_N时，由式（4-20）得到冲击电流为

$$I_{imp}=\frac{1.4U_N}{Z_{T2}+Z_{st}} \tag{4-22}$$

启动电流为

$$I_{st}=\frac{U_N}{Z_{T2}+Z_{st}} \tag{4-23}$$

于是，冲击电流是启动电流的1.4倍，考虑到暂态冲击电流作用主要是合闸后的半个工频周期，因此冲击电流作用不危及电动机的安全。可见，残压切换对电动机不构成安全威胁只是停电时间较长，电动机组自启动将受到影响。

由以上分析可见，为保证厂用电切换的成功，可采用快速切换，捕捉同期切换和残压切换，甚至可采用变电站常用的固定延时切换。在具有快速断路器条件下，采用快速切换，在此基础上再设慢速切换残压切换作后备。当然，采用快速切换时，备用电源和工作电源间的相角差必须合理。

另外，运行方式的变化，可能出现备用电源与工作电源间的相角差不合理，在这种情况下切换，冲击电流较大，但暂态冲击电流衰减很快，作用时间很短，不会造成对电气设备的危害。因此，为保证切换的成功，备用变压器电流速断保护可加100～200ms延时以躲过暂态电流的影响。

第四节　发电厂电气自动化控制系统（ECS）

一、概述

发电厂电气控制系统（Electric Control System，ECS）是发电厂自动化领域近年来兴起

的一个新的热点。与 DCS 侧重于热工系统的监控相对应，ECS 侧重于电气系统的监控；与网控侧重于发电厂接入电网部分的电气监控相对比，ECS 侧重于发电厂内部，实现发电机、厂用电中低压电气系统的测量、分析、控制、计量等综合功能。

发电厂电气监控系统是一个完整而可靠的系统，其作用是应用计算机技术、现场总线技术及通信技术，实现发电厂电气系统的测量、运行、保护、控制、故障信息管理及故障诊断、电气性能优化等功能的综合自动化。由现场总线技术连接成的电气监控网络，一方面接入 DCS，进行相关数据的交换和完成机、炉、电的协调控制；另一方面，通过接入电网调度系统，完成较为复杂的电气运行管理工作，并与发电厂 MIS 和 SIS 进行无缝连接，从而提高发电厂电气系统的自动化及运行管理水平，提高电厂在发电市场上的竞争能力。

电气 ECS 监测和控制的对象主要有发电机—变压器组、厂用工作及备用电源、AER（自动励磁调节装置）、同期装置、高压厂用电动机、直流系统、交流不停电电源、保安电源。电气控制系统（ECS）的主要功能有以下几点。

（1）监测。监测量包括电流、电压、有功功率、无功功率、频率、功率因数、有功电能、无功电能和温度量等；开关量包括断路器、隔离开关以及接地开关的位置信号、继电保护装置动作及报警信号、运行监视信号等。

（2）控制。

1）机组电气自动化：包括发变组保护、自动装置、录波、电度计量的监控管理。

2）发电机并列或解列。

3）发电机励磁调压装置（AER）调节升/降压。

4）厂用电自动化：包括运行监控，高压厂用电、低压厂用电的快切，信息管理和设备维护。

5）电动机控制。

6）保安电源的监控、管理。

7）升压站的监控和远方操作。

8）电气系统的防误闭锁及操作票功能。

二、数据采集与处理

1. 模拟输入量的采集与处理

模拟量的采集包括电流、电压、有功、无功、频率、功率因数等电量和温度等非电量。采用交流采集方式，对不能实现交流采集的非电量采用直流采集方式。

ECS 对模拟量的处理包括预防回路断线检测功能、信号抗干扰、数字滤波、误差补偿、数据有效性合理性判断、标度换算、梯度计算、越限报警。经格式化处理后形成实时数据并存入实时数据库。

2. 开关输入量的采集与处理

开关量采集包括断路器、隔离开关以及接地开关的位置信号，继电保护动作信号、运行监视信号及有载调压变压器分接头位置信号等。

实现定时采集、设备异常报警、事件顺序记录（SOE）和操作记录。

3. 脉冲输入量的采集与处理

脉冲输入量包括有功电能和无功电能等，并实现连续采集电能脉冲量，能根据各母线

TV、回路 TA 变比及脉冲电能表参数计算并转换为实际电量进行累加，对采集的电量进行分时段和分方向进行统计。

4. 对开关输出量的处理

ECS 的开关量输出特指各类操作控制指令。为保证信号的电气独立性及准确性，计算机在输出这些指令前进行校验，经判断无误后才能送至执行机构。

三、运行监视

电气工程师站能通过 CRT 对主要电气设备运行参数和设备状态进行监视，画面调用采用键盘、鼠标或跟踪球。主要画面包括：

（1）电气一次接线图，包括显示设备运行状态、各主要电气量（电流、电压、频率、有功、无功）等的实时值；

（2）发电机—变压器组系统；

（3）厂用工作电源系统；

（4）厂用备用电源系统；

（5）发电机励磁系统；

（6）保安电源系统；

（7）直流系统图，交流不间断电源（UPS）系统图；

（8）趋势曲线图，包括历史数据和实时数据、棒状图、计算机监控系统运行工况图、各机组及全厂发电容量曲线、各种保护信息及报表、控制操作过程记录及报表、事故追忆记录报告或曲线、事故顺序记录报表、操作指导及操作票、典型事故处理指导及典型事故处理画面。

在电气工程师站，当所采集的模拟量发生越限、开关量变位及计算机系统自诊断故障时进行报警处理。报警方式应分为事故报警和预告报警两种。报警方式可采用软报警和声光报警两种。

事件顺序记录（SOE）及事故追忆：对断路器位置信号、继电保护动作信号等进行事件顺序记录，事件顺序记录的分辨率应不大于 1ms。在出现事故后，能追忆事故前后一定时间内有关开关量的动作顺序和相关重要模拟量的变化情况。

设备的跳合状态在画面上用不同的颜色区别，红色表示合闸状态，绿色表示断开状态。当断路器事故跳闸时，该断路器的显示发出绿色闪光，直到手动复归。主要开关量都具备事故追忆，主要模拟量的趋势图以及定子、转子的电流电压等都能在 CRT 上直接查看。在装设电压、电流、功率变送器的节点上都有实时值显示。

（9）告警信号。为使运行和检修人员及时判断设备所出的故障，应将所有能取到的故障信息全部引入 ECS，如继电保护动作、热继电器动作以及电动门开、关过力矩动作等，提高故障的识别效率，同时继电保护动作信号闭锁联动和合闸操作，除非保护动作信号被复归。

对于已经通过 ECS 指令操作，但在规定的时间内没有相应位置反馈信息的设备，应发操作失败信号，并由 ECS 给出故障信息。

电气画面采用级联方式，从每个系统操作画面上，都能按需要再切换到其他系统操作画面。

四、操作控制

1. 控制功能

（1）发变组的控制。ECS 对发变组的控制有两种方式，即顺序控制或软手操控制。

1）顺序控制是按逻辑条件顺序完成发电机由零起升压，由自动准同期装置并网，带初始负荷的全过程。

2）软手操控制是指运行人员通过键盘和鼠标进行断路器的操作，每一项操作计算机都将进行合法性检查和控制闭锁条件检查。操作画面上设有同期表和相关参数，供发电机并网时监视，准确找到同期点，快速地投入同期装置并网，以减少系统冲击电流，提高并网质量。

在机组启动前，可通过CRT/鼠标选择窗口，用自动程序控制或手动顺序控制进行方式选择。整套机组启动前调出机组电气一次主系统图，启动程序完成后，厂用电切换至高压厂用工作变压器。整套机组程序停机前，厂用电切换至启/备变，完成整套机组程序停机。

发变组系统实现断路器和隔离开关的连锁保护及软手操，实现隔离开关的正常操作和倒母线操作，逻辑完成断路器、隔离开关、母联开关之间的操作闭锁功能，实现开关的手动同期及自动同期并网。

（2）增、减励磁电流的操作。ECS实现在软操作与自动励磁装置AER的切换。在发电机并网前或并网后，根据实际情况，若需要手动调节励磁电流时，可选择软操作，进行增、减励磁操作。在进行增、减励磁操作时，发出脉冲信号给自动励磁装置，运行人员每点击一下，无功将明显变化。无功增、减的速率，根据实际需要可调节调速脉冲的宽度实现。

发电机自动励磁调节装置，通过采集发电机电压、电流和转子电压、电流等参数，一方面经PID运算，实时调节励磁电流，维持发电机在不同功率下的电压水平不变；另一方面，通过软件计算，还可以得到各种平均值、计算值及设备运行状态等信息。

AER装置投入后，自动将ECS的增减磁回路退出，由AER发出增减磁指令来控制励磁调节器的励磁控制回路，并在异常情况下，自动退出AER，切换至手动软操作，实现ECS与AER励磁调节的自动闭锁功能。

（3）高/低压厂用电源进线开关的控制。ECS对厂用电源进线开关采用软手操方式发出指令，实现其正常的合闸、分闸操作。而在事故情况下由工作电源切换到备用电源，是通过备用电源自投装置发出指令实现，ECS则可以对备自投装置发出闭锁控制指令。

1）控制方式。控制方式为就地控制、主控层或ECS控制两级控制。操作命令的优先级为，就地控制高于主控层或ECS控制。同一时间只允许一种控制方式有效。对任何操作方式，保证只有在上一次操作步骤完成后，才能进行下一次操作。

正常运行时，不允许在厂用电综合保护及监控系统进行操作，其操作权限被屏蔽，操作权交由机组DCS。仅当厂用电带电、机组DCS未投产或DCS退出时，操作权才交由厂用电综合保护及监控系统。

2）事故处理。当发生事故、故障和越限等事件时，ECS能够自动作一系列处理，如发出音响，推出画面，启动事故追忆、画块或数据变色等。

高压厂用电源切换分为自动和手动两种方式，CRT画面上提供有“手动—自动”切换操作窗口。

当ECS系统自动将高压厂用电源从工作电源正常切换到备用电源，或从备用电源正常切换到工作电源时，均采用先合后断方式，并用有电流作为开关已合的验证，保证厂用母线不失电。

另外，厂用电源自动切换时，ECS中的厂用断路器分合闸回路与快速切换同期检定继电器互相配合，用软件与硬件同时保证不发生非同期合闸。

3）顺控功能。对于每一个操作项，相关设备的状态、启动许可条件、操作顺序和运行方式，均在 CRT 上有显示。在手动、顺序控制方式下，按照操作步骤，ECS 能为运行人员提供操作指导，这些操作指导是以图形的方式显示在 CRT 上的，即按照顺序进行显示下一步将被执行的程序步骤，并根据设备状态变化的反馈信号，在 CRT 上改变相应设备的颜色。控制程序中每一步均通过从设备来的反馈信号得以确认。程序控制是按命令逻辑顺序进行的，每步都有检查。在正常运行时，程序一旦启动将至结束。同时，运行人员可通过 CRT/鼠标操作每一个被控对象。

2. 运行管理

运行管理的功能主要有运行操作指导、事故分析检索、在线设备分析、操作票、模拟操作、其他日常管理（如自动抄表、设备管理、性能计算、自诊断及冗余管理、工作票管理、运行记录及交接班记录管理、设备运行状态、缺陷、维修记录管理、规章制度等）。

3. 电气设备检修状态

根据规定，当某一设备处于检修状态时，在相应的开关把手上要挂“禁止合闸”警示牌。取消控制盘实际手动控制开关后，这个操作也由 ECS 软件功能来实现，一般是采用在该控制开关画面上设置检修/试验状态选择软按钮的办法，进行电气设备的检修/试验挂牌方式。当某一个断路器处于检修或试验时，断路器变色，同时设备的保护及联锁条件均失效，断路器的合闸、分闸操作被禁止，在画面上进行操作无效。

4. 电气设备的“五防”闭锁功能

按照国家《防止电气误操作装置管理规定》的要求，在 ECS 中设专用“五防”子系统。采用单元电气闭锁方式加防误闭锁装置（电磁锁、微机五防、机械程控锁等）和监控系统的软件防误操作闭锁功能等。

当需要进行电气设备操作时，启动“五防”子系统预演防误功能，预演时，ECS 通过逻辑自动判断条件是否满足。每一个可操作的开关都设有电气系统帮助指导画面，可通过系统操作画面直接调出，根据内部组态程序的逻辑一一罗列出信息。如果条件符合，每一条的左边显示“YES”（红色）；如果条件不符合，每一条的左边显示“NO”（绿色）。总的条件还有一个与逻辑的显示状态，只有当此状态显示“YES”（红色）时，才能进行相关的操作。

五、ECS 系统构成

电厂电气自动化系统方案有两种。

1. 传统的电厂电气监控方案

传统的电厂电气监控的实现方式是由 DCS 系统经 I/O 板实现对电气部分的模拟量、状态量采集和远方控制功能。电气部分的特殊控制功能例如继电保护、同期、电源切换、故障录波等都由独立的电气自动装置完成，与 DCS 系统无关。在这种方式中，电气模拟量需要经过变送器转换成标准的 4～20mA 电流，DCS 的 I/O 板与电气回路采用电缆连接。在这个方案中 DCS 已经可以实现对电气中的关键少量的信号的监视和控制，但是信息量比较小，信息类型比较单一，需要大量的电缆和变送器实现。

2. 电厂电气自动化系统方案

随着微机在继电保护和自动装置中的广泛应用，电气综合保护测控装置可以实现基于交流采样的保护、测量、录波、控制和通信，这些新型的微机保护测控装置可以非常方便地采用现场总线、工业以太网等技术组成网络，电厂电气监控也发展为以交流采样、数字通信为主要特点的综合自动化系统。

ECS系统采用分层分布式，分为站控层、通信层和间隔层，下层的功能不依赖于上层设备及通信网络。

（1）站控层。由主站系统构成，是整个ECS系统的控制管理中心，完成对整个ECS系统的数据收集、处理、显示、监视、控制功能。经过相应授权，能对相应的设备进行控制。

通过以太网连接设备将数据库服务器、电气运行工作站、维护工程师站、远动工作站等组网构成电气监控管理上位机系统。

（2）通信层。不仅完成间隔层装置和主站系统数据的转换，而且可实现与DCS的DPU的数据交换。通过服务组件与电厂的MIS系统、SIS系统、Internet网等互联。

（3）间隔层主要由各种测控保护装置和智能设备组成，可以通过现场总线、以太网、串口等方式和上一层主控单元进行数据通信。

系统采用分散式就地安装的集保护、测量、控制、通信于一体的智能前端设备（如电动机测控及综合保护装置、变压器测控保护装置、微机厂用分支保护装置、微机同期合闸装置、微机备自投装置等），用现场总线将这些前端设备的通信接口连接起来构成电气监控网络。

3. 电气后备监控设备

为安全可靠起见，适当考虑极少量的重要跳闸操作和专用装置的操作面板，例如发变组断路跳闸按钮、励磁机灭磁开关、手动准同期开关及柴油发电机遥控启动按钮等。

对于一些重要设备，采用后备硬手操形式，在集控室操作台设计手动启动/停止按钮，并加装防护盖，防止ECS系统失电或死机造成无法操作而引发重大设备事故。

事故按钮及继电保护动作出口跳闸回路不经过ECS（DCS），直接接至设备跳闸线圈，防止由于ECS（DCS）系统通信问题延缓跳闸，以至于事故扩大，但保护动作信息同时接入ECS（DCS）报警。

4. 操作权限分级管理

ECS的操作权限分为只读、控制、工程处理和系统管理。具有观察权限的操作员允许观察当前的运行状态；控制权限操作人员允许进行控制操作等；工程处理权限操作人员除了用户管理之外，有权观察和操作；系统管理权限操作人员，包括用户管理内所有权利都允许的。以上四种级别操作人员的任一人员对设备操作，除操作窗口外，均有确认窗口，只有当二者都有输入时，该次操作才能生效。

六、系统通信网络

站控层网络包括两部分功能，其一是站控层设备和通信层设备或间隔层装置之间的通信，其二是站控层各个节点之间的通信。主站系统中有两个相互冗余的作为数据处理核心的数据服务器，负责通过以太网络、站级通信规约与通信层的主控单元或者直接与装置进行数据交换，同时通过实时数据库与站控层其他主站接口交换数据。站控层网络采用高速以太网络。

间隔层网络指通信层与间隔层装置之间的通信网络，主要采用LON现场总线为基本测控网络，传输通道物理介质采用屏蔽双绞线。间隔层也可根据用户需求和现场实际情况采用工业以太网、CAN现场总线、RS-485等作为通信网络。典型ECS系统的构成见图4-9。

七、与 DCS 系统的连接

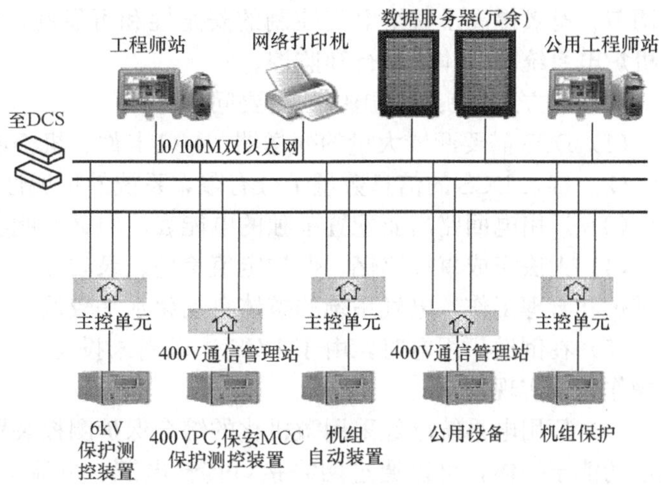

图 4-9　典型 ECS 系统的构成

火力发电厂的自动化包括热工自动化和电气自动化两大部分。由于新建机组和老机组的更新改造中广泛采用了分散控制系统（DCS）实现对机、炉的监控，形成了数据采集（DAS）、模拟量控制（MCS）、顺序控制（SCS）、锅炉炉膛安全监控（FSSS）这四大相互协调的系统，从而使得发电厂热工自动化的监控水平跃上了一个新的台阶。反观电气系统的监控，相当一部分电厂仍然停留在依靠常规的仪表、光字牌、继电器、控制开关及其触点组成的控制逻辑来实现的水平，或者虽然电气的继电保护、励磁调节、自动同期等装置已逐步实现了微机化，但其自动化的整体水平一直未能实现质的飞跃，主要表现为：电气系统中，保护装置、安全自动装置基本独立运行，与 DCS 系统间通过硬接点方式进行有限的控制和信号交换；电气系统的控制，基本上采用常规控制手段，电气系统的测量、保护动作、定值整定、事故追忆、电量和潮流报表等电气运行参数无法接入到 DCS 系统中。

电气系统与热工自动化系统相比在运行过程和控制要求上有着很多不同之处。发电厂电气系统的主要特征可归结为以下几点。

（1）热力系统控制处理信息量大，系统复杂，以过程控制为主；电气控制系统（ECS）主要以数据采集系统和顺序控制为主，联锁保护较多，信息采集量小，操作频率低，但强调快速性、准确性。

（2）电气设备的保护装置或自动装置，其可靠性要求非常高，动作速度快。例如，发变组保护动作速度要求在 40ms 以内；自动准同期（ASS）采用同步电压方式，转速、电压调整和滑压控制要求在 5ms 以内；电压自动调整装置（AER）快速励磁要求时间极短；厂用电快切装置快速切换时间一般小于 60～80ms，同步鉴定相位差为 5°～20°。这些都对电气监控系统的性能提出了很高的要求。

因此，机组的电气系统纳入 DCS 控制，要求控制系统具有很高的可靠性。除了能实现正常启停和运行操作外，尤其要求能够实现实时显示异常运行和事故状态下的各种数据和状态，并提供相应的操作指导和应急处理措施，保证电气系统自动控制在最安全合理的工况下工作。

1. 硬接线方式

硬接线方式是指将电气系统与热工系统同等对待，所有的电气监测与控制量通过电缆与 DCS 机柜中的 I/O 连接，直接进入 DCS，在 DCS 控制组态中增加电气控制子组，例如发电机控制子组、厂用电控制子组等。在整个单元机组的范围内，实现热工、电气系统的协调控制。

采用硬接线方式后，通过 DCS 的 CRT 实现了电气相关信息的显示报警与电气设备的控制调节，有效提高了整个电气控制的安全性和可靠性，同时扩大了 DCS 的控制范围，实现了机炉电系统的一体化运行和监控。

硬接线方式在实际实施中的主要问题有：

（1）DCS 需要配置大量的变送器、I/O 卡件、机柜和连接电缆，施工复杂，成本高。

（2）接入 DCS 的信息数量十分有限，系统的扩展性能差。

（3）厂用电回路需要配置单独的电能表，但又不能实现自动抄表功能。

（4）无法完成事故追忆、保护定值管理、录波分析、操作票、防误闭锁等较为复杂的电气维护和管理工作，电气系统的整体自动化水平较低。

（5）在倒送厂用电时，由于 DCS 一般尚未投运，高压启/备变、高/低压厂用电源的远方操作无法实现。

（6）厂用电系统已经采用微机化的综合保护测控装置，面向间隔设计，集保护、测控和通信功能于一体，可以通过网络接口传输电压、电流、功率、电量和保护动作信号等大量 DCS 需要的信息，其精度和实时性完全满足技术要求，硬接线方式客观上造成了硬件的重复配置和资源浪费。

2. 硬接线加通信方式

硬接线加通信方式的 ECS 把电压、电流、功率、电量和保护动作信号等大量信息通过通信方式接入 DCS，而把与联锁和控制相关的开关量输入输出信号还保留硬接线。它具有如下优点。

（1）DCS 取消了大量的变送器、I/O 卡件、机柜和连接电缆，降低了成本。

（2）接入 DCS 的信息全面、丰富，信息数量基本与投资无关，系统扩展性强。

（3）综保装置可实现厂用电系统电能的高精度计量，不必单独配置电能表，并可通过网络上送 ECS 后台，实现自动抄表功能。

（4）通过电气系统后台可实现事故追忆、保护定值管理、录波分析、操作票、防误闭锁等较复杂的电气维护和管理工作，使电气系统的整体自动化水平有较大的提高。

（5）在倒送厂用电时，通过 ECS 可实现对高压启/备变、高/低压厂用电源的远方操作。

3. 全通信方式

全通信方式中，ECS 按电厂生产过程配置，对于参与过程的电气信息，通过通信管理机与相应的 CPU 一对一进行通信。对于不参与过程联锁的电气信息，通过 ECS 站控层的通信网关接入 DCS。

该模式进一步减少了电缆，ECS 参与 DCS 控制的范围大大扩展。电气系统实现过程控制中与电气相关的数据采集与执行环节的相关功能，ECS 作为 DCS 的子系统参与控制。ECS 在系统配置上和 DCS 成为同构系统，在两个大型系统的融合控制方面可以达到最优。ECS 经主控单元（通信管理及控制器）直接以 DCS 的结构与 DCS 的控制器接口，同时，ECS 的 I/O 信息能够分散接入 DCS，从而实现自下而上的一体化控制。

通过这种方式，电气系统的控制和联锁全部通过网络通信实现，真正实现了电气自动化。

复习思考题

1. 电动机可能发生的故障和异常运行状态有哪些？一般应配置哪些保护？

2. 试分析负序电流保护在电动机保护中的重要性。
3. 电动机配置低电压保护的作用是什么？
4. 厂用母线失电后的残压是如何变化的？厂用电切换如何分类？
5. 在厂用电切换中何谓并联切换、串联切换？主要用于哪种运行方式？

第五章　同步发电机自动并列控制

第一节　概　　述

一、电力系统并列操作

并列运行的同步发电机，其转子以相同的电角速度旋转，每个发电机转子的相对电角速度都在允许的极限值以内，称之为同步运行。一般来说，发电机在没有并入电网前，与系统中的其他发电机是不同步的。

电力系统中的负荷是随机变化的，为保证电能质量，并满足安全和经济运行的要求，需经常将发电机投入和退出运行。把一台待投入系统的空载发电机经过必要的调节，在满足并列运行的条件下经开关操作与系统并列，这样的操作过程称为并列操作（简称同期）。在某些情况下，还要求将已解列为两部分运行的系统进行并列，同样也必须满足并列运行条件才能进行开关操作。这种操作也是并列操作，其并列操作的基本原理与发电机并列相同，但调节比较复杂，且实现的具体方式有一定的差别。图 5 - 1（a）表示发电机 G 通过断路器 QF 与系统进行并列操作，图 5 - 1（b）表示系统的两个部分 S1 和 S2 通过断路器 QF3 实现并列操作。

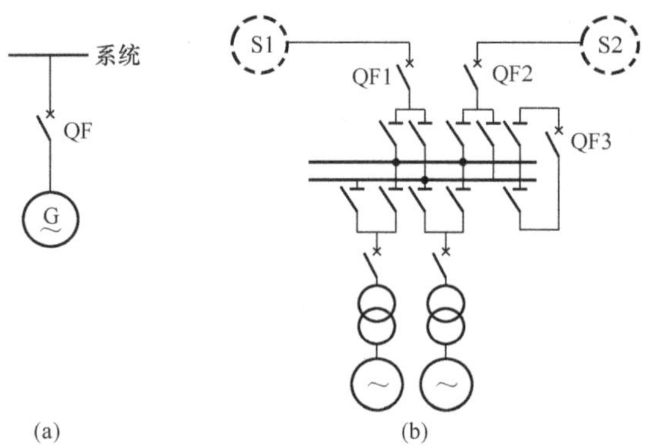

图 5 - 1　电力系统并列操作基本方式
（a）发电机机端并列；（b）系统两个部分并列

电力系统这两种基本并列操作中，以同步发电机的并列操作最为频繁和常见，如操作不当或误操作，将产生极大的冲击电流，损坏发电机，引起系统电压波动，甚至导致系统振荡，破坏系统稳定运行。采用自动并列装置进行并列操作，不仅能减轻运行人员的劳动强度，也能提高系统运行的可靠性和稳定性。

二、电厂的同期点

在发电厂内，安装有很多的断路器，凡可以进行并列操作的断路器，都可作为电厂的同期点。通常发电机的出口断路器都是同期点，见图 5 - 1（a）；发电机—变压器组用高压侧断路器作为同期点，见图 5 - 1（b）；双绕组变压器用低压侧断路器作为同期点；母联断路器、旁路断路器都应设为同期点。同期点的设置要考虑系统、发电厂、变电站在各种运行方式下操作的灵活方便，也应具体考虑并列操作过程中调节的可行性。

电力系统中可以并列操作的同期点按并列的特征不同，可分为差频并网和同频并网两类。差频并网的特征是：在并网之前，同期点断路器两侧是没有电气联系的两个独立的系统，它们在并列前是不同步的，存在频率差、电压差。由于频率的不同，使得两电源之间的相角差也不断地变化。在进行并列操作时需要满足电压、频率、相位三个条件。例如在发电厂将同步发电机投入系统参与并列运行，或在变电站内将已完全解列的两个系统连接起来均为差频并网。

同频并网的特征是：并列前同期点断路器两侧电源已存在电气联系，电压可能不同，但频率相同，且存在一个固定的相角差。如图 5-1（b）中，若电源 S1 和 S2 为两个已有联络的系统，再通过断路器 QF3 并列（合环）。在开环点两侧的电压数值不相同，但频率相同，而且两电压间存在一个相角差。这个相角差实质上是正在运行线路等值电路的功角，其数值取决于并列前两个电源间连接电路的电抗和传输的有功功率值，传输功率越大、线路阻抗越大，相角差越大。因此，同频并网主要应考虑相角条件的限制。

三、同步发电机并列操作的方法

在电力系统中，并列方法主要有准同期并列和自同期并列两种。

（1）准同步并列。先给待并发电机加励磁，使发电机建立起电压，调整发电机的电压和频率，在接近同步条件时，合上并列断路器，将发电机并入电网。若整个过程是人工完成的，称手动准同期并列；若是自动进行的，称自动准同期并列。

准同期并列的优点是并列时产生的冲击电流较小，不会使系统电压降低，并列后容易拉入同步，因而在系统中广泛使用。

（2）自同期并列。自同期并列的操作是将未加励磁电流的发电机的转速升到接近额定转速，首先投入断路器，然后立即合上开关供给励磁电流，随即将发电机拉入同步。

自同期并列方式的主要优点是操作简单、速度快，在系统发生故障、频率波动较大时，发电机组仍能并列操作并迅速投入电网运行，可避免故障扩大，有利于处理系统事故，但因合闸瞬间发电机定子吸收大量无功功率，导致合闸瞬间系统电压下降较多。

因此，《继电保护和安全自动装置技术规程》（GB 14285—1993）规定“在正常运行情况下，同步发电机的并列应采用准同期方式；在故障情况下，水轮发电机可以采用自同期方式”。本章重点讨论同步发电机的准同期并列。

第二节　准同期并列条件分析

并列操作是发电厂的一项主要的操作内容。因为断路器的两端均有电源，电压一般并不相等，因此必须进行某些调整，使其符合同期的条件，以便顺利地把发电机并入电网同步运行。

通过安装于母线上的电压互感器和发电机机端的电压互感器，可以得到电网电压和发电机机端电压，即同期断路器两侧的电压。通过比较，判断是否符合并列条件，若符合条件，则进行发电机并入电网的断路器合闸操作，即进行同期并列；若条件不满足，则需要进行调整。

一、准同期并列理想条件

准同期并列等值电路见图 5-2（c）。并列前，QF 断路器两侧电压分别为

$$\left.\begin{aligned} u_S &= U_{mS}\sin(\omega_S t + \varphi_S) \\ u_G &= U_{mG}\sin(\omega_G t + \varphi_G) \end{aligned}\right\} \tag{5-1}$$

式中　u_S、U_{mS}、ω_S、φ_S——系统电压、幅值、角频率、相角；

u_G、U_{mG}、ω_G、φ_G——发电机电压、幅值、角频率、相角。

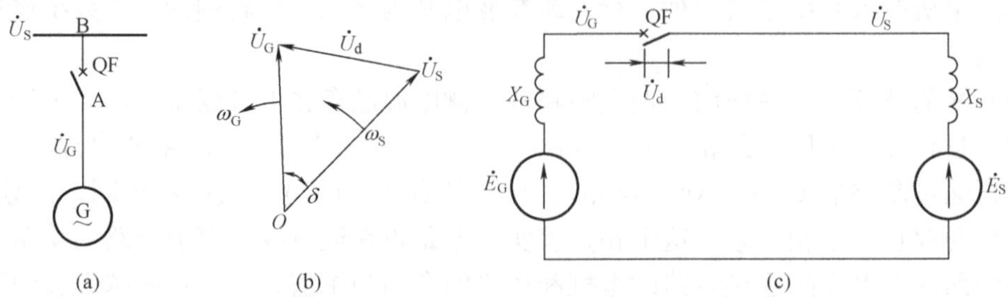

图 5-2　准同期并列

(a) 电路示意；(b) 相量图；(c) 等值电路图

在发电机—变压器组接线方式中，变压器接线方式一般采用 Y/△接线，发电机机端电压量测量可经相位校正，使其可与系统电压量测量进行对比。

一个正弦交流量可由三个参数表达，即电压幅值 U_m、角频率 ω 和初相角 φ。若系统电压和发电机机端电压各自的三个状态参数对应符合下列条件：

$$\left.\begin{aligned} U_{mS} &= U_{mG}(\text{即电压幅值相等}) \\ \omega_S &= \omega_G \text{ 或 } f_S = f_G(\text{即频率相等}) \\ \varphi_S &= \varphi_G \text{ 或 } \delta = \varphi_G - \varphi_S = 0(\text{即相角差为零}) \end{aligned}\right\} \tag{5-2}$$

则称之为两侧电压处于同步状态，若并列断路器 QF 动静触头此时闭合，由于是等电位状态，断路器中将没有冲击电流，对系统和发电机不产生任何扰动，发电机平稳并入系统。上述断路器两侧电压相量完全相等的条件称为准同期并列的理想条件。

由于调节误差、器件惯性等因素的存在，并列装置不可能把两侧电压调整为三个条件同时满足。实际上，QF 动静触头闭合时两侧电压由于幅值不等或有相位差，电压差不为 0，会有冲击电流。

二、并列断路器两侧电压的分析

同步发电机组并列时遵循如下的原则。

(1) 并列断路器合闸时，发电机的冲击电流应尽可能小，瞬时最大值一般不超过 1～2 倍的额定电流。

(2) 发电机组并入电网后，应能迅速进入同步运行状态，暂态过程要短，减小对电力系统的扰动。

假设两侧电压的三个参数均不相等，电压差瞬时值 u_d 为

$$u_d = u_G - u_S = U_{mG}\sin(\omega_G t + \varphi_G) - U_{mS}\sin(\omega_S t + \varphi_S) \tag{5-3}$$

$$U_d = U_G - U_S \tag{5-4}$$

式中　U_d——脉动电压；其他参数同式 (5-1)。

脉动电压相量图和波形图见图 5-3。

应用三角公式可求得 U_d 的值为

$$U_d = \sqrt{U_{mG}^2 + U_{mS}^2 - 2U_{mG}U_{mS}\cos\omega_d t} \tag{5-5}$$

$$\omega_d = \omega_G - \omega_S$$

式中　ω_d——滑差角频率。

取 u_d 的波形包络线见图 5-4。当 $\omega_d t=0$ 时，$U_d=|U_{mG}-U_{mS}|$ 为两侧电压幅值之差；

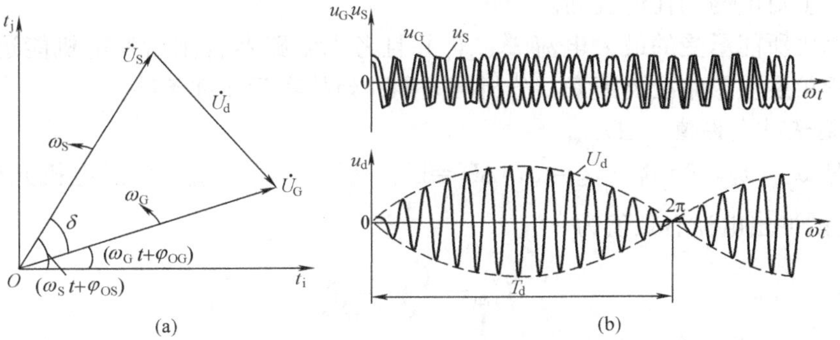

图 5-3　脉动电压相量图和波形图

(a) 相量图；(b) 波形图

当 $\omega_d t=\pi$ 时，$U_d=|U_{mG}+U_{mS}|$ 为两侧电压幅值之和，见图 5-4 (b)。

从图 5-3、图 5-4 中可以看出，u_d 仍然为正弦波，但其幅值 U_d 是脉动的，故称为脉动电压。U_d 呈周期性变化，变化周期 T_d 称为脉动周期，T_d 与滑差角频率 ω_d 有关，即

$$T_d=\frac{2\pi}{\omega_d} \tag{5-6}$$

滑差角频率 ω_d 与滑差频率 $f_d=f_G-f_S$ 关系

$$\omega_d=2\pi f_d \tag{5-7}$$

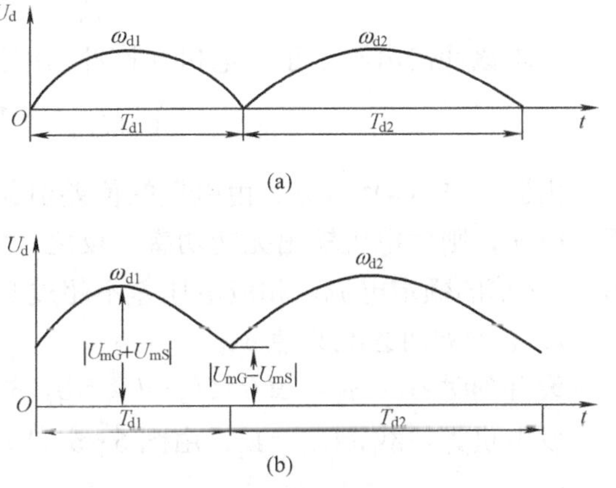

图 5-4　脉动电压波形图

(a) $U_G=U_S$ 时的脉动电压波形；(b) $U_G\neq U_S$ 时的脉动电压波形

在脉动电压 U_d 波形中载有实现准同期并列所需的信息，包括电压幅值差、角频率差及相位差随时间周期变化的规律，因此对两侧电压量的测量可为自动准同期并列装置提供并列条件的信息和合适的合闸控制信号发出时机。

三、准同期并列的实际允许条件分析

由于发电机和系统均有一定的抗冲击能力，允许有一定的偏差范围存在，因此，稍偏离理想条件的并列在工程实用上是合理的。下面分析偏离理想条件并列时引起的后果。

待并入电网的发电机已启动，转速升至接近电网同步速，转子已加入励磁，并且发电机机端电压为 $\dot{U}_G$，电压幅值接近电网电压。并列断路器合闸之前，两侧电压一般不相等，需要对发电机的励磁和转速进行调整，使其符合准同期并列条件，然后在合适的时候发出断路器合闸命令。准同期并列等值电路参见图 5-2。

当在满足准同期并列条件情况下，断路器动静触头闭合时，冲击电流的大小和性质取决于合闸瞬间的 $\dot{U}_d$ 值、发电机参数和电网参数。要求断路器合闸瞬间的 $\dot{U}_d$ 值尽量小，以减小对发电机的电动力冲击。应该使冲击电流小于发电机允许的最大电流，并且 ω_d 也应得到控制，希望能够在断路器合闸后，发电机在尽量短的时间内进入与电网同步运行状态。若能做到 $\dot{U}_d=0$，则冲击电流将为零，而 ω_d 很小时，发电机能够以短时过渡过程平稳实现同步运

行，基本不产生对电网的任何扰动。

根据发电机所能承受的最大电流 $i''_{imp.m}$，并且考虑断路器合闸后发电机能迅速拉入同步运行，从工程角度上忽略次要因素，分析准同期并列的实际允许条件。

1. 电压幅值差允许值 $(\Delta U)_{set}$

设并列时 $\omega_G=\omega_S$，$\delta=\delta_G-\delta_S=0$，$\Delta U=U_G-U_S\neq 0$，设 $i''_{imp.m}$为发电机允许冲击电流，则由 $\dot{U}_d$ 产生的冲击电流有效值为

$$\dot{I}''_{imp}=\frac{\dot{U}_G-\dot{U}_S}{jX''_d+jX_S} \tag{5-8}$$

式中 X''_d——发电机次暂态电抗；

X_S——系统等值电抗。

则合闸冲击电流为

$$i''_{imp.m}=1.8\sqrt{2}I''_{imp} \tag{5-9}$$

要求该冲击电流小于发电机允许冲击电流值，可导出电压差允许值为

$$(\Delta U)_{set}\leqslant\frac{i''_{imp.m}(X''_d+X_S)}{2.55} \tag{5-10}$$

由图 5-5（a）可见，由电压幅值差引起的冲击电流主要为无功分量，发电机电压高于系统电压，则发电机输出无功功率；反之，发电机从系统吸取无功功率。冲击电流一般限制为 1～2 倍的额定电流，相应电压差不超过 5%～10%U_N。

2. 合闸相角差允许值 δ_{set}

设并列时 $\omega_G=\omega_x$，$\Delta U=U_G-U_S=0$，$\delta=\delta_G-\delta_S\neq 0$，$\delta=\delta_G-\delta_S$ 为相位差角。

发电机为空载，$U_G=E''_q$，由图 5-5（b）可见合闸时的冲击电流有效值为

$$I''_{imp}=\frac{2E''_q}{X''_q+X_S}\sin\frac{\delta}{2} \tag{5-11}$$

最大瞬时值（冲击值）为

$$i''_{imp.m}=1.8\times\sqrt{2}\frac{2E''_q}{X''_q+X_S}\sin\frac{\delta}{2} \tag{5-12}$$

要求其小于发电机允许冲击电流，可导出 δ 的允许值 δ_{set}为

$$\delta_{set}\leqslant 2\arcsin\frac{i''_{imp.m}(X''_q+X_S)}{1.8\sqrt{2}\times 2\times E''_q} \tag{5-13}$$

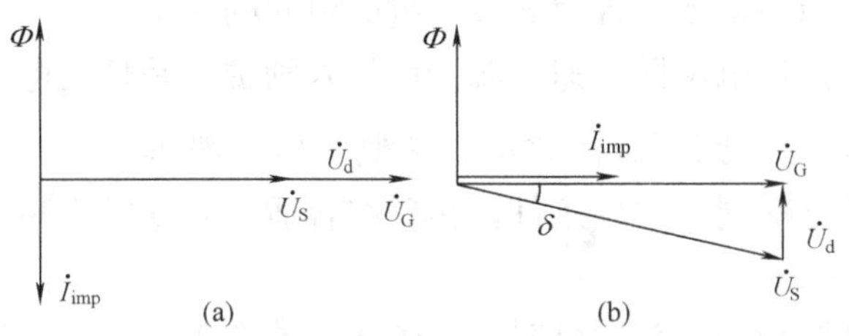

图 5-5 准同期条件分析

（a）$\delta=0$，$U_G\neq U_S$ 时的相量图；（b）$U_G=U_S$，$\delta\neq 0$ 时的相量图

δ 控制为较小，合闸相角差冲击电流主要为有功电流分量，见图 5-5（b），并列后发电机与电网即有有功功率的交换，若 $\delta_G>\delta_S$，发电机超前电网，机组立即带有功负荷，反之则电网带大电动机，对机组和电网均产生冲击。从发电机并列时系统对有功功率和无功功率的需求看，选择发电机电压稍高于系统电压和相位稍超前于系统电压是合适的。

3. 滑差角频率允许值 $\omega_{d.set}$

讨论滑差角频率 ω_d 允许值的主要目的是分析并列后的过渡过程。设并列时 $\omega_G \neq \omega_S$（$f_G \neq f_S$），$U_G = U_S = U$；根据图 5-3（a）所示相量图及式（5-3）可得断路器两侧电压差为

$$
\begin{aligned}
u_d &= \sqrt{2}U[\sin(\omega_G t + \varphi_G) - \sin(\omega_S t + \varphi_S)] \\
&= 2U\sin\left(\frac{\omega_G - \omega_S}{2}t\right)\cos\left(\frac{\omega_G + \omega_S}{2}t\right) \\
&= U_d\cos\left(\frac{\omega_G + \omega_S}{2}t\right) \\
&\approx U_d\cos\omega_G t
\end{aligned}
\tag{5-14}
$$

其中脉动电压为

$$U_d = 2U\sin\left(\frac{\omega_G - \omega_S}{2}t\right) = 2U\sin\frac{\omega_d t}{2} = 2U\sin\frac{\delta}{2} \tag{5-15}$$

其中

$$\omega_d = \omega_G - \omega_S$$

$$\delta = \omega_d t$$

式中　ω_d——滑差角频率；

δ——相角差。

电压差 u_d 仍为频率近于工频的交流电压，其幅值即脉动电压 U_d 随时间变化而周期变化，参见图 5-4（a）。当 $\omega_G > \omega_S$ 时，$\omega_d > 0$；δ 从 $0 \to \pi/2 \to \pi \to 3\pi/2 \to 2\pi$，$U_d$ 值从 0 变到最大值又变为 0。

发电机并列要求电压差小，以使冲击电流尽可能小。此外，若滑差角频率 ω_d 较大将经历较长的过渡过程，严重时甚至失步，造成并列失败。

下面分析当 ω_G 不等于 ω_S 时，发电机并入电网拉入同步运行的过渡过程。

根据《电机学》知识可知，当发电机电压 $\dot{U}_G$ 超前于电网电压 $\dot{U}_S$ 时，$\delta > 0$，发电机发出有功功率，电磁功率形成制动转矩；当发电机电压 $\dot{U}_G$ 滞后于电网电压 $\dot{U}_S$ 时，$\delta < 0$，发电机吸收有功功率，电磁功率形成加速转矩。

发电机并列前处于空载状态，原动机输入仅为克服发电机组摩擦阻力的机械功率，量很小。设断路器合闸后，在发电机并列过渡过程中，原动机的输入功率恒定不变，合闸时的相角差为 δ，并且为超前情况，即 $\delta > 0$（图 5-6 中 a 点），发电机角频率高于电网角频率，$\omega_G > \omega_S$，$\omega_d > 0$。可见合闸后发电机处于“发电机状态”，由于输出电磁功率大于输入机械功率而受到制动减速，ω_G 减少。但 $\omega_G > \omega_S$ 时，δ 仍会增大。

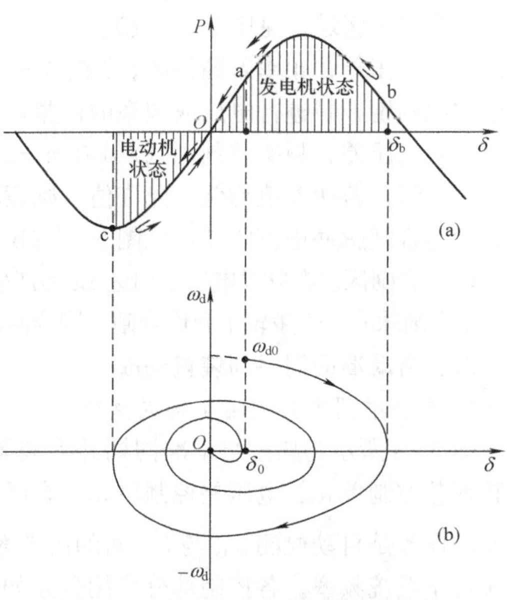

图 5-6　发电机并列的同步过程分析

(a) 功率的变化；(b) 滑差的变化

发电机运行点沿功角特性到达图 5-6 中 b 点时，$\omega_G = \omega_S$，为 δ 最大值。若小于 180°，这时发电机仍处于“发电机状态”，所以 ω_G 继续

减少，δ 将逐渐减小，发电机功率沿特性曲线往回摆。若 δ 在 $\omega_G=\omega_S$ 之前已越过 180°，则发电机将进入"电动机状态"重新加速，而不能被拉入同步。

发电机运行点沿功角特性回摆到达坐标原点前，输出电磁功率大于输入机械功率而受到制动减速。$\omega_G<\omega_S$，δ 持续减小。回摆冲过坐标原点后，输出电磁功率小于输入机械功率，交换功率变负，发电机组处于"电动机状态"又重新加速，运行点沿特性曲线变动直到图中的 c 点，相角差 δ 又往反方向运动。这样来回摆动，由于系统阻尼等因素，δ 摆动幅度逐渐变小，直到进入同步运行时为止（见图 5-6）。

显然，进入同步状态的暂态过程与合闸时滑差角频率 ω_d 的大小有关。如果 ω_d 较大，则需经历较长时间振荡才能进入同步运行（如果 ω_d 很大，δ 超出 180°，则将导致不能被拉入同步）。在一般情况下，发电厂与电网联系较紧密时，并列时的 ω_d 值远小于上述极限值，因此可以不必校核。但是，当并列的发电机组与电网间的联系较弱时，需按系统稳定条件进行校验 ω_d 是否小于允许值。若 ω_d 较小，δ 变化不超过 180°，由阻尼作用，发电机拉入同步；若 ω_d 较大，δ 变化超过 180°，发电机失步。

综上所述，准同期并列的实际允许条件可表示为：

（1）允许电压差：$\Delta U=U_G-U_S<(\Delta U)_{set}\approx(5\%\sim10\%)U_N$；

（2）允许滑差角频率：$\omega_d=\omega_G-\omega_S<\omega_{d.set}$ 或 $\Delta f=f_G-f_S<(\Delta f)_{set}\approx(0.2\%\sim0.5)\%f_N$；

（3）允许相角差：$\delta=\delta_G-\delta_S<\delta_{set}\approx10°$。

第三节　准同期并列的基本原理

一、准同期并列的控制逻辑分区

由上一节分析可知待并断路器两侧在合闸前为脉动电压，脉动电压的一个周期从控制逻辑上共分三个区域，见图 5-7（b）。

（1）电压差、频率差调整区。δ 在 $0\sim\pi$ 区间，当电压差或频率差高于允许值时，进行差值方向判别，并进行电压或频率的调整，见图 5-7（b）。

（2）电压差、频率差判别区。δ 在 $\pi\sim2\pi$ 之前的区间，对电压差和频率差是否低于允许值进行检测，若两差值均低于允许值，则逻辑允许开放合闸脉冲作用，若任一差值高于允许值，则对合闸脉冲进行闭锁，见图 5-7（b）。

（3）合闸区。在脉动电压 δ 到达 2π 前产生合闸脉冲，若逻辑允许合闸，则向断路器合闸回路发出合闸脉冲。若逻辑不允许合闸，则合闸脉冲将被闭锁，断路器不会合闸，见图 5-7（a）。

二、自动准同期并列装置构成

1. 自动准同期并列装置构成及功能

图 5-8 所示为典型自动准同期并列装置构成原理图，由图可见，自动准同步装置主要由频率差控制单元、电压差控制单元、合闸信号控制单元和电源部分组成。其中频率差控制单元的任务是自动检测 $\dot{U}_G$ 与 $\dot{U}_S$ 间的滑差角频率，且自动调节发电机转速，使发电机的频率接近于系统频率。各控制部分作用分述如下：

（1）频率差控制单元：检测 $\dot{U}_G$ 与 $\dot{U}_G$ 间的滑差角速度 ω_d，若 $\omega_G<\omega_S$，发电机转速过

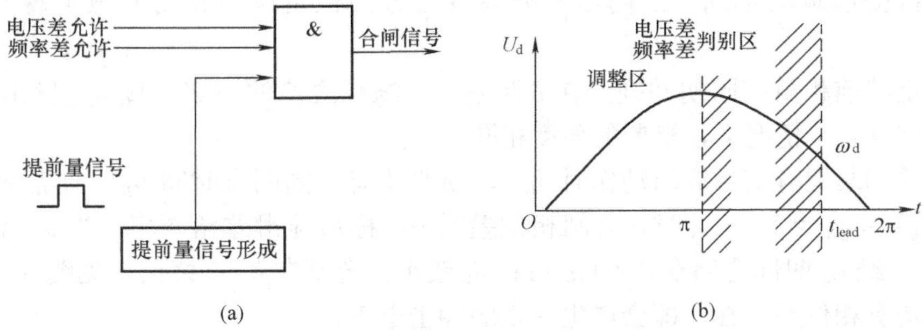

图 5-7　准同期并列控制逻辑分区制

(a) 合闸信号控制逻辑；(b) 合闸控制时间配合

低，则发出增速脉冲；若 $\omega_G > \omega_S$，发电机转速过高，则发出减速脉冲，调节转速，使发电机电压的频率接近于系统频率。

(2) 电压控制单元：检测 $\dot{U}_G$ 与 $\dot{U}_S$ 间的电压差，若 $U_G < U_S$，发电机电压过低，则发出增加励磁信号；若 $U_G > U_S$，发电机电压过高，则发出减少励磁信号，调节电压 U_G 使它与 U_S 的差值小于允许值。

(3) 合闸信号控制单元：选择合适的时机，即在相角差 δ 等于零 (2π) 的时刻之前，提前一个量发出合闸信号。若频率和电压都满足并列条件，则合闸信号回路开放，控制断路器合闸。

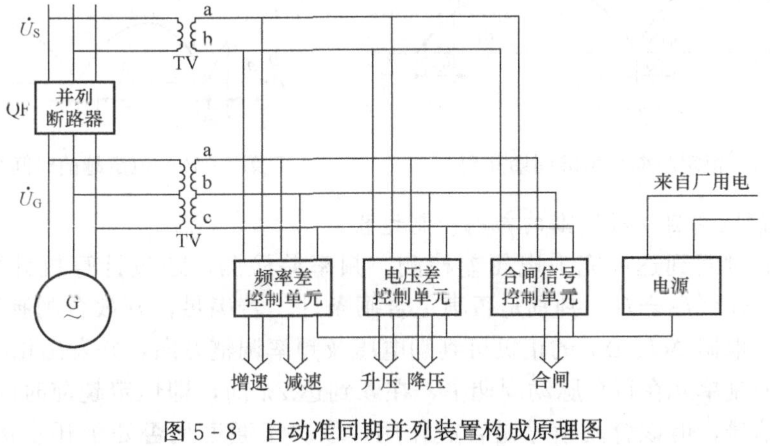

图 5-8　自动准同期并列装置构成原理图

2. 自动准同期并列合闸信号

在准同期并列控制中，断路器的合闸信号并不是在 δ 等于零 (2π) 时发出的，原因是控制单元发出合闸信号后，该信号需要放大，以能够驱动断路器的操动机构，信号会有延迟，而断路器的操动机构在收到合闸信号后，机械操动机构动作使断路器动静触头闭合同样会有时间延迟，即断路器存在固有的合闸时间。

在准同期并列操作中，合闸信号控制单元是准同步并列装置的核心部件，其控制原则是当频率和电压都满足并列条件的情况下，在 $\dot{U}_G$ 与 $\dot{U}_S$ 重合之前发出合闸信号。以达到在 $\dot{U}_G$ 与 $\dot{U}_S$ 两相量重合 ($\delta=2\pi$) 时断路器动静触头正好闭合。两电压相量重合之前的信号称为提前量信号。按提前量的不同，准同步并列装置可分为恒定越前相角和恒定越前时间两种原理。

（1）恒定越前相角准同期并列。在 δ 到达 0（2π）之前的恒定角度 δ_{lead} 发出合闸信号。不同的频率差（ω_d）情况下，提前的角度相同。

准同期并列装置有信号输出动作时间 t_c，断路器有合闸固有时间 t_{QF}，通常令 $t_{lead}=t_c+t_{QF}$。若取 $\omega_{d2}=\omega_{d.set}=\delta_{lead}/t_{lead}$ 时，合闸相位差为 0，称最佳滑差角频率。当 ω_d 不等于 $\omega_{d.set}$ 时，ω_{d1} 较大，经 t_{QF} 时间合闸在 $\delta=0$ 之后；ω_{d3} 较小，合闸在 $\delta=0$ 之前，见图 5-9。一般情况下合闸时均有相位差存在，即会产生一定的冲击电流。

（2）恒定越前时间准同期并列。在 δ 到达 0（2π）之前恒定时间 t_{lead} 发出合闸信号，不同的频率差（ω_d）情况下，提前的角度是变化的（$\delta_{l.1}>\delta_{l.2}>\delta_{l.3}$）。取 t_{lead} 与合闸回路固有时间 t_c+t_{QF} 相同，见图 5-10。理论上，合闸时正好 $\delta=0$，无冲击电流，因此恒定越前时间准同期并列为目前广泛应用的方法。

由图 5-10 可得

$$t_{lead}=t_c+t_{QF} \tag{5-16}$$

式中 t_c——自动准同期装置的动作时间；

t_{QF}——并列断路器的合闸时间；

t_{lead}——恒定越前时间，对应的 $\delta_{lead}=\omega_d t_{lead}$ 随 ω_d 变化，成正比关系。

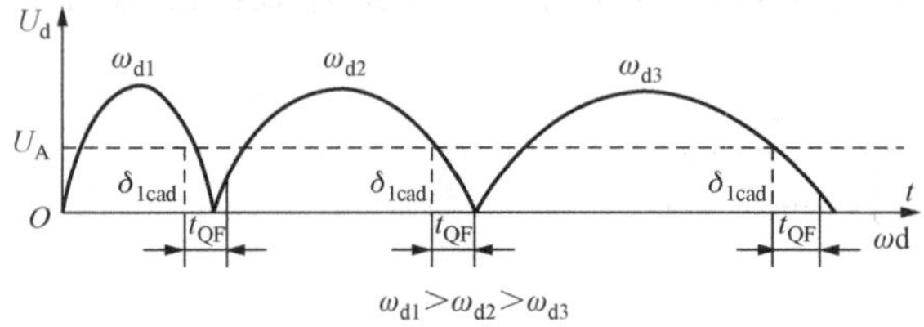

图 5-9 恒定越前相角准同期并列

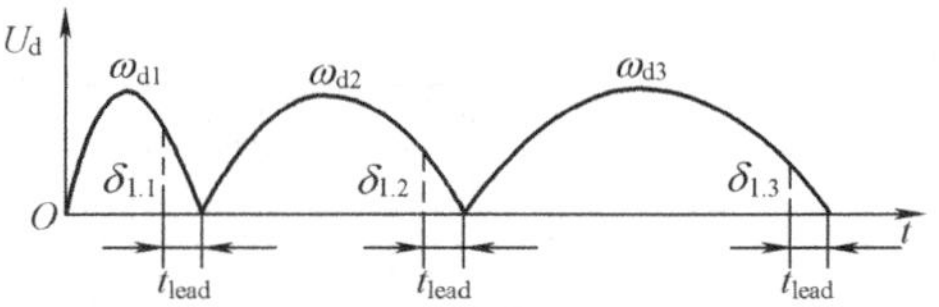

图 5-10 恒定越前时间准同期并列

3. 恒定越前时间自动准同期的并列控制过程

在恒定越前时间到达前完成电压差检测、频率差检测，通过计算机计算电压差 $\Delta U=U_G-U_S$，计算 $\Delta f=f_G-f_S$，判别是否满足合闸条件。若满足，开放合闸脉冲；若不满足，闭锁合闸脉冲，根据 ΔU、Δf 的正负可判别电压及频率调整方向，并发出相应调整信号。

合闸信号控制单元在每个脉动周期中，在 δ 到达 2π 前，即恒定越前时间到达时，产生一个合闸脉冲信号，但该合闸信号是否起作用，取决于通道是否处于开放状态，即并列电压、频率条件满足，则通道未被闭锁，将驱动断路器合闸，经 t_{lead} 时间，断路器动静触头闭合，发电机并入电网；若并列电压、频率条件不满足，则通道被闭锁，进入下一脉动周期，进行调整。

三、准同期并列条件计算

1. 允许电压差

发电机采用自动准同期并列方式与系统进行并列，系统的参数已归算到以发电机额定容量的标幺值。设一次系统的参数为：发电机次暂态电抗 X''_d 为 0.105；系统与线路等值电抗为 0.05；待并发电机允许的冲击电流值为 $i''_{imp.m}=\sqrt{2}I_{GN}$。

由式（5-10）计算允许电压差得

$$(\Delta U)_{set}=i''_{imp.m}\frac{X''_d+X_S}{2.55}=\sqrt{2}\times1\times\frac{0.105+0.05}{2.55}=0.085 \tag{5-17}$$

2. 允许滑差角频率

设合闸控制回路和断路器操动机均存在误差，由此造成合闸误差角 δ。

设 δ_{set} 为发电机组的允许合闸相角，则最大允许滑差 $\omega_{d.set}$ 为

$$\omega_{d.set}=\frac{\delta_{set}}{|\Delta t_c|+|\Delta t_{QF}|} \tag{5-18}$$

式中　Δt_c——自动并列装置动作时间误差；

Δt_{QF}——断路器合闸时间误差。

其中允许合闸相角 δ_{set} 取决于发电机的允许冲击电流值 $i''_{imp.m}$。

设一次系统的参数为：发电机交轴次暂态电抗 X''_q 为 0.115；系统等值机组的交轴次暂态电抗与线路电抗为 0.08；断路器合闸时间 $t_{QF}=0.05$s，它的最大可能误差时间为±20%；自动并列装置最大误差时间为±0.02s；待并发电机允许的冲击电流值为 $i''_{imp.m}=\sqrt{2}I_{GN}$。

由式（5-12）计算允许合闸误差角 δ_{set} 为

$$\begin{aligned}\delta_{set}&=2\arcsin\frac{i''_{imp.m}(X''_q+X_S)}{1.8\sqrt{2}\times2\times E''_q}=2\arcsin\frac{\sqrt{2}\times1\times(0.115+0.08)}{\sqrt{2}\times1.8\times2\times1.05}\\&=0.103(\text{rad})=5.91^\circ\end{aligned} \tag{5-19}$$

式中考虑并列时发电机电动势超过额定电压 5%，E''_q 取 1.05。

由式（5-18）计算允许滑差 $\omega_{d.set}$ 为

$$\omega_{d.set}=\frac{0.103}{|0.01|+|0.02|}=\frac{0.103}{0.03}=3.43(\text{rad/s}) \tag{5-20}$$

由式（5-6）计算允许滑差 $\omega_{d.set}$ 对应的脉动电压周期 T_d 为

$$T_{d.set}=\frac{2\pi}{\omega_{d.set}}=\frac{2\pi}{3.43}=1.83(\text{s}) \tag{5-21}$$

第四节　微机型（数字型）自动准同期并列

一、自动准同期并列参数测量

1. 电压检测

在恒定越前时间到达前完成电压差检测，判别是否满足合闸条件。

电压的测量目前一般采用交流采样方式。交流电压经中间变换器降压、隔离，在交流一周期内每隔一个采样时间对交流电压信号采样，并由 A/D 变换成数字量，见图 5-11。一周期采样 N 次，得到 N 个采样数字值，由 CPU 计算得到电压有效值或其他需要的数值。

计算机进行电压计算可以采用傅里叶算法。傅里叶算法是以傅里叶级数为基础的，对于任何输入量为周期函数的信号 $u(t)$、$i(t)$ 都可以分解为含有直流分量 U_0、I_0 及各次频率分量的傅里叶级数。

$$i(t)=I_0+\sum_{n=1}^{\infty}I_{nc}\cos(n\omega_1t)+\sum_{n=1}^{\infty}I_{ns}\sin(n\omega_1t) \tag{5-22}$$

$$u(t)=U_0+\sum_{n=1}^{\infty}U_{nc}\cos(n\omega_1t)+\sum_{n=1}^{\infty}U_{ns}\sin(n\omega_1t) \tag{5-23}$$

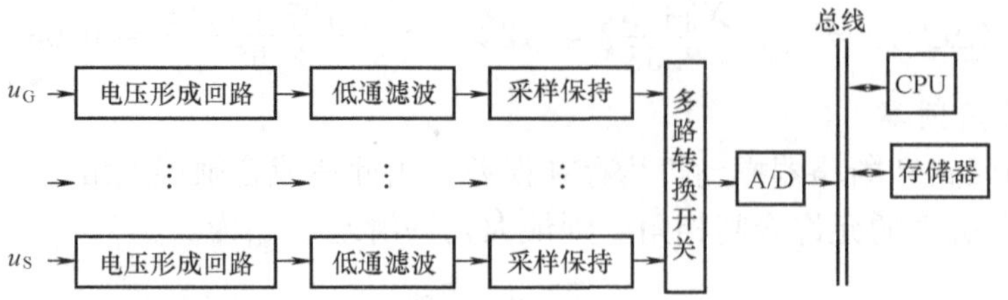

图 5-11　电压交流采样过程示意图

式中　　　n——n 次谐波（$n=1，2，\cdots$）；

U_{nc}、I_{nc}、U_{ns}、I_{ns}——n 次波的余弦分量、正弦分量电流、电压值。

由 $\cos n\omega t$、$\sin n\omega t$（$n=1，2，\cdots$）组成的正交函数组作样品函数，分别用（1、$\cos n\omega t$、$\sin n\omega t$、$\cos n2\omega t$、$\sin n3\omega t$、…）正交函数集中的各项与 $i(t)$ 或 $u(t)$ 相乘。例如，需要得到基波分量电流，则用 $\sin n\omega t$ 和 $\cos n\omega t$ 分别与 $i(t)$ 相乘，从任一时刻 t_0 积分一周期 T，利用正交函数的特性即可消去直流分量和各次谐波，从而得到

$$I_s=\frac{2}{T}\int_{t_0}^{t_0+T}i(t)\sin\omega t\,dt \tag{5-24}$$

$$I_c=\frac{2}{T}\int_{t_0}^{t_0+T}i(t)\cos\omega t\,dt \tag{5-25}$$

$$U_s=\frac{2}{T}\int_{t_0}^{t_0+T}u(t)\sin\omega t\,dt \tag{5-26}$$

$$U_c=\frac{2}{T}\int_{t_0}^{t_0+T}u(t)\cos\omega t\,dt \tag{5-27}$$

式中　U_c、I_c、U_s、I_s——电压、电流基波的余弦分量、正弦分量值。

设每个工频周期采样 N 次，对以上积分用梯形数值积分（离散化）来代替，从而可求得

$$I_r=\frac{2}{N}\sum_{k=1}^{N}i_k\sin k\frac{2\pi}{N} \tag{5-28}$$

$$I_i=\frac{2}{N}\sum_{k=1}^{N}i_k\cos k\frac{2\pi}{N} \tag{5-29}$$

$$U_r=\frac{2}{N}\sum_{k=1}^{N}u_k\sin k\frac{2\pi}{N} \tag{5-30}$$

$$U_i=\frac{2}{N}\sum_{k=1}^{N}u_k\cos k\frac{2\pi}{N} \tag{5-31}$$

式中　U_r、I_r、U_i、I_i——电压、电流基波的实部、虚部。

若采样间隔角度为 φ，则每工频周期采样点 $N=2\pi/\varphi$，可以求出电流、电压有效值为

$$I=\sqrt{\frac{I_r^2+I_i^2}{2}},\quad \tan\varphi_i=\frac{I_i}{I_r} \tag{5-32}$$

$$U=\sqrt{\frac{U_r^2+U_i^2}{2}},\quad \tan\varphi_u=\frac{U_i}{U_r} \tag{5-33}$$

$$\varphi=\varphi_u-\varphi_i \tag{5-34}$$

设每个周期交流采样 12 次，即 $K=1\sim12$。对电压 $u=1\sin(\omega t+20°)$ 一周期采样 12 点的采样值见表 5 - 1。

表 5 - 1　　电压周期采样值

1	2	3	4	5	6	7	8	9	10	11	12
0.766	0.985	0.94	0.643	0.174	−0.342	−0.766	−0.985	−0.94	−0.643	−0.174	0.342

电压实部为

$$\begin{aligned} U_r &= \frac{1}{6}\left[U_3-U_9+\frac{\sqrt{3}}{2}(U_2+U_4-U_8-U_{10})+\frac{1}{2}(U_1+U_5-U_7-U_{11})\right] \\ &= \frac{1}{6}\left[0.94+0.94+\frac{\sqrt{3}}{2}(0.985+0.643+0.985+0.643)\right. \\ &\quad \left.+\frac{1}{2}(0.766+0.174+0.766+0.174)\right] \\ &= (1.88+2.82+0.94)/6=0.94 \end{aligned} \tag{5-35}$$

电压虚部为

$$\begin{aligned} U_i &= \frac{1}{6}\left[U_{12}-U_6+\frac{\sqrt{3}}{2}(U_1+U_{11}-U_5-U_7)+\frac{1}{2}(U_2+U_{10}-U_4-U_8)\right] \\ &= \frac{1}{6}\left[0.342+0.342+\frac{\sqrt{3}}{2}(0.766-0.174-0.174+0.766)\right. \\ &\quad \left.+\frac{1}{2}(0.985-0.643-0.643+0.985)\right] \\ &= (0.684+1.025+0.342)/6=0.342 \end{aligned} \tag{5-36}$$

电压有效值为

$$U=\sqrt{\frac{0.94^2+0.342^2}{2}}=\frac{1}{\sqrt{2}} \tag{5-37}$$

电压相角为

$$\varphi=\arctan\frac{0.342}{0.94}=20° \tag{5-38}$$

有了电流、电压实部和虚部后，即可求得功率。由视在功率

$$S=P+jQ=(U_r+jU_i)(I_r-jI_i) \tag{5-39}$$

可得有功功率为

$$P=\frac{1}{2}(U_rI_r+U_iI_i) \tag{5-40}$$

无功功率为

$$Q=\frac{1}{2}(U_iI_r-U_rI_i) \tag{5-41}$$

三相有功功率和无功功率可以类推。

2. 频率检测

要求在恒定越前时间到达前完成频率差检测，判别是否满足合闸条件。数字测频方法为：把交流电压降压隔离后，转换为方波，再经二分频，其正脉冲宽度即为原电压的周期。

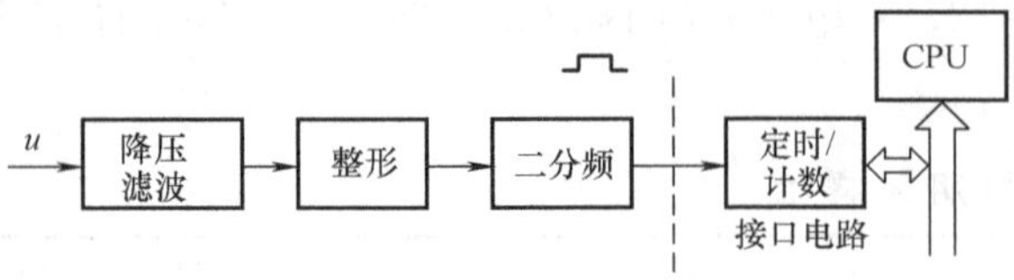

图 5-12 频率测量原理框图

设计数脉冲频率为 f_c，并由方波脉冲上升沿启动计数，由方波脉冲下降沿停止计数，得到一个周期内对应的计数脉冲个数为 N，见图 5-12。

若计数脉冲频率为 f_c，则所测交流电周期及频率为

$$T=\frac{1}{f_c}N \tag{5-42}$$

$$f=\frac{f_c}{N} \tag{5-43}$$

3. 相角差 $\delta(t)$ 检测

测量断路器两侧电压相位差的电路如图 5-13 所示。

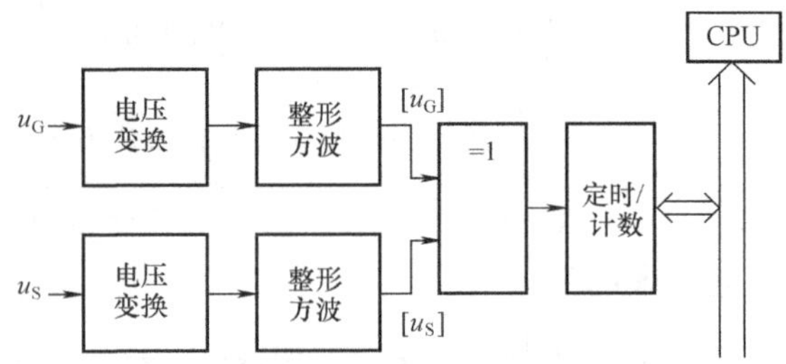

图 5-13 相角差测量原理电路

断路器两侧电压通过电压变换成检测设备能接受的较小电压，并实现电磁隔离；经零电平检测器取正弦波正半周整形为方波；将对应断路器两侧电压的两个方波接入异或门，根据异或门逻辑，相同出“0”，相异出“1”，取得的输出方波宽度即为断路器两侧电压相位差；从图 5-14 波形可见，δ 从 0 逐渐增大至 π，然后逐渐减小到 0。

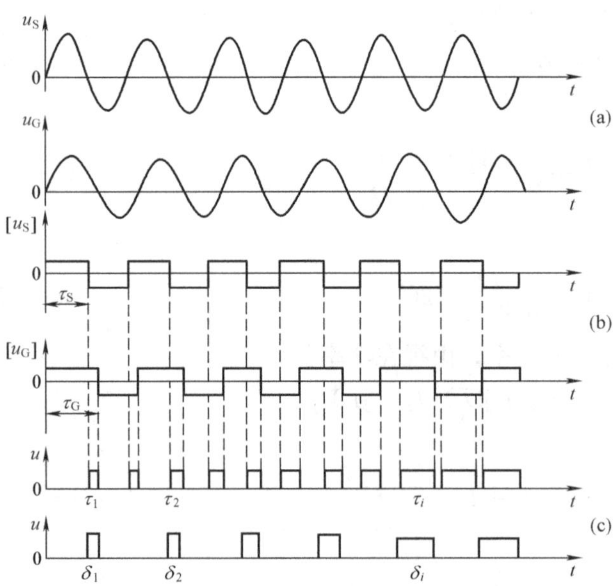

图 5-14 相角差测量波形分析原理电路

(a) u_S、u_G 波形；(b) u_S、u_G 对应的方波；(c) 对应相角差 δ 的矩形波

由于采用微机化控制，因此需要将 δ_i 数值化。把对应相角差 δ 的矩形波接入一可控计数器，计数器计数脉冲 f_c。波形上升沿开始计数，下降沿停止计数，得到时间 τ（对应计数值 N），由定时/计数器可取得对应相角差 δ 的数字量（见图 5-15）

$$\delta_i=\frac{\tau_i}{\tau_S}\pi=\frac{N_i}{N_S}\pi \tag{5-44}$$

式中 N_S——对应系统电压半个周期的数字量；

N_i——对应电压相角差 δ_i 的数字量。

分析 δ_i 的变化过程，并将 δ_i 从 0 逐渐增大至 π，然后逐渐减小到 0 的变化转换成从 0 逐渐增大至 2π 的数值计算公式为

$$\begin{cases} \delta_i = \dfrac{\tau_i}{\tau_S}\pi = \dfrac{N_i}{N_S}\pi & (\tau_i \geqslant \tau_{i-1}) \\ \delta_i = \left(2\pi - \dfrac{\tau_i}{\tau_S}\pi\right) = \left(2 - \dfrac{N_i}{N_S}\right)\pi & (\tau_i < \tau_{i-1}) \end{cases} \tag{5-45}$$

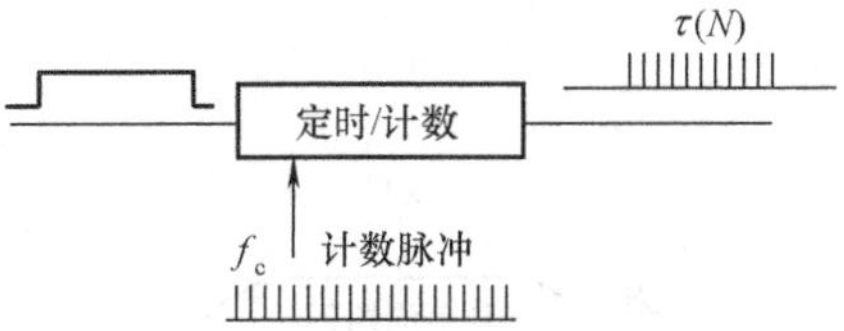

图 5-15　相位差数字转换

$\delta(t)$ 数值轨迹如图 5-16 所示，包括滑差恒定不变及滑差等速变化两种典型值。

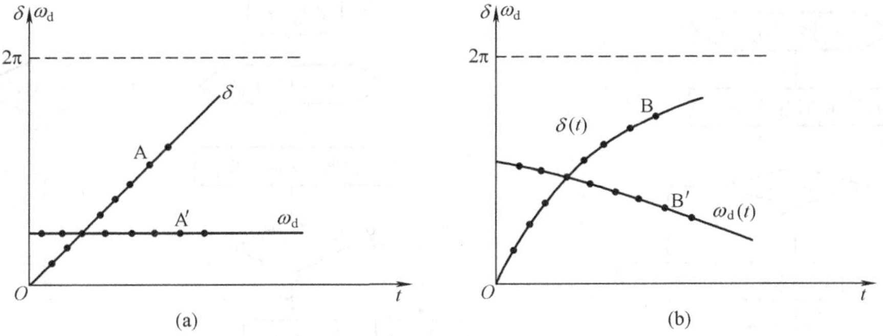

图 5-16　$\delta(t)$ 变化轨迹
(a) ω_d 恒定不变；(b) ω_d 等速变化

二、自动准同期并列控制原理

1. 电压差与调整

电压测量可采用傅里叶算法或半周积分算法计算对应电压有效值，有效值 $\Delta U = U_G - U_S$ 对应的数字量 $(\Delta U)_D$。判别是否满足合闸条件 $\Delta U \leqslant (\Delta U)_{set}$，若满足，开放合闸脉冲；若不满足，闭锁合闸脉冲。

根据 $(\Delta U)_D$ 的正负可判别电压差调整方向，并发出调整信号。若 $(\Delta U)_D > 0$ 判断为发电机电压 U_G 高于系统电压 U_S；若 $(\Delta U)_D < 0$ 判断为发电机电压 U_G 低于系统电压 U_S。

图 5-17 示出了电压调节程序示意框图。按 PID 调节规律根据压差大小 ΔU 形成调压脉冲宽度 t_U，调压脉冲经开出电路通过继电器触点输出，作用于发电机的自动调节励磁装置，改变自动调节励磁装置的目标电压，通过自动装置的调节，使压差快速进入设定范围。

2. 频率差与调整

频率测量用计数器测量周期的方法测 f_G、f_S 频率对应的周期 T_G、T_S 及对应计数值 N_G、N_S。判别频率差 $\Delta f = f_G - f_S$ 是否满足合闸条件。若满足 $\Delta f \leqslant (\Delta f)_{set}$，开放合闸脉冲；若不满足，闭锁合闸脉冲。

根据其正负可判别频差调整方向，并发出调整信号。若 $N_G \leqslant N_S$，判断为 $f_G \geqslant f_S$；若 $N_G \geqslant N_S$，判断为 $f_G \leqslant f_S$。

图 5-18 示出了频率调节程序流程框图。按 PID 调节规律根据频差大小 Δf 形成调频脉冲宽度 t_f，由图可知，只有在频差不满足要求情况下才对发电机进行调频。当频差满足要求但频差甚小（图中示出的是 0.05Hz）时也发出增速脉冲，以加快并列过程。调速脉冲经开出电路通过继电器触点作用于调速回路实现调速。

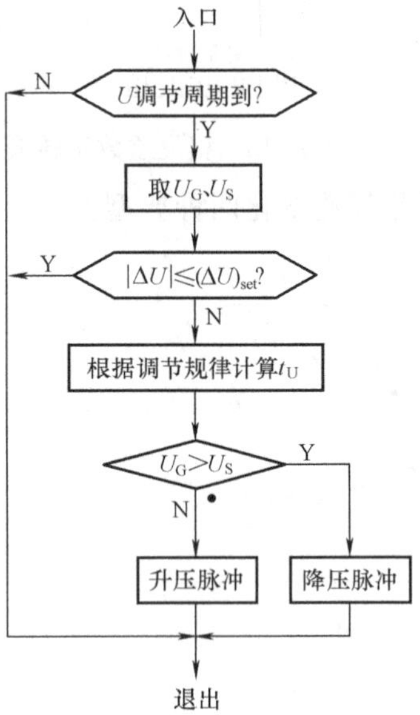

图 5-17　电压调节程序流程

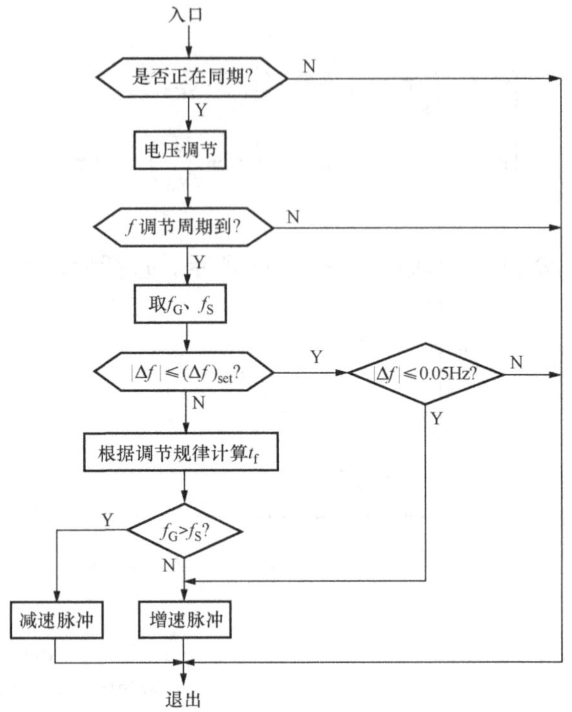

图 5-18　频率调节程序流程框图

3. 恒定越前时间合闸脉冲

根据恒定越前时间 $t_{lead}=t_{DC}$计算理想的导前合闸相角 δ_{lead}（可以计及 δ 含有加速度的情况）

$$\delta_{lead}=\omega_{di}t_{DC}+\frac{1}{2}\times\frac{\Delta\omega_{di}}{\Delta t}t_{DC}^2 \tag{5-46}$$

其中

$$t_{DC}=t_c+t_{QF}$$

式中　δ_{lead}——超前于 360°点的一个导前合闸相角；

ω_{di}——滑差角频率；

t_{DC}——发合闸信号到断路器触头闭合所经历时间；

$\Delta\omega_{di}/\Delta t$——滑差角加速度。

计算点的滑差角速度

$$\omega_{di}=\frac{\Delta\delta_i}{\Delta t}=\frac{\delta_i-\delta_{i-1}}{2\tau_S} \tag{5-47}$$

式中　δ_i、δ_{i-1}——分别为计算点 i 和上一个计算点 $i-1$ 的角度值；

$2\tau_S$——两计算点的时间间隔。

由于两相邻计算点的 ω_d 变化甚微，因此 $\Delta\omega_{di}$一般可经若干计算点后才算一次，所以 $\Delta\omega_{di}/\Delta t$ 可表示为

$$\frac{\Delta\omega_{di}}{\Delta t}=\frac{\omega_{di}-\omega_{di-n}}{2\tau_S n} \tag{5-48}$$

式中　ω_{di}、ω_{di-n}——分别为计算点 i 和前 n 个计算点 $i-n$ 的 ω_d 计算值。

根据式（5-46）可以求出最佳的导前合闸相角 δ_{lead}值，该值与本计算点的相角 δ_i 按下

式进行比较，若

$$|(2\pi-\delta_i)-\delta_{\text{lead}}|\leqslant\varepsilon \tag{5-49}$$

则立刻发出合闸命令。

式中 ε——计算允许误差。

若不符合条件，则不发合闸命令。如果

$$|(2\pi-\delta_i)-\delta_{\text{lead}}|>\varepsilon \tag{5-50}$$

且

$$(2\pi-\delta_i)>\delta_{\text{lead}}$$

则继续进行下一点计算，直到逐渐逼近符合式（5-49）为止。

4. 准同期并列合闸控制流程

在并列操作中，满足并列条件后才允许发出合闸指令，为了防止运行的波动性，电压差、频率差采用定时中断约20ms计算一次，因此，并列条件在实时监视之中，以确保并列操作的安全性。Δf、ΔU只要有一项越限，程序就不进入恒定越前时间发合闸信号的计算。

设电压、频率都具有自动调节功能或其中一项具有自动调节功能，如频率、电压检测越限，就由频差调整、电压差调整按设定好的调整系数和预定调节准则，输出调节控制信号进行调节，促使其满足并列条件。图5-19所示为并列条件检测、合闸控制流程的原理框图。

对于没有电压或频率自动调节功能（合环并网）的并列装置，则输出U_G（或f_G）与U_S（或f_S）间差值的显示信息，供运行操作参考，以利于并列条件尽快实现。

如果Δf、ΔU都小于设定限值，运行工况已满足并列条件，则可捕捉最佳并列合闸时机，程序流程如图5-19所示。

首先进行当前相角差δ的计算，以了解当前并列点间脉动电压U_d的状况，δ是否处于$\pi\sim2\pi$区间。因为恒定越前时间t_{lead}一般限定在两相量间相角差逐渐减小区段。因此，如果δ的值是在$0\sim\pi$之间，则是相角差δ逐渐增大区间，不能作恒定越前时间t_{lead}最佳导前相角（δ_{lead}）计算。

如果δ是在$\pi\sim2\pi$区间，则要设法捕捉到最佳导前相角时刻，发出合闸指令。如一旦错过这一时机，就得等待到下一个脉动周期才能发出合闸指令，导致合闸延迟，特别是要求快

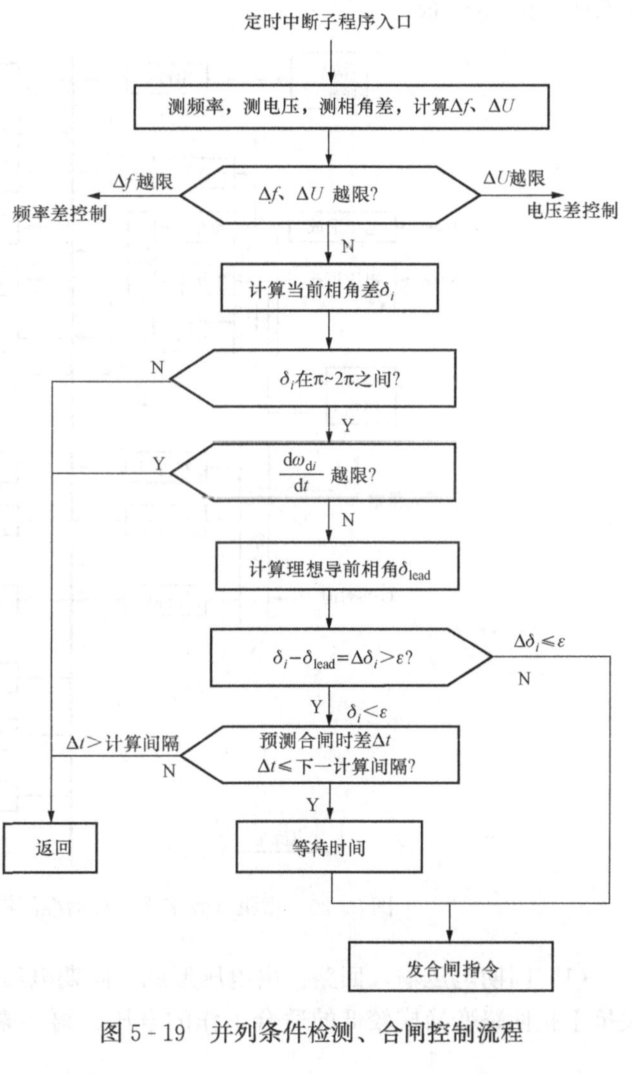

图5-19 并列条件检测、合闸控制流程

速并网时，能争取几秒钟也可能是对电网的巨大贡献。式（5-46）为恒定越前时间对应最佳导前相角 δ_{lead} 的计算式，式中计及角加速度，即滑差变化率。如果角加速度过大，不仅表明转速不稳定，还说明转轴的驱动能量较大，合闸后，其暂态过程严重，甚之失步，所以需设置限值加以限制，力求并列后能顺利进入同步运行。在加速度小于设定值条件下，式（5-46）计算得到的 δ_{lead} 与当前的 δ_i 作比较，如果式（5-49）成立，则立刻发合闸脉冲。

如果差值大于 ε，则进行预测合闸时间差 Δt 计算，如大于下一个计算点的间隔，则返回，待下一个计算点重新计算。如果 Δt 小于或等于下一计算点时间，那么就延迟 Δt，发出并列合闸指令，见图5-19。由图可见，导前时间脉冲应为 $180°<\delta<360°$，即满足条件 $N_i<N_{i-1}$；角加速度不越限；压差满足要求，即 $|\Delta U| \leqslant (\Delta U)_{\text{set}}$；频差满足要求，即 $|\Delta f| \leqslant (\Delta f)_{\text{set}}$ 的条件下形成。导前时间脉冲就是同期并列的合闸脉冲命令。

三、数字式自动准同期并列装置构成

1. 硬件构成原理

微机（数字式）自动准同期装置功能性原理框图如图5-20所示，主要由同期电压输入回路、开关量输入回路、开关量输出回路、CPU系统、定值输入及显示、调试模块、通信及GPS对时等组成。

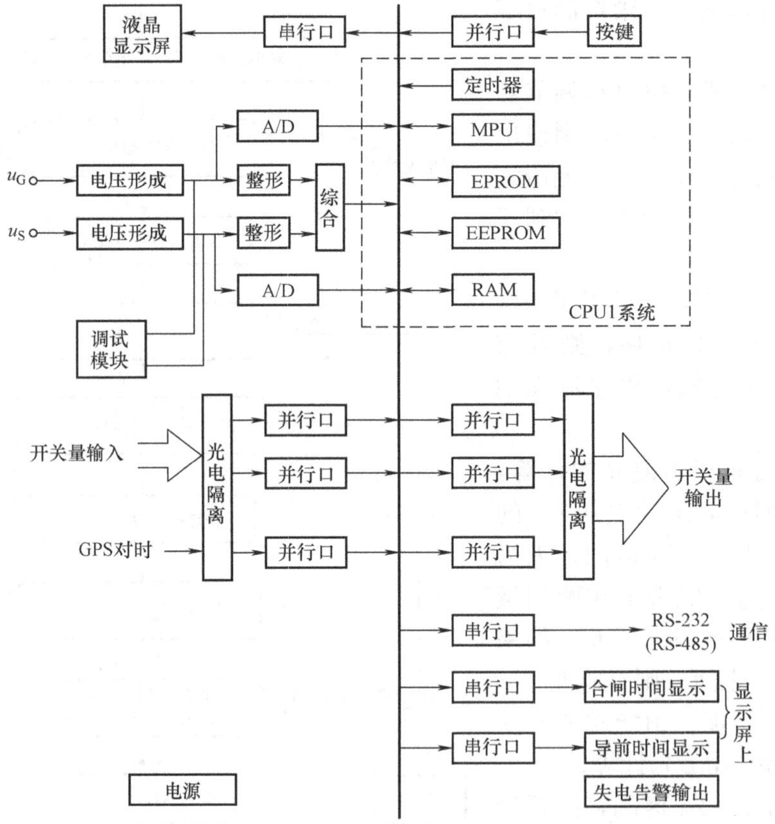

图5-20 微机（数字式）自动准同期装置功能性原理框图

（1）同期电压输入回路：由电压形成、同期电压变换组成。同期电压经隔离、变换及有关抗干扰回路变换成较低的适合工作的电压；再经整形电路、A/D变换电路，将同期电压的幅值、相位变换成数字量，供 CPU 系统识别，以便 CPU 系统判断同期条件。

（2）CPU 系统：CPU 系统主要有定时器、MPU、EPROM、RAM、EEPROM 等。其中 RAM（随机存取存储器）存放采集数据、计算中间结果、标志字、事件信息等内容；EPROM（只读存储器）存放同期装置程序；EEPROM（电可擦除只读存储器）存放同期装置同期对象的定值以及一些重要参数等；MPU（微处理器）执行存放在 EPROM 中的程序，对存放在 RAM 中的数据进行分析处理，完成同期装置的功能。

（3）开关量输入回路：输入开关量有同期对象选择、启动及启动次数控制、合闸允许、同期复位、并列断路器辅助触点和无压同期。

一个自动准同期装置在通常情况下可以实现对不同并列点的断路器准同期并列，但在同一时间内只能对其中一个断路器进行准同期并列，同期对象的选择就由相应的开关量输入实现。当选定某一并列对象后，装置自动选取这一同期对象的设置参数，以设置的参数为依据完成准同期并列。

装置输入启动开入量后，装置就可进行工作。启动次数开入量可使装置实现单次启动和多次启动，单次启动就是装置发出合闸脉冲命令后（装置已完成同期并列工作）需再次启动装置才能重新工作；多次启动在装置发出合闸脉冲命令后可自行启动进入工作状态，不断重复。合闸允许开入量使装置发出合闸命令完成同期并列。但合闸允许开入量一经输入，装置多次启动自动解除，避免装置发出合闸命令后并列断路器因机械故障不能合闸而引发事故的扩大。一般情况下，装置加电启动后进入多次启动状态，以观察装置是否完好、工作是否正常；确认正常后，装置可在不断电的状态下通过合闸允许开入量，开放合闸出口，完成同期并列工作。

同期装置启动工作后，如因故需退出工作，则通过同期复位开入量实现。并列断路器辅助触点开入量可用来测量并列断路器的合闸时间，作为设定导前时间的依据。

当同期对象为线路型且需要并列点一侧无压或两侧无压时，同期装置也能工作，此时通过无压同期开入量即可实现；当同期对象为机组型时，通过无压同期开入量也能实现一侧无压的并列合闸。若无压同期开入量“没有”输入，则装置认为并列点两侧有压同期，当因故出现一侧或两侧失压时（如电压二次回路断线），装置立即停止工作，发出告警信号并显示失压侧电压过低的信息。

（4）开关量输出回路：输出开关量有调速脉冲、调压脉冲、合闸出口 1、合闸出口 2、装置告警、装置失电等。

当频差不满足要求时，通过开出量发出调速脉冲（有时要得到调速系统发出的允许信号后才能发出调速脉冲），发电机频率高时发减速脉冲，发电机频率低时发增速脉冲，直到频差满足要求为止（频差过小要发增速脉冲）。

当压差不满足要求时，通过开出量发出调压脉冲，发电机电压高发降压脉冲，发电机电压低发升压脉冲，直到压差满足要求为止。

合闸出口 1（或称试验出口）、合闸出口 2 均可输出合闸脉冲命令，只是合闸出口 2 只有在合闸允许开入量作用下才能发出合闸脉冲命令。一般情况下，合闸出口 1 作装置试验出口用，合闸出口 2 作并列断路器合闸用。当然，如果合闸允许开入量一直接入，则两个合闸出口并无差别。

装置或同期系统异常时，装置有开出量输出，告知运行人员此时装置自动闭锁，同时在显示屏上告知具体的告警信息。装置告警并非一定是装置发出了故障，很多情况下是同期系统有异常情况，如同期超时、同期电压过高或过低、装置发出调速脉冲后在一定时间内发电机频率没有变化、装置发出调压脉冲后在一定时间内发电机电压没有变化、对象选择开入量重选等。此时，若告警原因的异常情况消除，则重新启动后装置仍照常工作。如果告警内容显示同期电压过低，当同期电压恢复正常值后，则可重新启动进入工作状态。如果重新启动后仍然告警，可以判断装置发生了故障，故障内容可从显示屏上查看。

装置工作电源消失，有失电告警输出，告知工作电源发生故障。

此外，装置检测到同期电压很低时，说明该侧无压，通过开出量指示该侧处失压状态，运行人员结合其他信息，决定是否进入无压同期状态；同期对象为线路型时，有时并列点两侧频率相同但相角差较大，造成无法同期的状况，此时有相角差大的开出量输出，运行人员可调整运行方式或调整功率分配，减小相角差，致使同期装置能自动完成并列工作。

（5）定值输入及显示：自动准同期装置每个同期对象的定值输入可通过面板上的按键实现，或者通过面板上的专用串口由便携计算机输入实现。前者可通过按键修改定值，后者按键不能修改定值，只能查看定值，这可防止其他工作人员修改定值。定值一经输入不受装置掉电的影响。显示屏除可以显示每个同期对象的定值参数外，还可显示同期过程中的实时信息、装置告警时的具体内容、每次同期时的同期信息等。

在显示屏上可查看定值情况以及定值是否有变化；在同期过程中，显示屏上可显示同期实时信息，如同期电压值、频率值、相角差等实时信息；发出告警时，显示屏上显示告警的具体信息；同期成功或失败，均在显示屏上显示具体内容。此外，还显示同期成功时并列断路器的实际合闸时间以及导前时间脉冲到同期点的实际时间。

（6）通信及GPS对时：同期装置在工作过程中，通过装置上的通信口（RS-485或RS-232）将同期实时信息传送到监控计算机上（通过视频转换器，还可传送到DCS系统画面上）。显示的实时信息有实时同步表（反映实时δ角）、增速或减速、升压或降压、系统侧电压和频率、待并侧电压和频率、合闸脉冲发出情况等。如装置告警，则显示告警的具体信息。GPS对时，可使装置内部时钟与系统时钟同步，在装置显示屏上或传送的同期实时信息中显示具体的时间。

（7）调试模块：同期装置内设调试模块，提供两路变频、变幅的模拟量同期电压，可在任何时候对同期装置进行试验。当试验开关置“试验”位置时，可对装置进行升压、降压、增速、减速试验；当两路同期电压调节得频率相同时，可以进行移相，对装置合环并网角进行试验；两路同期电压满足同期条件时，装置会自动发出合闸脉冲。试验时同期过程中的实时信息，与真实同期完全相同，通过通信口可上传，在装置上也会同时显示。

试验模块的设置可及时发现同期装置的问题，不影响下次同期并列工作。

处于试验位置时，同期装置出口自动断开，以免发出不必要的调速、调压、合闸命令。

至于试验时装置是否正常，在面板上根据发出的指示灯信息完全可以判断出来。

试验完毕，应将试验开关置“运行”状态，实际上调试模块处于不工作状态。

需要说明的是，发电机的同期并列是一个重要操作，因此自动准同期装置在工作时要求有高度的安全性，通常采用双CPU联合工作。自动准同期装置的出口应是CPU1、CPU2两个独立系统出口回路串联组成。这种双CPU工作方式可大幅度地提高装置工作的安全性。

2. 功能性主程序原理框图

图5-21示出了典型数字式自动准同期装置主程序框图。同期未启动时，装置工作于自

检、数据采集的循环中，当某一元件发生故障或程序出现了问题，装置立即发出告警并闭锁同期装置工作。同期装置启动后，如果同期对象为机组，则对机组进行调压、调频，当压差、频差满足要求时，发出导前时间脉冲，命令并列断路器合闸，合闸后在显示屏上显示同期成功时的同期信息；如果同期对象为线路，则不发调压、调速脉冲，在压差、频差满足要求的情况下（如同频，则合环角应在设定的角度内），进行捕捉（等待）同期合闸，完成同期并列。

在同期过程中，如果出现同期电压参数越限、调压或调速脉冲发出后在一定时间内调压机构或调速机构不响应等情况，则闭锁同期装置并同时发生告警信号；同期装置启动后，若因故要退出同期装置工作，则只要输入复位信号即可。

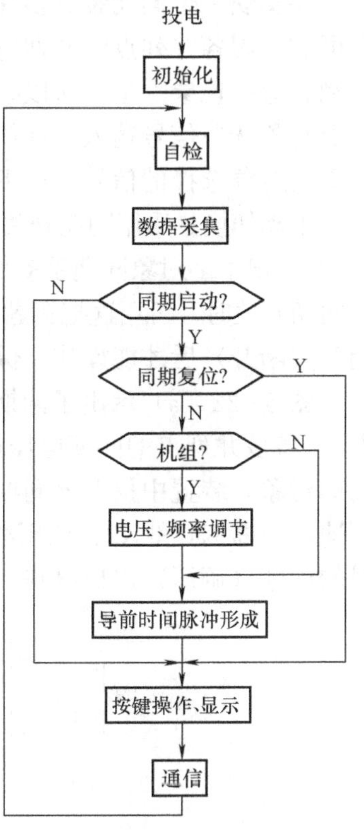

图 5-21　数字式自动准同期装置主程序框图

3. 准同期并列方式选择

数字式准同期并列装置一般允许采用自动准同期并列、半自动准同期并列和手动准同期并列方式。

(1) 自动准同期并列方式。在选定所需并列的断路器后，准同期并列装置将采集所需信息，自动判断合闸条件是否满足，在条件不满足时自动发出调整信号；在条件满足时，寻找最佳时间实现断路器合闸。

(2) 半自动准同期并列。选择半自动准同期并列方式时，其判断和调整均由装置自动进行，若条件满足，则合闸允许指示灯亮，由操作人员通过键盘下发合闸指令。

(3) 手动准同期并列。选择手动准同期并列方式时，将由操作人员对并列过程进行操作控制。装置显示断路器两侧电压与频率，并设置有两侧电压相位差指示表（即同期表）。当电压差不允许时，装置指示“电压差闭锁”；当频率差不满足时，装置指示“频率差闭锁”，由操作人员根据指示进行相关调整。当调整后条件得到满足，则“闭锁”指示灯灭，操作人员根据相位差指示表指示的相位差变化趋势及是否接近 2π，选择一个提前量，下发合闸指令。手动准同期装置基本上也能将同期点断路器动合闸时间控制在一定的范围之内，但存在较大误差。

四、准同期输出回路接线

在发电厂或网控室、变电站中，一般情况下具有较多并列点，为简化同期接线，可用一个（或两个）自动准同期装置来实现并列操作。

数字式自动准同期装置一般可实现多对象同期，即可以实现多并列点的准同期并列，但在同一时间内只能对一个并列点进行准同期并列。在装置内部每个同期对象的整定参数是分别设置的，按同期对象的选择信号自动提取。因此，输入同期装置的同期对象选择信号与并列点数是相等的，两者一一对应。装置的同期对象数不应小于实际的并列点数。

如果并列点数为 N，则同期电压原则上有 $2N$ 个（如有 10 个并列点则同期电压有 20 个），而同期装置只有两路同期电压输入，因此输入同期装置的两路同期电压应根据对象选择信号自动切换；与此同时，同期装置发出的调速脉冲、调压脉冲、合闸脉冲命令也应根据对象选择信号自动切换。

要实现一个同期装置多并列点准同期并列，上述自动切换过程是必须的，并且一定要安全可靠。因各并列点的同期电压取自不同电压互感器的二次侧，决不允许不同电压互感器二次侧有短接现象发生。所以要求对象选择信号取消时，同期电压自动退出，不允许有两个及以上对象选择信号输入；即使输入了两个及以上信号，第二个对象选择信号应无效，同时发出重选对象选择的信号。以下简要介绍多对象同期接线的手动切换方式。

手动切换是采用同期开关 SS（TK）对同期电压、调速和调压、合闸命令实现切换的，图 5 - 22 示出了多对象同期手动切换的接线图。同期开关手柄带锁，只配有一把钥匙，当操作某一同期开关时，可用这把钥匙操作；若要操作另一同期开关，则只有将这把钥匙取出（该同期开关断开）后才能操作。保证任何时候只能有一个同期开关可操作，满足了切换要求。

图 5 - 22（a）示出了同期电压切换电路。操作某一同期开关 SS（图中示出了 10 个并列点），将该并列点的同期电压接入自动准同期装置，与此同时也通过该同期开关接点选择该同期对象，装置中提取该同期对象的整定参数进行准同期并列（如果该同期对象为线路，则调速继电器 K1 和 K2、调压继电器 K3 和 K4 不动作）。图 5 - 22（b）示出了同期对象为机组时的调速（调压）出口电路，同样也是通过相应同期开关切换，调压出口电路与此相同。

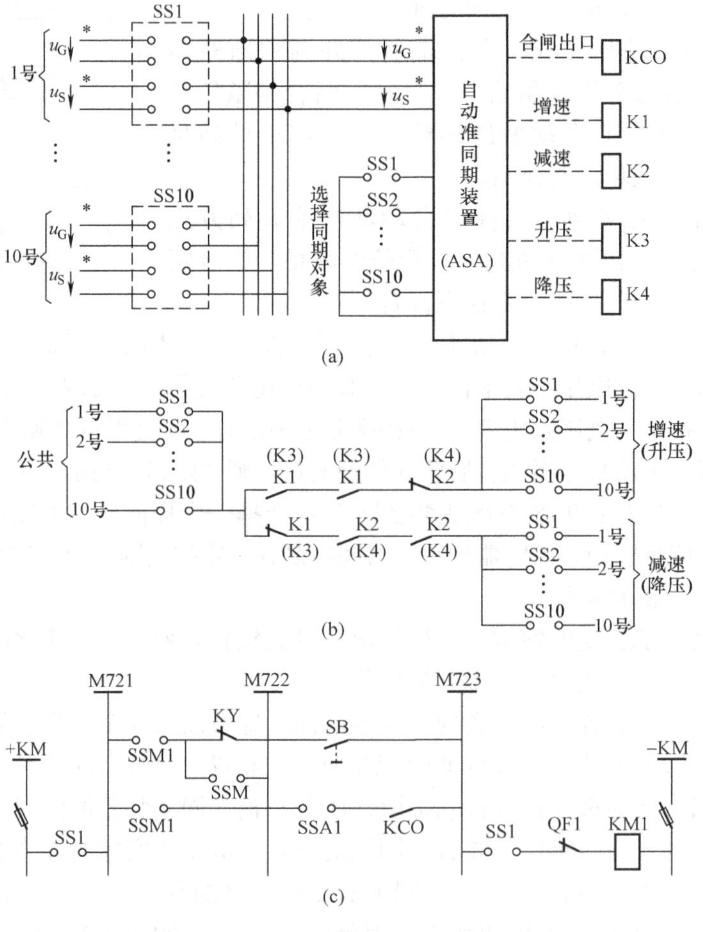

图 5 - 22　多对象同期接线的切换

（a）同期电压切换；（b）调速、调压切换；（c）合闸命令切换

图 5 - 22（c）示出了合闸命令切换回路。M721（1THM）、M722（2THM）、M723（3THM）为合闸小母线；＋KM 和－KM 为控制断路器合闸电源母线；SSM1（1STK）为手动准同期转换开关：KY（TJJ）为同期检定继电器；SSM（STK）为解除手动准同期闭锁开关；SB 为手动准同期操作合闸按钮；SSA1（DTK）为自动准同期投、切开关；KCO（HJ）为自动准同期装置 ASA（ZTQ）输出的合闸继电器；QF1 为并列断路器动断辅助触点；KM1 为并列断路器的合闸接触器。当操作某同期开关手动准同期并列时，通过操作 SSM1 开关（SSA1 开关处断开状态），投入同期表和同期检定继电器 KY，当同期检定继电器 KY 的动断触点闭合、操作人员观察同期表判断同期条件已满足时，按下合闸按钮 SB，该并列断路器合闸接触器通电，通过 SSM1、KY、SB、SS1、KM1 令断路器合闸，此时相角差 δ 不会偏离 0°很多，断路器合闸后，断路器动断辅助触点 QF 断开，切断合闸接触器线圈电流，回路中无电流。并列完成后，退出 SSM1 开关、退出同期开关。如果并列点一侧无电压，则 KY 动断触点不可能闭合，为使并列工作（即无压同期）顺利进行，应将 SSM 投入，解除 KY 闭锁（合闸后要及时退出）。

当自动准同期并列时，切换 SSM1 开关，投入 SSA1 开关（自动准同期装置投入，SSA1 开关不在试验位置）、同期装置启动 ASA 正常、投入相应并列点同期开关。当满足同期条件时，合闸出口继电器 KCO 动作，通过 SSM1、SSA1、KCO、SS1、KM1 令断路器并列合闸，合闸过程与手动准同期相同，只是 KCO 触点取代了手动按钮 SB 的操作。

复习思考题

1. 同步发电机同期并列的方法有哪两种？各有何特点？

2. 准同期并列的实际条件是什么？如果不满足这些条件，产生的冲击电流各有什么特点？

3. 什么是滑差（角频率）？什么是脉动周期？二者有何关系？

4. 准同期并列装置主要由哪几部分组成？各部分的作用是什么？

5. 按提前量信号的不同，准同期并列装置分为哪两种类型？试简述其特点。

6. 在自动准同期并列装置中如何测量频率、相位差？如何计算理想导前相角？

7. 自动准同期并列需要计算哪些参数？这些参数是如何整定的？

8. 某发电机采用自动准同期方式与系统并列，发电机交轴电抗 X_q'' 为 0.15，系统等值电抗归算至发电机额定容量为基准的标幺值 $X_s=0.25$，断路器合闸时间 $t_{QF}=0.4s$，它的最大可能误差为±15%，自动并列装置最大误差时间为±0.05s，待并发电机允许冲击电流 $i''_{imp.m}=\sqrt{2}I_{GN}$。试求：允许合闸误差角 δ_{set}、允许滑差角频率 $\omega_{d.set}$ 与相应的滑差周期 $T_{d.set}$。

9. 参照微机自动准同期装置的合闸控制流程图 5 - 19，试说明自动准同期并列的合闸控制过程。

第六章　同步发电机励磁自动控制

第一节　同步发电机励磁系统

一、概述

从电机学课程知识可以知道，一台同步发电机主要由定子绕组、铁芯、转子绕组组成，当绕于大轴上的转子绕组在汽轮机拖动下高速旋转时，若在转子绕组中通入直流电流，该电流将在铁芯中产生旋转磁场，定子铁芯上所绕制的空间对称三相绕组切割旋转磁场，从而在绕组中感生三相电动势，若此时在发电机机端接上负荷，将有三相电流流通，发电机向外输出功率。

由于负荷特性的功率需求，同步发电机向系统（负荷）输出分为两部分，从发电机输出电流来看，与发电机端电压同相的称为电流的有功分量，该分量与电压构成发电机输出的有功功率；与发电机端电压相差90°的称为电流的无功分量，该分量与电压构成发电机输出的无功功率。同步发电机是电力系统中最重要的无功功率电源。

要实现同步发电机将机械功率转化为电磁功率输出，必须有励磁功率单元。励磁功率单元的容量约为同步发电机的0.2%～0.6%，额定电压400～2000V。

同步发电机的励磁功率单元作为发电机的专用可控的直流电源，应具有高度的可靠性、足够的调节容量以及一定的强励倍数和励磁电压响应速度等特点。同步发电机的励磁功率单元有直流发电机供电、自励整流供电、交流励磁机经整流供电三种方式。

早期励磁功率单元大都采用直流励磁机励磁系统作为励磁功率单元，容量小于450kW。随着同步发电机的容量逐年向大容量发展，从125MW机组、300MW机组、600MW机组，当前已发展到1000MW机组，直流励磁机励磁系统在容量上已远远不能满足需要，因此已退出在大机组励磁系统中的运用。当前作为励磁功率单元在形式上有两大类：交流励磁机励磁系统和静止励磁系统（自励）。

二、交流励磁机励磁系统

交流励磁机励磁系统的特征是由交流励磁机提供励磁功率，经整流成直流电流后输入同步发电机转子绕组。从整流器的安排上可以分成静止整流和旋转整流两种方式。

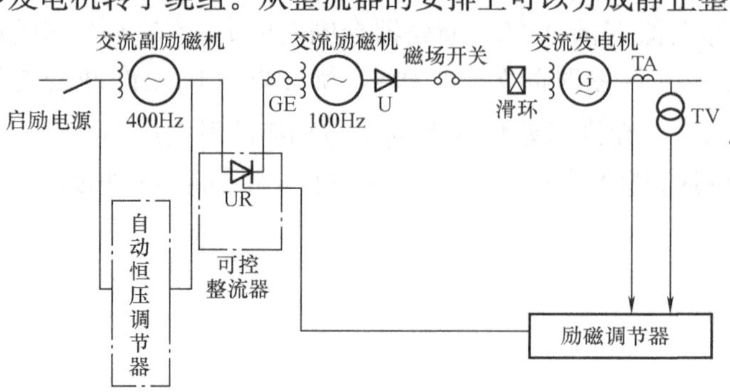

图6-1　他励交流励磁机静止整流器励磁系统

1. 他励交流励磁机静止整流器励磁系统

他励交流励磁机静止整流器励磁系统的励磁机由两部分构成，即主交流励磁机和副交流励磁机，见图6-1。两励磁机的转子轴与同步发电机主轴连接，以相同转速旋转。

主励磁机采用他励形式，即其

自身需要的励磁功率是由副励磁机提供的；而副励磁机采用自励形式（也可采用永磁机），即其自身需要的励磁功率是由副励磁机机端取得的。

主交流励磁机和副交流励磁机输出的三相交流电压经整流器整流成直流电流，分别输入同步发电机转子绕组和主交流励磁机转子绕组。

由于发电机转子是高速旋转的，因此我们面临着一个问题，如何将直流电流送入旋转的发电机转子中。解决的一种方法是采用电刷，将其紧贴在转子绕组的滑环上，提供直流电流通路。该种方法需经常更换被磨损的电刷，需采取有效的防电火花措施。这在当前大量使用氢气进行机组冷却方式下尤为重要。

为减少整流后直流电压中含有的纹波及提高效率，主交流励磁机和副交流励磁机增加磁极对数，所输出的三相交流电的频率分别为100Hz和400Hz。

2. 交流励磁机旋转整流器励磁系统（无刷励磁）

为解决将直流电流送入旋转的发电机转子中的问题，产生了旋转整流的方式。主要的方案是将主励磁机改为主磁场固定不动，而把交流绕组跟随同步发电机的主轴同速旋转，并在主励磁机交流绕组（旋转的）与同步发电机的转子之间安装整流器，该整流器与发电机大轴固定同步旋转，主励磁机交流绕组所产生的三相电压经整流器整流成直流电压，无转速差地加在同步发电机的转子绕组上，无需电刷的静止→旋转的传递，即这种方式不需要电刷，故也称无刷励磁。副励磁机采用永磁发电机，不需要启动电源，励磁系统见图6-2。

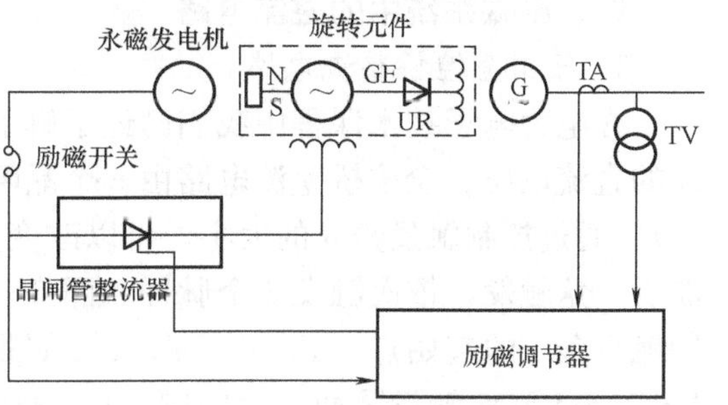

图6-2　交流励磁机无刷励磁系统原理图

采用无刷励磁方式解决了电刷问题，具有以下特点。

(1) 无炭刷和滑环，维护工作量可大为减少。

(2) 发电机励磁由励磁机独立供电，供电可靠性高；并且由于无刷，整个励磁系统可靠性更高。

(3) 发电机励磁控制是通过调节交流励磁机的励磁实现的，因而励磁系统的响应速度较慢。为提高其响应速度，除前述励磁机转子采用叠片结构外，还采用减小绕组电感、取消极面阻尼绕组等措施。另外，在发电机励磁控制策略上还采取相应措施——增加励磁机励磁绕组顶值电压，引入转子电压深度负反馈以减小励磁机的等值时间常数。

(4) 发电机转子及其励磁电路都随轴旋转，因此在转子回路中不能接入灭磁设备，发电机转子回路无法实现直接灭磁，也无法实现对励磁系统的常规检测（如转子电流、电压，转子绝缘，熔断器熔断信号等），必须采用特殊的测试方法。

(5) 要求旋转整流器和快速熔断器等有良好的机械性能，能承受高速旋转的离心力。

(6) 因为没有接触部件的磨损，所以也就没有炭粉和铜末引起的对电机绕组的污染，故电机的绝缘寿命较长。

三、静止励磁系统

静止励磁系统（发电机自并励系统）中发电机的励磁电源不用励磁机，而由机端励磁变压器供给整流装置。这类励磁装置采用大功率晶闸管元件，没有转动部分，故称静止励磁系统。由于励磁电源由发电机本身提供，又称为发电机自并励系统。

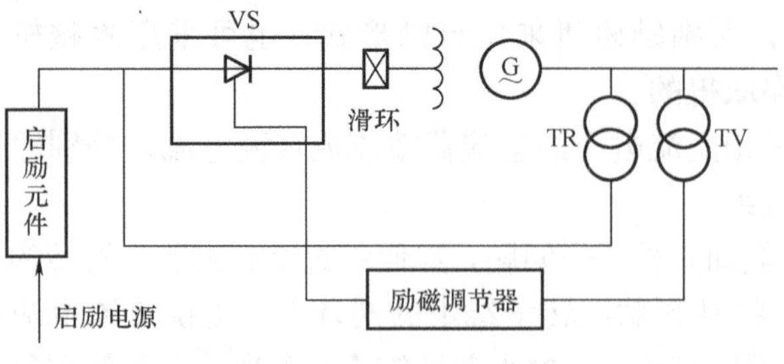

图 6-3 静止励磁系统

静止励磁系统如图 6-3 所示。它由机端励磁变压器供电给整流器电源，经三相全控整流桥直接控制发电机的励磁。

静止励磁系统的主要优点有：

(1) 励磁系统接线和设备比较简单，无转动部分，维护费用少，可靠性高；

(2) 不需要同轴励磁机，可缩短主轴长度，这样可减少基建投资；

(3) 直接用晶闸管控制转子电压，可获得很快的励磁电压响应速度，可近似认为具有阶跃函数那样的响应速度；

(4) 由发电机机端取得励磁能量。机端电压与机组转速的一次方成正比，故静止励磁系统输出的励磁电压与机组转速的一次方成比例；而同轴励磁机励磁系统给出的励磁电压与转速的平方成正比，这样，当机组甩负荷时静止励磁系统机组的过电压就低。

静止励磁系统特别适宜用于发电机与系统间有升压变压器的单元接线中。由于发电机引出线采用封闭母线，机端电压引出线故障的可能性极小，设计时只需考虑在变压器高压侧三相短路时励磁系统有足够的电压即可。

四、励磁系统中的整流电路

1. 三相全控桥整流电路

在电力电子技术课程中我们已经了解了如何将三相电压经三相全控桥整流电路整流为可控的直流电压。全控桥整流电路由 6 个晶闸管构成，其触发导通换相角是可控的，见图 6-4 (a)。通过控制触发角 α 的大小，可以改变直流电压的大小。确定同步电压由负变正过零点滞后 α 角触发，依次触发 6 个脉冲。图 6-4 (b) 中的 a、b、c 是 VSO1、VSO3、VSO5 控制触发角 α 的起始点 ($\alpha=0$)；a′、b′、c′是 VSO4、VSO6、VSO2 控制触发角 α 的起始点。VSO1～VSO6 触发脉冲依次间隔 60°，顺序为 a、c′、b、a′、c、b′，并要依次与 u_{ab}、u_{ac}、u_{bc}、u_{ba}、u_{ca}、u_{cb} 电压保持同步。为保证后一晶闸管触发导通时前一晶闸管处于导通状态，在给后一晶闸管触发脉冲的同时也给前一晶闸管以触发脉冲，形成双脉冲触发。

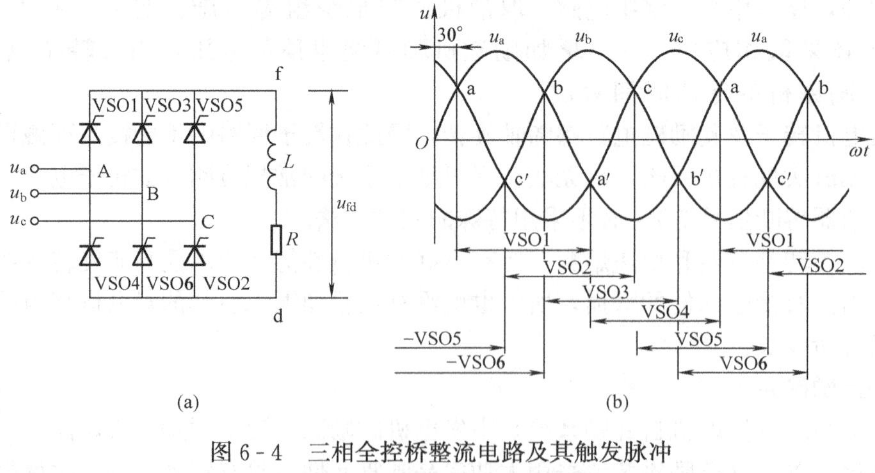

图 6-4 三相全控桥整流电路及其触发脉冲

(a) 三相全控桥电路；(b) 控制触发脉冲

三相全控桥整流电路输出电压与控制角 α 的关系为

$$U_d = 1.35E\cos\alpha \tag{6-1}$$

式中　E——输入交流线电压。

当 $\alpha<90°$ 时，$U_d>0$，改变控制角就可以改变直流电压，实现 AER 功率单元的控制要求。

2. 整流换相过程

三相全控桥整流过程中，同一时刻应有两个晶闸管处于导通状态。在受到正向电压和控制触发脉冲作用下，预导通的晶闸管由截止进入导通状态，而预关断的晶闸管由导通进入截止状态，形成换相过程。由于整流电路的负载是发电机的转子绕组，换相回路存在大电感，换相电流不能瞬时变化，以 VSO6 向 VSO2 换相过程为例，i_6 逐渐从 I_{fd} 衰减为 0，VSO6 关断。i_2 逐渐从 0 上升为 I_{fd}，见图 6-5（b）。

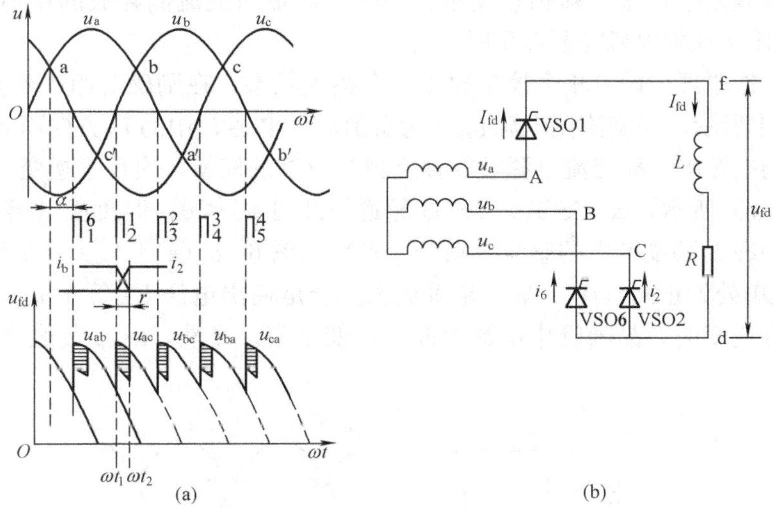

图 6-5　电源电感对换流的影响

（a）输出电压波形；（b）换流时的电路

在换相过程中，u_b、L_T、u_c、L_T 经 VSO6 和 VSO2 短路（见图 6-6）。由于短路环存在，输出电位为两个 L_T 的中点，直到 VSO6 关断，在输出波形上留下缺口，换流角为 γ，见图 6-5（a）。

由交流回路等值电抗 X_T 所引起的换相过程使直流输出电压平均值为

$$U_d = 1.35E\cos\alpha - \frac{3}{\pi}X_T I_{fd} \tag{6-2}$$

由式（6-2）可得到整流电路的外特性如图 6-7 所示。

式（6-2）表示虽然 X_T 是交流侧参数，但其在换相过程的作用效果等值于直流电流在其上的直流压降。由此可见，在某一固定触发角 α 时（E_{01} 或 E_{02}），直流侧输出电压 U_d 随励磁电流 I_{fd} 的特性是下倾的，见图 6-7 中特性 1 和特性 2。励磁绕组的伏安特性为特性 3（带有一定非线性），其与全控桥外特性的交点即为运行点，而改变控制触发角 α 可以使外特性上下平移，相应改变励磁电压的工作点，见图 6-7。

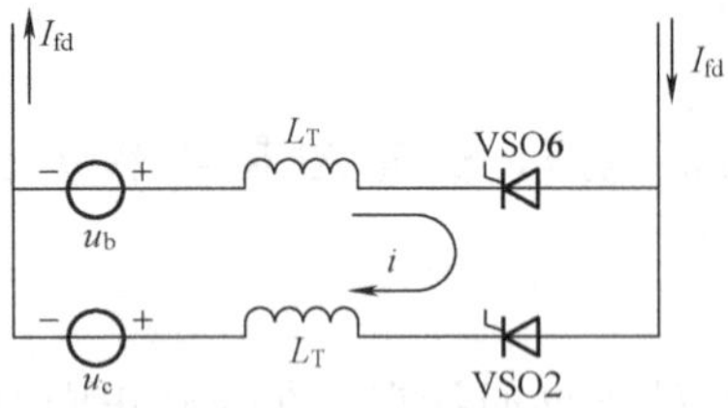

图 6-6　换流期间的等值电路

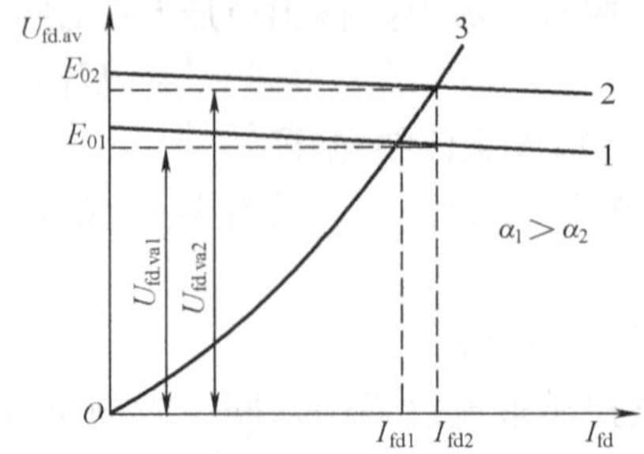

图 6-7　三相全控桥整流电路外特性

3. 逆变工作状态

当移相触发角 $\alpha>90°$时，直流侧输出电压将为负电压。转子绕组磁场能量向交流侧释放，直到能量释放完毕，这种移相触发角 $\alpha>90°$，能量向交流侧释放的作用，称之为“逆变”，逆变过程用于在发电机需要停机时灭磁。

（1）逆变工作原理。设三相全控桥原工作在整流状态，在励磁绕组中建立电流 I_{fd}方向如图 6-8（a）中所示。当交流侧电源 u_{ab}变为负值时，电感 L 中的 I_{fd}方向不变，于是电感 L 中的储能反馈到电源中，即交流电源吸取直流侧 L 反馈的能量，实现了逆变。

如图 6-8（a）所示，设 VSO1、VSO6 导通，此时 $u_{ab}<0$，但负载电感 L 中原有电流 I_{fd}在逆变过程中在 L 两端产生的感应电动势［极性见图 6-8（a）］较大，抵消 u_{ab}后仍然可使 VSO6、VSO1 处为正向电压，保持导通状态。于是输出电压 U_{fd}等于 u_{ab}（负值）。当 L 中储能不能维持逆变时，晶闸管中电流中断，逆变结束。显然，$U_{fd.av}$负值愈大，逆变过程愈短。

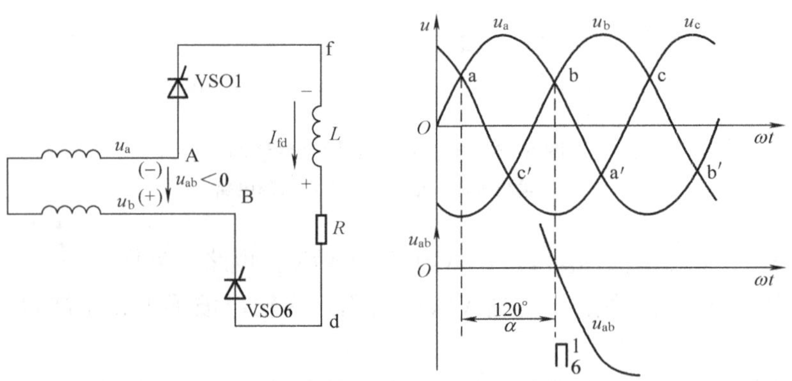

(a)　　(b)

图 6-8　三相全控桥逆变过程说明

（a）电路图；（b）波形图

（2）实现逆变的条件。根据上述分析，三相全控桥实现逆变工作的条件如下。

1）$U_{fd.av}$应为负值，所以控制角 $\alpha=90°\sim180°$。

2）负载必须为电感性（如发电机的励磁绕组），且原先三相全控桥在整流状态下工作，即负载电感原先储有能量。当然，纯电阻负载时三相全控桥不能实现逆变。

3）交流电源电压不能消失。因逆变时负载两端电压被限制在电源电压水平，所以电源

电压愈高或控制角 α 愈大时，在同样条件下逆变过程愈短。

（3）逆变角 β。三相全控桥工作在逆变状态时，每个晶闸管元件连续导通 120°电角度，每隔 60°有一个晶闸管换流，在输入电压一个周期内，每个晶闸管的导通角是固定的，与控制角 α 大小没有关系。定义逆变角 $\beta=180°-\alpha$，考虑换流角 γ 的存在，β 角不能过小。逆变时一般固定取 $\beta=40°$，即 $\alpha=140°$。

第二节　同步发电机励磁控制系统

一、同步发电机励磁控制系统构成

电力系统中运行的同步发电机，其运行特性与空载电动势 E_q 密切相关，而空载电动势 E_q 是发电机励磁电流 I_{fd} 的函数（发电机的空载特性），所以改变励磁电流就可改变同步发电机在系统中的运行特性。因此，对同步发电机励磁电流进行调节是同步发电机运行中的一个重要内容。实际上，同步发电机在正常运行、系统发生故障情况下，励磁电流都要进行调节。发电机正常运行进行励磁电流调节，可维持机端电压或系统中某点电压水平，并使机组间无功功率达到合理分配；系统发生故障情况下的励磁电流调节，可提高系统运行稳定性。因此，同步发电机励磁电流进行自动调节，不仅可提高电能质量，合理分配机组间无功功率，而且还可提高系统运行稳定性。励磁电流的自动调节是由同步发电机自动励磁调节装置实现的，励磁调节装置简称为 AER（AVR）。

同步发电机的励磁调节系统是同步发电机的一个重要组成部分，它通常由两部分组成：第一部分是励磁功率单元，它向同步发电机的励磁绕组提供可靠的直流励磁电流；第二部分是励磁调节器（AVR），它根据发电机及电力系统运行的要求，自动调节控制励磁功率单元输出的励磁电流。整个励磁系统是由励磁调节器、励磁功率单元和发电机构成的一个反馈控制系统，如图 6 - 9 所示。

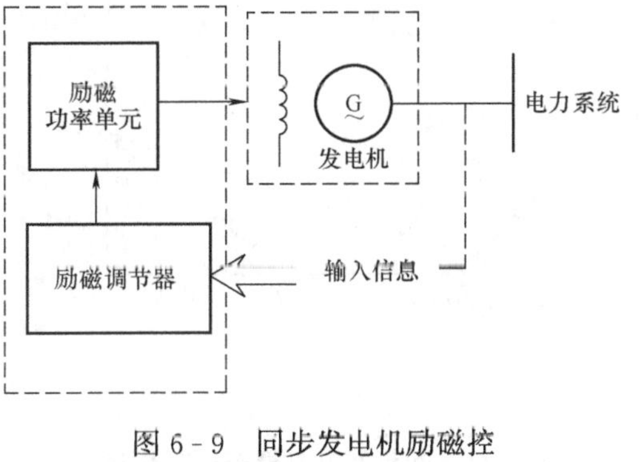

图 6 - 9　同步发电机励磁控制系统构成框图

二、励磁控制系统的任务

1. 维持机端或系统中某点电压水平

电力系统在正常运行时，随着负荷的波动，需要对励磁电流进行调节以维持机端或系统中某一点的电压在给定水平（电压控制）。励磁自动控制系统担负了维持电压水平的任务，这是励磁系统最基本的任务。为了阐明它的基本概念，可用最简单的单机系统来分析。

图 6 - 10（a）所示为同步发电机运行原理图，其中 U_{fd}、I_{fd} 为发电机励磁电压、电流。图 6 - 10（b）所示为稳态运行情况下的等值电路，其中 E_q 为发电机空载电动势，X_d 为直轴同步电抗，U_G、I_G 为发电机端电压、电流。图 6 - 11 所示为对应相量图。图中 δ_G 为 $\dot{E}_q$、$\dot{U}_G$ 间的角，即功率角；I_Q 为发电机电流无功分量。

由图 6 - 11 可知，由于一般 δ_G 很小，$\cos\delta_G\approx1$，因此得发电机电动势与端电压关系为

$$E_q \approx U_G + I_Q X_d \tag{6-3}$$

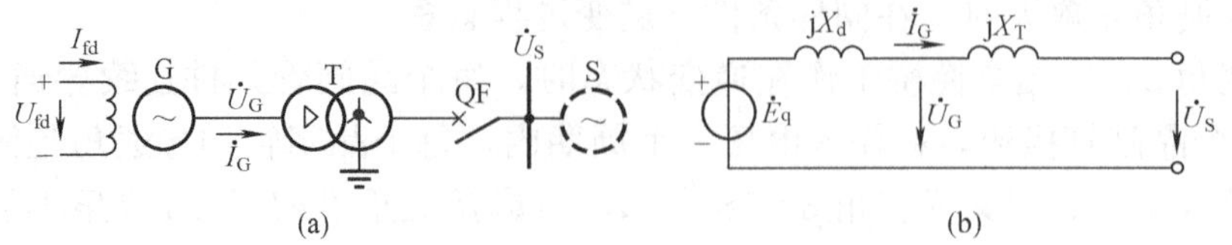

图 6 - 10　同步发电机系统示意图

（a）原理图；（b）等值电路

可见当发电机励磁电流保持不变时引起机端电压降低的主要原因是发电机的感性无功电流。当励磁电流一定时，无功电流输出增加，发电机端电压下降；无功减少则端电压上升。发电机的外特性 $U_G=f(I_Q)$ 必然是下降的，如图 6 - 12 所示。要维持发电机端电压不变，需要随电压的变化改变励磁电流。

设发电机的励磁电流为 I_{fd1}，此时发电机无功电流为 I_{GQ1}，机端电压为额定电压 U_N，如图 6 - 12 中的 1 点；当无功电流增大到 I_{GQ2}时，若励磁电流仍为 I_{fd1}，则机端电压降到 U_{G1}，如图 6 - 12 中的 2 点；为保持机端电压为额定值运行，应增大励磁电流到 I_{fd2}，如图 6 - 12 中的 3 点，即将外特性曲线上移。同样，无功电流减小时为保持机端额定电压运行，励磁电流应减小，即外特性曲线下移。

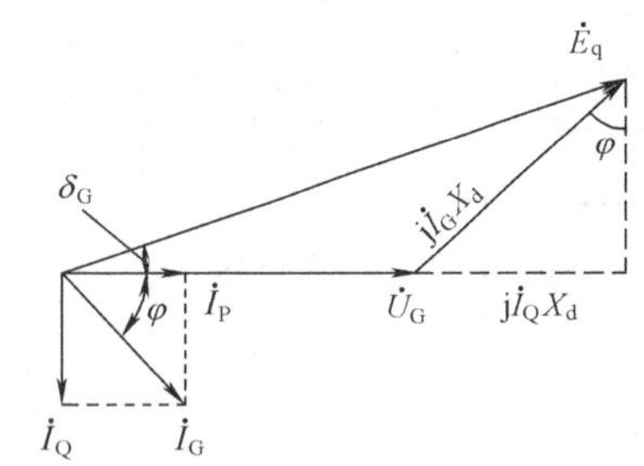

图 6 - 11　同步发电机稳态运行相量图

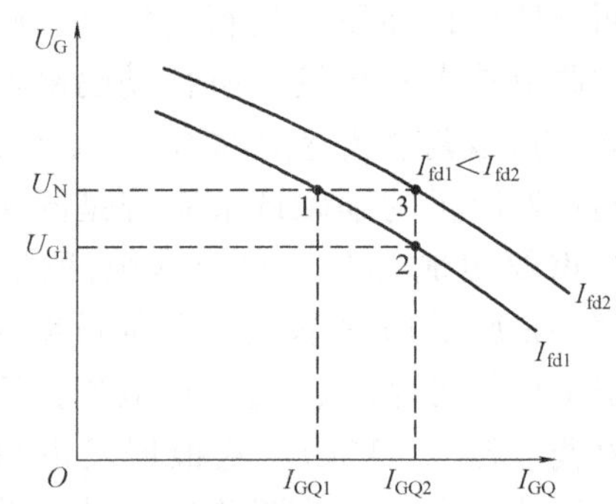

图 6 - 12　同步发电机无功电压外特性

这种机端电压维持额定电压的励磁电流调节，可以手动进行，也可以自动进行。自动进行励磁电流调节的装置是 AER（AVR）。励磁功率单元提供同步发电机正常运行、系统故障情况下的励磁电流，AER 根据输入信号和给定的调节准则控制励磁功率单元的输出。如果 AER 足够灵敏，调节结束时总有 $\Delta U\rightarrow 0$，从而使发电机 U_G 正常运行时维持给定电压水平。

2. 控制无功功率分配

当发电机与无穷大容量母线并联运行时，根据无穷大系统定义，系统阻抗为零，发电机与系统相联的母线电压恒定。

发电机输出功率由原动机输入功率决定，与励磁电流大小无关。当原动机输入功率不变时，发电机输出有功功率为常数；另一方面，对隐极发电机，发电机输出有功功率可由功角特性得到，则发电机有功功率为

$$P_G=U_G I_G\cos\varphi=\frac{E_q U_G}{X_d}\sin\delta \tag{6 - 4}$$

当U_G保持不变时，即有

$$I_G\cos\varphi = K_1(\text{常数}) \tag{6-5}$$

$$E_q\sin\delta = K_2(\text{常数}) \tag{6-6}$$

式中　X_d——常数；

K_1、K_2——常数。

由图6-13可见，机端电压恒定不变，改变励磁，仅改变E_q电动势，E_q端点将始终在A线上；E_q变化，将使δ跟随变化。例如增大励磁，E_q增大，δ角减小，I_G滞后于电压的角度φ将增大，由于I_G端点应始终在B线上，所以发电机对应无功功率输出增加；相反，减小励磁将使发电机输出无功功率减小；当减小励磁使发电机电动势低于母线电压后，发电机将从系统中吸收无功功率，这种运行方式即为“进相运行”。

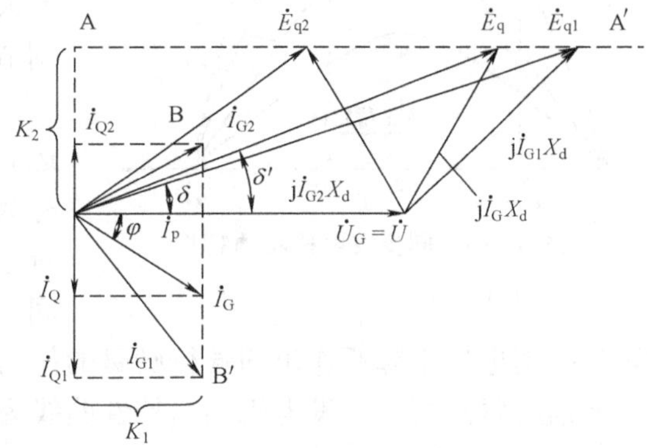

图6-13　同步发电机与无穷大系统并联运行相量图

由此可知，当发电机与大系统并联运行时，通过改变发电机励磁，可控制发电机的无功功率输出，使机组间的无功功率合理分配。

3. 提高同步发电机并联运行稳定性

(1) 提高静态稳定性。同步发电机并列于电力系统运行，系统中经常存在小的干扰。静态稳定讨论的是发电机在小干扰作用下，能否具备恢复至原运行点的能力。设发电机经升压变压器与系统相联，系统电压为U_S恒定不变，等值电路如图6-14所示。

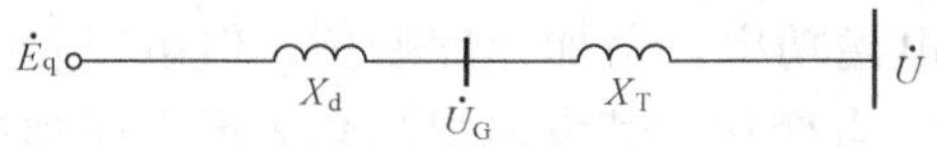

图6-14　同步发电机与系统并联运行等值电路图

如图6-15所示，当发电机输入功率为P_0时，与发电机功角特性相交于a点，输出电磁功率P_{G3}对应功角为δ_0。不同的励磁对应不同的E_q值，$E_{q1}<E_{q2}<E_{q3}$。

由电力系统知识可知a点为稳定工作点，在该点上系统负荷有小干扰，能够恢复至a点运行；而b点为不稳定工作点。无自动励磁调节时，励磁电流不变，保持E_q恒定。功角特性最高点对应发电机输出最大电磁功率P_m，$\delta=90°$为静态稳定极限。P_m与P_0之间的差值与发电机额定有功容量的比值为稳定裕度。

当有自动励磁调节器时，发电机功率变化时，为维持端电压，必须调节E_q值。即具有AER的发电机的有功功率变化时，式(6-4)示出的功角特性中E_q与δ都是变化量。

分析表明，对具有AER的隐极式同步发电机，功角特性也可表示为

$$P_G = \frac{E'_q U}{X'_d + X_T}\sin\delta + \frac{U^2}{2}\left(\frac{1}{X_q} - \frac{1}{X'_d}\right)\sin 2\delta \tag{6-7}$$

式中　E'_q——发电机直轴暂态电动势(AER可保持E'_q恒定)；

X'_d——发电机直轴暂态电抗；

X_q——发电机交轴同步电抗。

虽然 $E'_q<E_q$，但由于 X'_d 远小于 X_d，故功角特性要比式（6-4）的功角特性高，作出功角特性如图6-15中虚线所示，功率极限出现在 $\delta>90°$ 的区域。

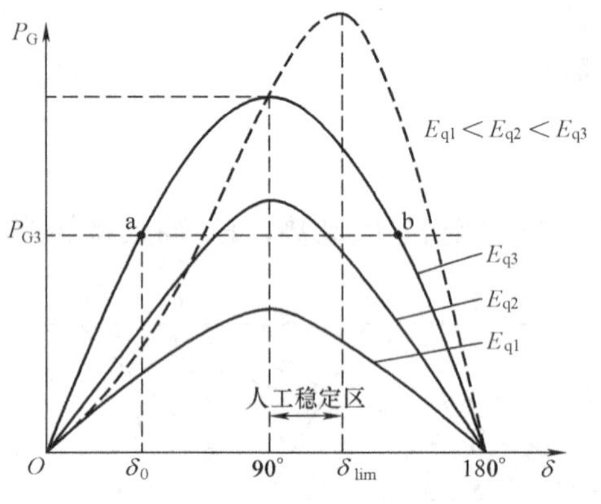

图6-15　同步发电机功角特性

当发电机不装设AER时，功角 δ 极限为90°；当发电机装设AER后，功角 δ 极限 $\delta_{lim}>90°$，发电机可以稳定运行在 $90°<\delta<\delta_{lim}$ 的区域，该区域是人工稳定区，静稳定水平提高。有无自动励磁调节器的比较见图6-15。

（2）对暂态稳定的作用。发电机与系统并列运行受到大干扰后是否能够保持同步运行状态，称为暂态稳定分析，包括发生各种类型的能够影响系统稳定的短路故障、继电保护切除故障的时间。这里讨论发电机的励磁调节系统在电网发生故障后，对电压下降所作出的强行励磁的作用。暂态稳定分析的系统接线如图6-16所示。

系统正常运行时，发电机功角特性曲线为图6-17中的曲线Ⅰ，即

$$P_G=\frac{E_qU}{X_\Sigma}\sin\delta \tag{6-8}$$

在双回线路中一回线路发生故障后，系统母线电压急剧降低，发电机功角特性曲线下降为功角特性曲线Ⅱ，运行点从a点变为b点。由于短暂时间内发电机调速装置不可能迅速反应，可假设发电机输入机械功率不变，此时，发电机输入机械功率大于输出电磁功率，发电机有正的角加速度，且角速度高于系统同步速，发电机功角从b点增大向c点变化。由于线路继电保护动作，断开故障线路，系统母线电压恢复，但线路单回路阻抗较大，发电机功角特性曲线上升为曲线Ⅲ，虽然此时发电机输入机械功率小于输出电磁功率，角加速度变负，但由于发电机角速度高于系统同步速，发电机功角从e点增大向f点变化。若发电机功角 δ 增大而越过f点，发电机又将进入加速过程，从而导致发电机与系统之间失去同步，我们称之为暂态不稳定。若发电机功角 δ 在越过f点之前角速度减小到低于系统同步速，发电机功角 δ 从增大变为减小，向发电机与系统之间稳定方向变化，经多次阻尼振荡，最终稳定在新的同步运行点，该过程我们认为是暂态稳定的。在线路发生故障后，形成abce围成的区域是发电机加速，动能、势能增加的区域，称为加速面积；而def围成的区域是发电机减速，剩余动能转化为势能的区域，称为减速面积。根据发电机与电力系统暂态稳定的面积定则判据，当加速面积大于减速面积时，系统是暂态不稳定的；反之，加速面积小于减速面积时，系统是暂态稳定的。

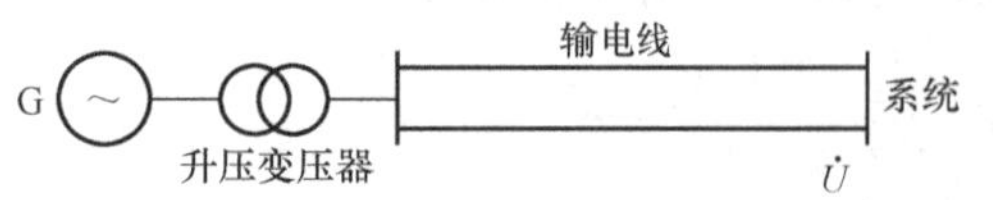

图6-16　系统接线示意图

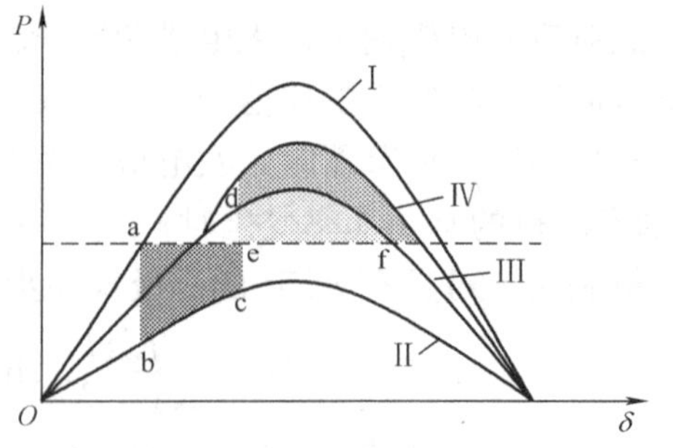

图6-17　说明系统暂态稳定的功角特性

下面来分析发电机励磁系统强行励磁的作用。线路故障使发电机端电压过低，于是强行

励磁动作，升高励磁电压，增加转子励磁电流，使发电机电动势提高，即发电机功角特性曲线不再是曲线Ⅲ，而变为曲线Ⅳ，使减速面积增加了一大块，提高了系统暂态稳定性。

4. 改善电力系统运行条件

（1）改善电动机自启动条件。在发电机外部系统发生故障时，由于短路电流较大，使发电机机端电压降低，而现代大型发电机厂用电均取自于发电机端，厂用电压降低将使电动机减速，电动机将出力不足，从而使发电机的工作状态不稳定。当故障切除后，机端电压得以恢复，电动机则进入自启动过程，更希望厂用电电压能够在电动机自启动过程中有较高的电压水平，这种过程应该能够尽快完成。

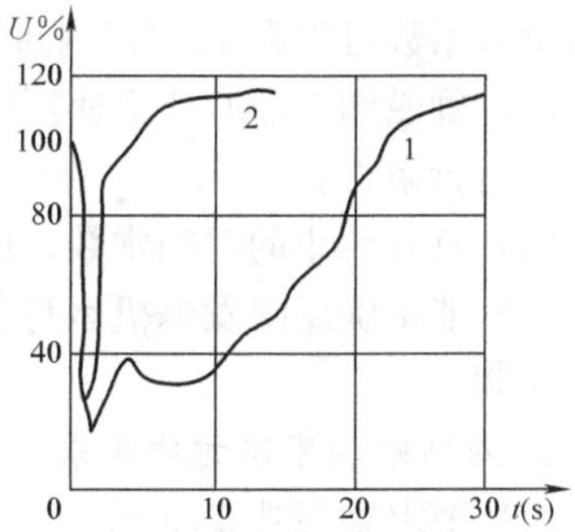

图 6-18 励磁调节对电压恢复的作用

1—无励磁电压控制；
2—有励磁电压控制

发电机励磁系统装设了励磁调节器后，能够快速响应机端电压的变化，见图 6-18，从而可保持机端电压的稳定，即改善了电动机自启动条件。

（2）改善其他发电机失磁后异步运行条件。一个现代电力系统中，有很多发电机并在电网中同步运行，保持系统的无功功率平衡也是各台发电机的任务。若电网中的某台发电机由于失磁而进入异步运行，此时这台发电机不但不能继续向系统提供无功功率，反而会从系统中吸收无功功率，来维持其异步运行，因此系统需要有大量无功功率支援，才能达到保持系统的无功功率平衡和维护各母线电压的要求。设系统正常运行时发电机 G1 发出 Q_1 无功功率；发电机 G2 发出 Q_2 无功功率，系统无功功率是平衡的，满足电压变换和负荷对无功的需求。若发电机 G2 发生失磁，需要从系统吸收 Q'_2 无功功率，见图 6-19。

发电机 G1 所发无功功率应为 $Q'_1=Q_1+\Delta Q=Q_1+Q_2+Q'_2$。所需增大的无功功率是较大的，因此要求发电机励磁系统应该有较大的无功功率提供能力。

（3）提高继电保护正确性。当电力系统中发生故障时，继电保护装置对电流的突然增大作出响应，动作于跳闸。短路电流越大，继电保护装置对故障的灵敏性越高。当短路发生时，发电机端电压降低，励磁调节装置自动作出增加发电机励磁的反应，提高了机端电压，从而增大了短路电流，见图 6-20。只要断路器的开断容量允许和电气设备动热稳定允许，励磁调节装置对短路电流的增加对提高继电保护正确性是有利的。

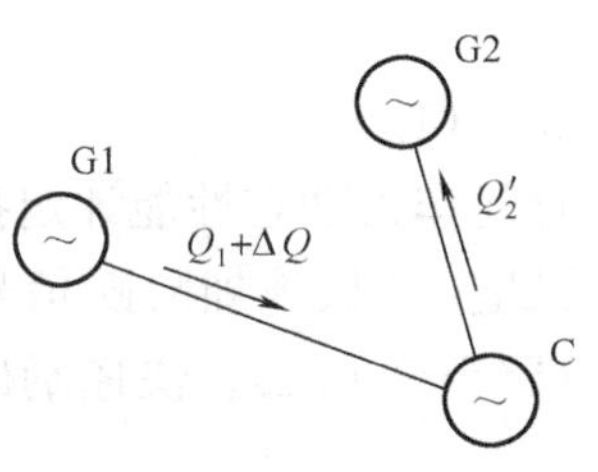

图 6-19 无功功率变化示意图

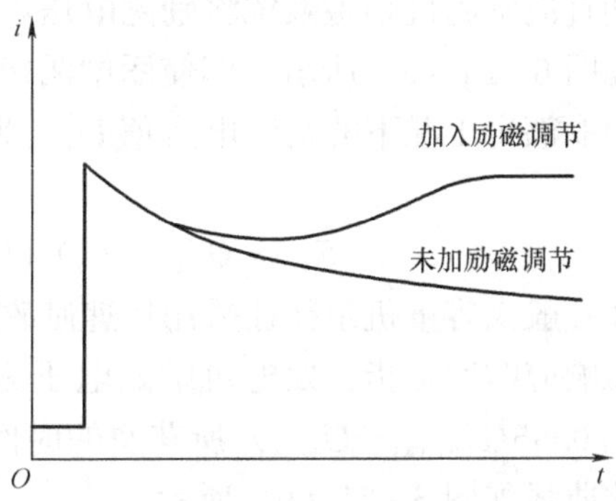

图 6-20 励磁调节对短路电流的影响

三、对励磁控制系统的基本要求

1. 对励磁调节器的基本要求

（1）系统正常运行时，励磁调节器应能反映发电机电压高低以维持发电机电压在给定水平。

（2）励磁调节器应能合理分配机组的无功功率，为此，励磁调节器应保证同步发电机端电压调差系数可以在10%以内进行调整。

（3）励磁调节器应能迅速反应系统故障，具备强行励磁等控制功能以提高暂态稳定和改善系统运行条件。

（4）具有较小的时间常数，能迅速响应输入信息的变化。

（5）能正确反映发电机运行状态，对过大励磁和过小励磁、过高电压和过低频率进行限制与控制。

2. 对励磁功率单元的要求

（1）要求励磁功率单元有足够的可靠性并具有一定的调节容量。在电力系统运行中，发电机依靠励磁电流的变化进行系统的电压和本身无功功率的控制。因此，励磁系统应具有足够的调节容量，以适应电力系统中各种运行工况的要求。

（2）具有足够的励磁顶值电压和电压上升速度。从改善电力系统的运行条件和提高电力系统暂态稳定性来看，希望励磁功率单元具有较大的强励能力和快速的响应能力。强励倍数与励磁电压响应比是反映励磁系统强励性能的两项重要技术指标。

1）励磁顶值电压（强励倍数）。发电机的励磁控制系统均应有强励作用，即当机端电压降低到一定程度时，为了提高电力系统暂态稳定性，以最快的速度将发电机的励磁电压升高到顶值。

励磁顶值电压是励磁功率单元在强行励磁期间可能提供的最高输出电压值$U_{fd.max}$。该值与额定工况下励磁电压$U_{fd.N}$之比为强励倍数。

$$K_Q = U_{fd.max}/U_{fd.N} \tag{6-9}$$

强励倍数高，可使E_q升高，使输出功率增加，从而增大减速转矩，使功角δ摆动最大幅度减小，有利于暂态稳定。强励倍数一般取1.6～2，它主要受到造价和结构的制约。

2）励磁电压响应比。励磁电压响应比是说明发电机转子磁场建立过程的粗略参数，反映了励磁机磁场建立速度的快慢。

早期直流励磁机励磁系统将励磁电压在最初0.5s内上升的平均速度定义为励磁电压响应比，如图6-21（a）所示。即使图中阴影部分的面积和△acb面积相等所确定的ac线的斜率。图中取额定工况下的励磁电压值$U_{fd.N}$为强行励磁初始值，于是励磁电压响应比可以定义为

$$R_p = (U_c - U_b)/U_{fd.N}/0.5 = 2U_{cb*} \quad (1/s) \tag{6-10}$$

现在一般大容量机组往往采用快速励磁系统，用响应时间作为动态性能评定指标。励磁系统电压响应时间是指：发电机励磁电压为额定励磁电压$U_{fd.N}$，从施加阶跃信号起至励磁电压达到$0.95(U_{fd.max}-U_{fd.N})$所花费的时间，该时间一般要小于0.1s。快速励磁系统励磁电压变化曲线如图6-21（b）所示。

励磁系统电压响应时间小于或等于0.1s的励磁系统，称为高起始响应的励磁系统。静

止晶闸管励磁系统属于高起始响应的励磁系统。

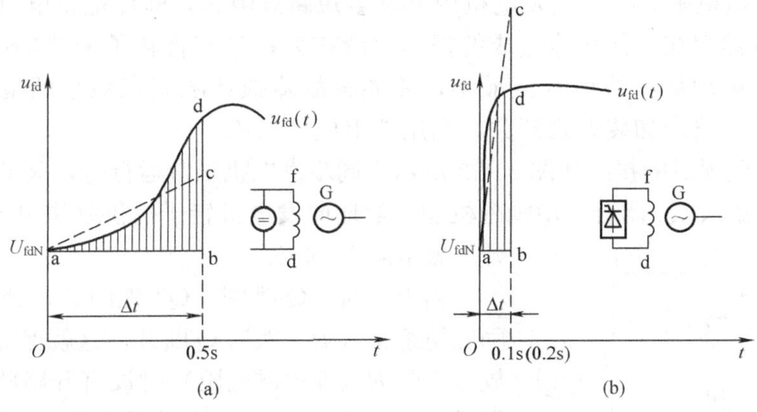

图 6-21　强励时发电机励磁电压变化曲线
(a) 直流励磁机励磁系统；(b) 快速励磁系统

另外，对励磁系统还要求应有足够的强励持续时间，采用晶闸管励磁时，一般为 10～20s；应有足够的电压调节精度与电压调节范围，应能保证同步发电机端电压静差率小于 1%；当发电机内部故障或停机时，快速动作的灭磁性能可迅速将磁场减小到最低，保障发电机的安全。

四、同步发电机的灭磁

1. 灭磁的含义

当发电机或发电机—变压器组发生故障时，继电保护动作在跳开发电机的同时，还应迅速将发电机灭磁。所谓灭磁就是将发电机励磁绕组的磁场尽快地减弱到最小限度，最快的方法是将励磁绕组断开，但因励磁绕组是一个大的电感，突然断开必将在直流侧产生很高的电压，危及转子绕组绝缘、整流桥的安全。因此，实用方法是在断开励磁绕组与励磁电源回路的同时，将一个电阻接入励磁绕组，让磁场储能迅速耗尽。整个过程由自动灭磁装置来实现。

对发电机的灭磁要求有两点，首先灭磁时间应尽可能短；其次励磁绕组两端的过电压不应超过额定励磁电压的 4～5 倍。

为同时满足上述要求，假设灭磁开始时的转子励磁电流为 I_{fd0} 且以某一变化率 di_{fd}/dt 衰减，而磁通的变化率在转子滑环间（即励磁绕组两端）产生的电压值刚好等于允许值，以后电流 i_{fd} 保持这一速率直线衰减到零，如图 6-22 中直线 1 所示，为理想灭磁曲线。实际的灭磁曲线可能是直线 2 或直线 3 等。根据它们与理想曲线接近的程度，可以评价灭磁方案的优劣。

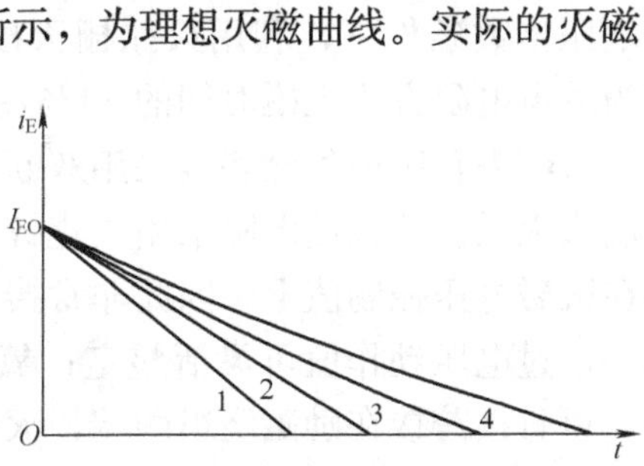

图 6-22　不同方案的灭磁曲线

2. 灭磁的方法

灭磁方法种类较多，如单独励磁机灭磁、对线性电阻放电灭磁、对非线性电阻放电灭磁、采用灭弧栅灭磁，当采用全控桥的半导体励磁系统时，还可利用全控桥逆变灭磁。其中，单独励磁机灭磁方法只用于小型机组，它的灭磁时间较长。下面介绍几种常用灭磁方法。

（1）线性放电电阻灭磁。当发电机内部发生短路故障时，即使把发电机从母线上断开了，短路电流依然存在，使故障造成的损坏继续扩大；只有将转子回路的电流也降为零，使发电机的感应电动势尽快地减至最小，才能将故障损坏限制在最小的范围内。最常用的方法是在转子回路内加装灭磁开关，利用放电电阻灭磁。

利用放电电阻灭磁的接线如图 6-23 所示。同步发电机正常运行时，灭磁开关 Q 处于合闸状态。Q 的主触头 Q1 闭合，使励磁机能正常地向发电机转子提供励磁电流；触头 Q2 断开灭磁电阻 R 回路。

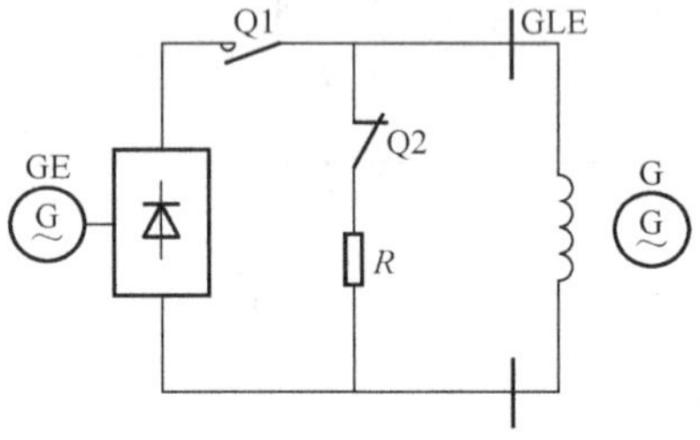

图 6-23　利用线性放电电阻灭磁示意图

当灭磁时，Q 跳闸，Q2 先闭合，使发电机转子的励磁绕组接入 R；然后 Q 断开，这就保证励磁绕组接入放电电阻 R（即灭磁电阻）时没有开路状态出现，避免了过电压的产生。发电机转子绕组并联了灭磁电阻 R 后，转子绕组的电流就按照指数曲线衰减，并将转子绕组中的磁场能量几乎全部转变成热能，消耗在 R 上。

在灭磁过程中，灭磁的时间与 R 有关，R 越大，灭磁过程越快，反之，灭磁过程就慢些。手册规定 R 的数值一般为转子绕组热状态电阻值的 4～5 倍，灭磁时间为 5～7s。

（2）非线性电阻灭磁。由于放电电阻 R 不能取得很大，从而加长了灭磁时间。当将 R 改为非线性电阻，其特性是通过其中的电流较大时，动态电阻小；电流较小时，动态电阻大。合适选择非线性电阻，可以做到灭磁初态时，转子电压不超过容许值，而灭磁时间减小。

（3）采用灭弧栅灭弧。以上方法中，灭磁开关并不承受耗能的主要任务。应用最广泛的灭磁方法是利用带有灭磁栅的快速灭磁开关，它利用串联短弧的端电压不变的特性控制灭弧过程，将磁场储能主要消耗在灭磁开关内，灭磁速度较快，几乎接近理想灭磁。

应用灭磁开关灭磁的原理示意图如图 6-24 所示。在灭磁过程中，DM 的主触头 1—2 先断开，3—4 仍关闭，故不产生电弧；经极短的时间以后，灭弧触头 3—4 断开，在它上面产生了电弧。由于横向磁场的作用，电弧被驱入灭弧栅中，并被分割成很多串联的短弧，在灭弧栅内燃烧，直到励磁绕组中电流下降到零时才熄灭。在产生容许的过电压倍数条件下，利用灭弧栅灭磁的灭磁时间仅为放电电阻方式灭磁时间的 24%左右。

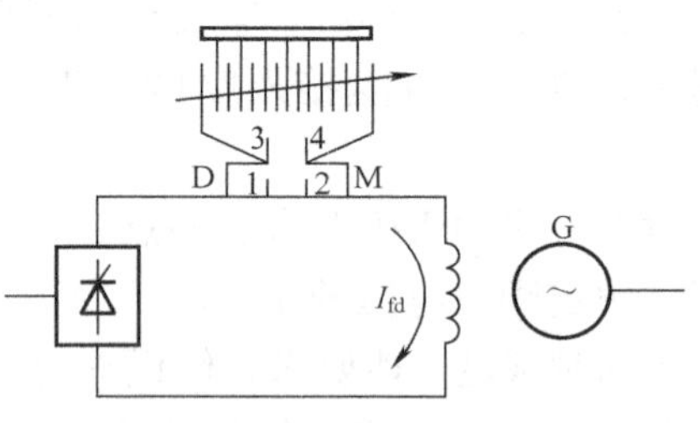

图 6-24　应用灭磁开关灭磁的原理示意图

近年来，国内外已普遍采用双断口直流开关（双断口磁场断路器），配以非线性电阻的方法来灭磁。非线性电阻采用氧化锌元件，有良好的压敏特性，灭磁过程中两端电压始终维持在灭磁电压控制值上，因此非常接近理想灭磁，灭磁速度快；氧化锌元件作为过电压保护元件，过电压动作值可灵活整定；氧化锌元件非线性电阻系数很小，正常电压下漏电流很小，可直接跨接在励磁绕组两端，灭磁可靠；采用双断口直流开关，灭磁过程中励磁电源与励磁绕组完全断开，有利于加快灭磁过程；可靠灭磁，非线性电阻的总电能量应大于励磁绕组的最大储能。因此，这种灭磁方法具有灭磁速度快、灭磁可靠、结构简单、运行维护方便、灭磁过电压动作值可灵活整定等特点。

图 6 - 25 示出了双断口直流开关、非线性电阻灭磁的原理图。图中 DM 为双断口直流开关，NR1、NR2、NR3 为氧化锌非线性电阻，NR1 的动作电压低于 NR2、NR3 的动作电压。

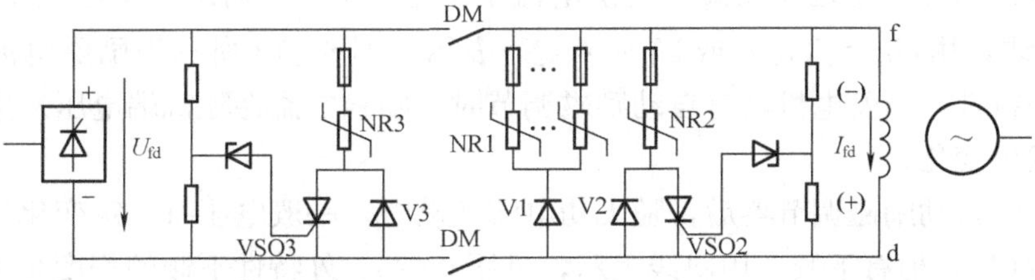

图 6 - 25　双断口直流开关、非线性电阻灭磁的原理图

正常运行时，发电机的励磁电压为 U_{fd}，晶闸管 VSO2、VSO3 不导通，二极管 V1、V2、V3 不导通，所以 NR1、NR2、NR3 中无电流。励磁绕组发生正向过电压，当达到触发晶闸管的动作整定值时，VSO2、VSO3 导通，能量迅速消耗在非线性电阻 NR2、NR3 中，过电压值限制由正向过电压保护整定值确定，能量被吸收后，过电压消失；励磁绕组发生反向过电压，V1 迅速导通，能量迅速消耗在非线性电阻 NR1 中，反向过电压值限制由 NR1 动作值确定，过电压能量被吸收后，反向过电压即消失，在此过程中，因 NR1 的动作值低，所以 NR2、NR3 不承担反向过电压保护任务。

发电机正常停机时，通过可控整流桥逆变灭磁，并不需要断开灭磁开关 DM。发电机事故紧急停机时，跳灭磁开关 DM，DM 断开后，励磁电流 I_{fd}强迫分断，励磁绕组发生反向过电压，极性是 d 端为正、f 端为负，此时磁场能量通过二极管 V1 消耗在 NR1 中，完成灭磁过程。需要指出，灭磁过程中 NR1 上电压基本不变，所以很接近理想灭磁，灭磁速度快。DM 断开后，整流桥侧的正向过电压或反向过电压，均由非线性电阻 NR3 吸取过电压能量，直到过电压消失，过电压值受 NR3 动作值的限制。

（4）利用全控桥逆变灭磁。如果采用晶闸管整流桥向转子供应励磁电流时，就可以应用逆变灭磁。在主回路内不增添设备就能进行快速灭磁。这一方式简单、经济、无触点，得到了广泛采用。

在现代发电机的自动励磁调节系统中，几乎都采用了三相全控桥对 AER 的输出信号进行功率放大，实现对发电机励磁的自动调节。三相全控桥的负载是发电机励磁绕组或励磁机的励磁绕组，符合逆变条件。当发电机故障或停机需要灭磁时，只要将控制角 α 增大到某一合适的角度（如 140°）就可进行逆变灭磁。当励磁机或发电机有他励电源时，由于逆变灭磁过程中交流电压不变，励磁电流等速减小，灭磁过程相当迅速。当励磁机或发电机采用自励方式时，随着灭磁过程的进行，交流电压随之降低，灭磁速度也就减慢。

事实上，逆变灭磁到一定程度时，负载电感 L 中的能量不能维持逆变，此时要借助灭磁电阻（与励磁绕组并接）使 L 中的储能释放，以进行灭磁。

如前所述，在现代大型发电机自并励磁方式中，逆变灭磁只是在发电机正常停机时使用，发电机故障进行灭磁是采用灭磁装置或非线性电阻进行灭磁的。

第三节　并列运行机组间无功功率分配

一、具有自动励磁调节发电机的外特性

同步发电机的外特性是指在某一励磁电流下端电压 U_G 与输出无功电流 I_Q（无功功率 Q）的关系曲线，用 $U_G=f(I_Q)$ 或 $U_G=f(Q)$ 表示。图 6 - 12 所示为励磁电流保持不变值时的发电机外特性。当发电机具有自动励磁调节时，励磁电流将随机端电压发生变化，因此外特性也要发生变化。

发电机安装自动励磁调节器后，随无功电流变动时，一般电压有一定变化量，即发电机外特性 $U_G=f(I_Q)$ 稍有下倾，用斜线表示，见图 6 - 26。外特性下倾的程度是表征发电机励磁控制系统运行特性的一个重要参数，称为调差系数，其定义为

$$\delta=\frac{U_{G0}-U_{G2}}{U_{GN}}=U_{G0*}-U_{G2*}=\Delta U_{G*} \tag{6 - 11}$$

式中　U_{G0}——发电机空载（无功负载为零时）电压；

U_{G2}——发电机额定无功负载为 Q_N 时的机端电压，一般为额定电压；

δ——发电机调差系数。

由式（6 - 11）可见，调差系数 δ 表征无功电流从零增加到额定值时，发电机电压的相对变化。

由于发电机运行需要，调差系数需要调整。通过调差环节的设置可以改变调差系数 δ，以适应发电机各种运行方式。在发电机励磁调节器中需要设置调差环节，以获得所需的调差系数。不同调差系数的发电机外特性如图 6 - 27 所示。

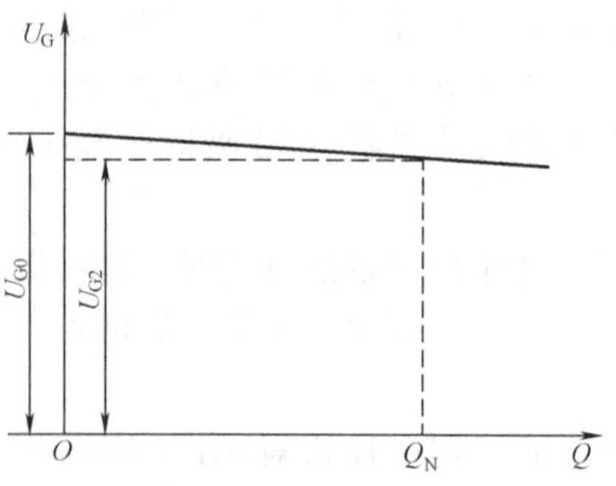

图 6 - 26　调差系数的定义

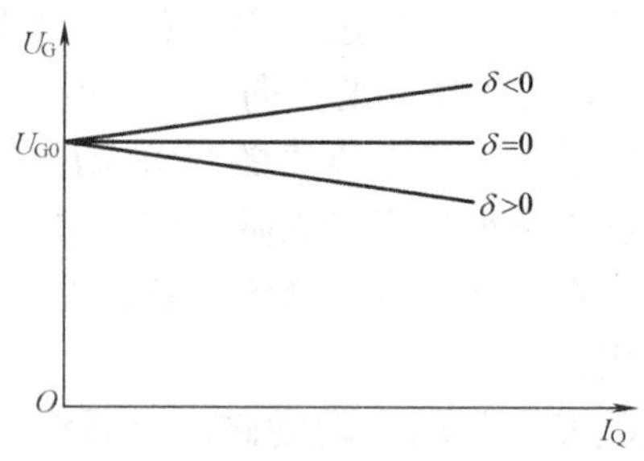

图 6 - 27　不同调差系数的发电机外特性

具有调差环节的发电机外特性（或调节特性）分为以下三种类型。

（1）正调差：调差系数 $\delta>0$，发电机端电压随无功增大而降低；

（2）负调差：调差系数 $\delta<0$，发电机端电压随无功增大而升高；

（3）无差：调差系数 $\delta=0$，发电机端电压不受无功影响，恒定不变。

当设发电机并网运行时，系统母线电压维持不变，增大励磁给定值 U_{ref}，即平移发电机外特性曲线可以改变发电机所承担的无功功率，见图 6 - 28。设发电机并入系统时机端电压为 U_M，外特性曲线如图 6 - 28 中特性曲线 3 所示，此时发电机不承担无功功率；当给定电压逐渐增大时，发电机外特性曲线由特性曲线 3 上移到特性曲线 2、特性曲线 1，相应的发

电机的无功功率上升到 Q_1、Q_2。可见，增大励磁调节器的给定电压，并列于系统上的发电机所承担的无功功率逐渐增大，此时的机端电压由系统电压确定。

当发电机停机时，可先减小给定电压，将外特性曲线向下移动，无功功率逐渐减小。当外特性曲线为图 6-28 中特性曲线 3 时，无功功率已减至零，此时断开发电机不会造成对系统无功功率的冲击。可以看出，减小给定电压，并列在系统上的发电机所承担的无功功率会逐渐减小。

由以上分析可见，增大或减小励磁调节器的给定电压，可平稳增大或减小发电机的无功功率，实现发电机无功功率的转移。

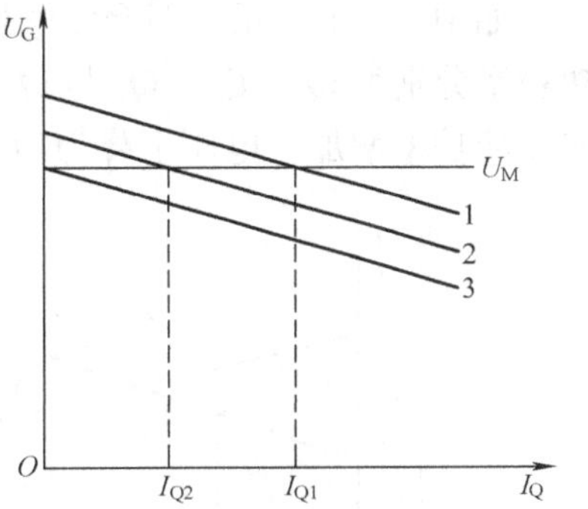

图 6-28　外特性平移与无功功率的关系

二、并列运行机组间无功功率分配

并列运行机组指的是在同一母线上并列运行的发电机，或在同一高压母线上并列运行的发电机—变压器组。当改变并列运行中一台发电机的励磁电流时，该机的无功功率就会变化，同时还会影响并列运行机组间无功功率的分配，甚至还会引起并列运行的母线电压改变。这些变化与同步发电机的外特性密切相关，对外特性有一定要求。

1. 无差特性的发电机与正调差特性的发电机并列运行

如图 6-29 所示，1 号机为无差特性 1，2 号机为正调差特性 2。当两机在同一母线并列运行时，母线电压等于 1 号机端电压并保持不变。2 号机无功功率为 Q_2；1 号机的无功功率取决于用户所需的无功功率。当无功负荷变动时，2 号机的无功功率保持不变，仍为 Q_2，1 号无差机将承担全部无功负荷的变动。

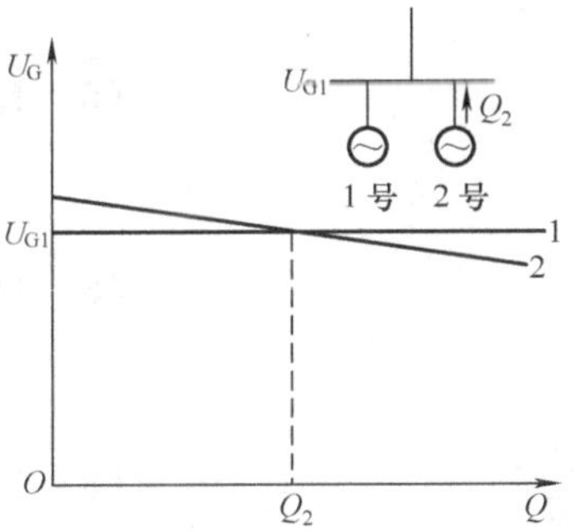

图 6-29　无差特性机组与正调差特性机组并列

移动 2 号机特性曲线 2，可改变两机间无功功率的分配。移动 1 号机特性曲线 1，不仅母线电压要发生变化，而且 2 号机的无功功率也要发生变化。

由以上分析可见，一台无差特性发电机可以与一台或多台正调差特性发电机在同一母线上并列运行，但机组间的无功功率分配是不合理的，所以实际上很少采用。

两台无差特性的发电机，即使端电压调得完全相同，也不能在同一母线上并列运行，因为两机间无功功率分配是任意的，所以两机间会发生无功功率的摆动，不能稳定运行。

2. 负调差特性发电机与正调差特性发电机并列运行

如图 6-30 所示，1 号机为负调差特性 1，2 号机为正调差特性 2。当两机在同一母线上并列运行时，若并列点母线电压为 U_{G1}，则 1 号机无功功率为 Q_1；2 号机无功功率为 Q_2，但这是不能稳定运行的。因为当无功需求增加时，1 号负有差机将升高电压，2 号正有差机将降低电压，导致 AER 处上限工作；同样，当无功需求减小时，导致 AER 处下限工作；或者在两机组间无功功率发生摆动，机组无法稳定运行。因此，不允许负调差特性发电机参与直接并列运行。

3. 两台正调差特性发电机并列运行

两台正调差特性发电机并列运行时，各台发电机承担的无功功率由各自的调差系数 δ_i 确定，同时各台机组无功功率之和等于总无功功率，由此也确定了电压。

如图 6 - 31 所示，两台发电机均具有正调差系数。若并列点母线电压为 U_{G1}，则两机无功功率分别为 Q_1、Q_2，Q_1 与 Q_2 具有确定的关系。如果由于某种原因无功功率发生了变化，如无功功率增加，电压下降为 U'_{G1}，两机无功功率分别为 Q'_1、Q'_2。

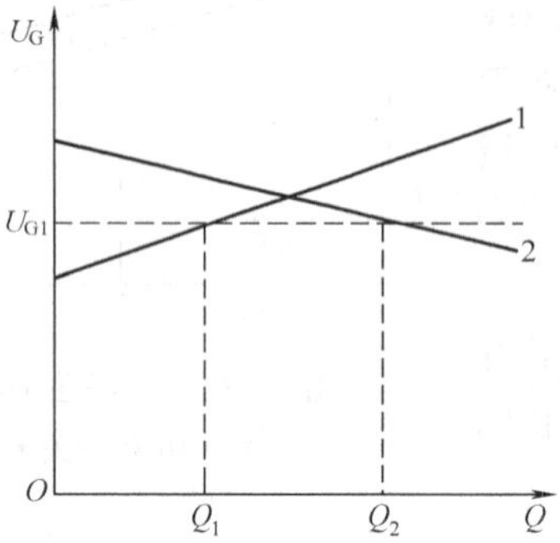

图 6 - 30 负调差特性机组与正调差特性机组并列

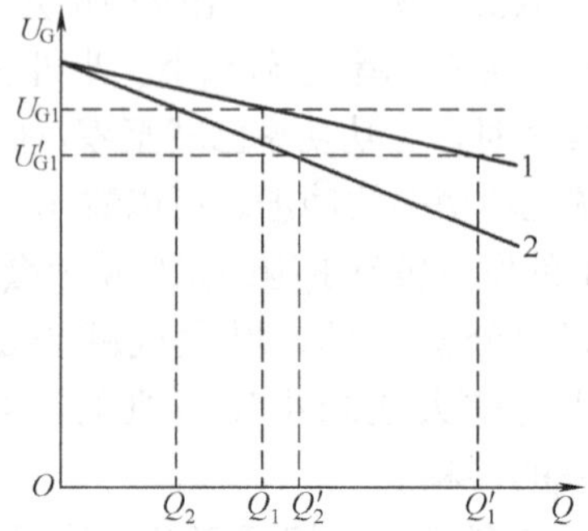

图 6 - 31 两台正调差特性机组并列运行

无功功率减小时，也有类似过程。这说明，两台或两台以上均具有正调差特性发电机并列运行可维持无功功率的稳定分配，能稳定运行，保持并列点母线电压在给定值水平。

理想的情况是，机组间无功功率的分配与机组容量成正比，无功功率增量也应与机组容量成正比。对其中的任一机，当机端电压为 U_G、无功功率为 Q 时，在图 6 - 31 中根据相似三角形原理可写出关系式

$$\frac{Q}{Q_N}=\frac{U_{G0}-U_G}{U_{G0}-U_{GN}} \tag{6-12}$$

当机端电压为 U'_G、无功功率为 Q'时，同样可得

$$\frac{Q'}{Q_N}=\frac{U_{G0}-U'_G}{U_{G0}-U_{GN}} \tag{6-13}$$

式（6 - 12）减式（6 - 13），可得

$$\frac{Q-Q'}{Q_N}=\frac{U'_G-U_G}{U_{G0}-U_{GN}} \tag{6-14}$$

用标幺值表示为

$$\Delta Q_*=-\frac{U'_G/U_{GN}-U_G/U_{GN}}{(U_{G0}-U_{GN})/U_{GN}}=-\frac{\Delta U_{G*}}{\delta} \tag{6-15}$$

式中 ΔQ_*——以额定无功功率为基准的无功变化量标幺值，$\Delta Q_*=(Q'-Q)/Q_N$；

ΔU_{G*}——机端电压变化量标幺值，$\Delta U_{G*}=(U'_G-U_G)/U_{GN}=\Delta U_G/U_{GN}$。

或写成

$$\Delta U_{G*}=-\delta\Delta Q_* \tag{6-16}$$

当母线电压波动时，发电机无功功率（电流）的增量与电压偏差成正比，与调差系数成反比，而与电压整定值无关。式中“－”号表示无功功率增加时端电压降低，无功功率减小时端电压升高（$\delta>0$）。

将式（6 - 12）改写为

$$Q_{N*}=\frac{(U_{G0}-U_G)/U_{GN}}{\delta} \tag{6-17}$$

由式（6 - 17）可以看出，要使机组间无功功率按机组容量分配（即两机的 Q 值相等），其

条件是：两机（或多机）的调差系数 δ 相等，同时两机（或多机）的 U_{G0} 相等（因机组并联，U_{G0} 一定相等）。调差系数 δ 不相等时，调差系数愈小，发电机承担的无功功率比例愈大。

4. 并列运行机组间无功功率分配计算

下面分析多台发电机并列运行时，当总无功功率增量 ΔQ_{Σ} 时，母线电压下降，各调节器动作增加励磁电流，相应输出无功功率的增加是各台机组的无功功率增量与各机组无功调差系数 δ_i 的关系。

总无功功率增量标幺值为 ΔQ_{Σ}

$$\Delta Q_{\Sigma *}=\frac{\Delta Q_{1*}Q_{G1N}+\Delta Q_{2*}Q_{G2N}+\Delta Q_{3*}Q_{G3N}}{Q_{G1N}+Q_{G2N}+Q_{G3N}}$$

$$=-\Delta U_{*}\frac{\dfrac{Q_{G1N}}{\delta_1}+\dfrac{Q_{G2N}}{\delta_2}+\dfrac{Q_{G3N}}{\delta_3}}{Q_{G1N}+Q_{G2N}+Q_{G3N}}$$

$$=\frac{-\Delta U_{*}}{\dfrac{Q_{G1N}+Q_{G2N}+Q_{G3N}}{\dfrac{Q_{G1N}}{\delta_1}+\dfrac{Q_{G2N}}{\delta_2}+\dfrac{Q_{G3N}}{\delta_3}}} \tag{6-18}$$

与单台机组无功功率增量标幺值与电压增量标幺值关系对比，可得多台机组无功功率总增量标幺值与电压增量标幺值关系，即多台机组并联运行，可等值为一台机组，其等值发电机调差系数为

$$\delta_{\Sigma}=\frac{\sum Q_{GNi}}{\sum\dfrac{Q_{GNi}}{\delta_i}} \tag{6-19}$$

总无功增量率为

$$\Delta Q_{\Sigma *}=-\frac{\Delta U_{G*}}{\delta_{\Sigma}} \tag{6-20}$$

总无功负荷变化时引起的母线电压变化为

$$\Delta U_{G*}=-\delta_{\Sigma}\Delta Q_{\Sigma *} \tag{6-21}$$

各机组无功功率的变化量为

$$\Delta Q_i=\Delta Q_{i*}Q_{Ni}=-(\Delta U_{G*}/\delta_i)Q_{Ni} \tag{6-22}$$

【例 6-1】 两台发电机机组并联运行，1 号机额定功率 600MW，调差系数为 0.04。2 号机额定功率 300MW，调差系数为 0.05。两台机组功率因数均为 0.85。若发生无功负荷增量为总无功容量的 20%时，问各机组承担的无功负荷增量是多少？母线电压波动是多少？

解　1 号机额定无功功率

$$Q_{GN1}=P_{GN1}\mathrm{tg}\varphi_1=371.76(\mathrm{Mvar})$$

2 号机额定无功功率

$$Q_{GN2}=P_{GN2}\mathrm{tg}\varphi_2=185.88(\mathrm{Mvar})$$

由式（6-19）得等值调差系数为

$$\delta_{\Sigma}=\frac{\Sigma Q_{GNi}}{\Sigma\dfrac{Q_{GNi}}{\delta_i}}=\frac{371.76+185.88}{\dfrac{371.76}{0.04}+\dfrac{185.88}{0.05}}=0.0429$$

由式（6-21）得母线电压波动为

$$\Delta U_{*}=-\delta_{\Sigma}\Delta Q_{\Sigma *}=-0.0429\times 0.2=0.00858$$

由式（6-22）得各机组承担的无功负荷增量（相对各机组额定容量）为

$$\Delta Q_{1*}=-\frac{\Delta U_*}{\delta_1}=-\frac{-0.00858}{0.04}=0.2145$$

$$\Delta Q_1=\Delta Q_{1*}Q_{GN1}=0.2145\times371.76=79.74(\mathrm{Mvar})$$

$$\Delta Q_{2*}=-\frac{\Delta U_*}{\delta_2}=-\frac{-0.00858}{0.05}=0.1716$$

$$\Delta Q_2=\Delta Q_{2*}Q_{GN2}=0.1716\times185.88=31.89(\mathrm{Mvar})$$

可见，调差系数小的机组承担的无功负荷增量标幺值较大。

5. 发电机—变压器组并列运行

当采用发电机—变压器组并列运行时，若发电机采用正差特性，母线将随无功增加而变得很低。发电机采用负差调节特性，电压随无功增加而上升，而变压器上由无功产生的压降也增加，因此发电机—变压器组在高压侧母线上为正有差特性，有利于维持电压。

如图 6-32（a）所示，若将变压器 T1、T2 的阻抗合并到发电机 G1、G2 的阻抗中，则对并列点高压母线来说，仍可看作两发电机并列运行，故发电机的外特性曲线必须是下倾的，如图 6-32（b）中实线 1 和实线 2，这样才能稳定两机无功功率的分配。

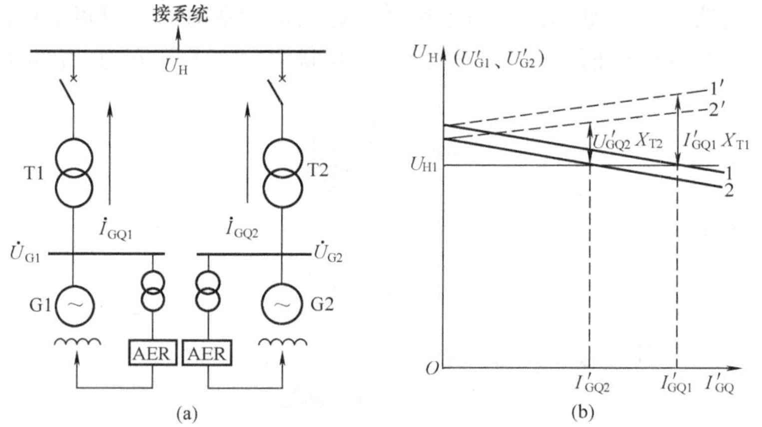

图 6-32　两台发电机—变压器组并列运行

（a）接线图；（b）外特性曲线

注意到励磁调节器输入电压为机端电压 U_{G1}、U_{G2}，考虑到变压器压降 $jI'_{GQ1}X_{T1}$、$jI'_{GQ2}X_{T2}$，高压侧并列母线的电压为

$$U=U'_{G1}-I'_{GQ1}X_{T1} \tag{6-23}$$

$$U=U'_{G2}-I'_{GQ2}X_{T2} \tag{6-24}$$

式中　U——高压侧并列母线电压值；

U'_{G1}、U'_{G2}——折算到高压侧的机端电压值；

I'_{GQ1}、I'_{GQ2}——折算到高压侧的发电机 G1、G2 的无功电流；

X_{T1}、X_{T2}——折算到高压侧的变压器 T1、T2 的电抗值。

根据式（6-23）、式（6-24）可分别作出以 U'_{G1}、U'_{G2} 为纵坐标的发电机外特性曲线，如图 6-32（b）中虚线 1′、2′所示，具有负调差系数。容易看出，若外特性 1′、2′具有正调差特性，相对并列点电压的发电机外特性曲线 1、2 倾斜角会更大，于是无功功率的变化引起高压母线有较大的波动。一般情况下，并列点电压外特性的调差系数在 5%左右，所以图

6-32（b）中特性曲线 1′、2′为负调差系数，这样可维持并列点高压母线的电压水平，对提高电力系统的稳定性是很有益的。

总之，对于机端直接并列运行的发电机，无差特性的发电机不得多于一台，负调差特性的发电机不允许参与并列运行；为使无功功率按机组容量分配，并列运行发电机的外特性曲线 $U_G=f(Q_*)$ 应重合，并具有正调差系数；发电机—变压器组在高压母线上并列运行，对并列点电压来说仍应有正调差系数。为维持高压母线的电压水平，对机端电压来说可以是负调差特性，仍能稳定无功功率的分配。

第四节　数字式励磁调节装置原理

一、励磁调节器基本构成

不论是模拟式 AER 还是数字式 AER，基本功能是相同的，只是数字式 AER 有很大的灵活性，可实现和扩充模拟式 AER 难以实现的功能，充分发挥了数字式 AER 的优越性。

图 6-33 示出了数字式 AER 基本功能性框图，由调差环节、测量比较、PID 调节、移相和脉冲放大、可控整流等基本部分组成，构成以机端电压为被调量的自动励磁调节的主通道系统。此外，为保证发电机运行的安全，还设有各种励磁限制；为便于发电机运行，装置设有电压给定值系统。除上述主通道调节外，还可切换为以励磁电流（见图 6-33 中虚线，通过 TA2 测量）为被调量的闭环控制运行。由于采用自动跟踪系统，切换不会引起发电机无功功率的摆动。以励磁电流为被调量的闭环控制运行，也称手动运行，通常应用于发电机零起升压以及自动控制通道故障时。

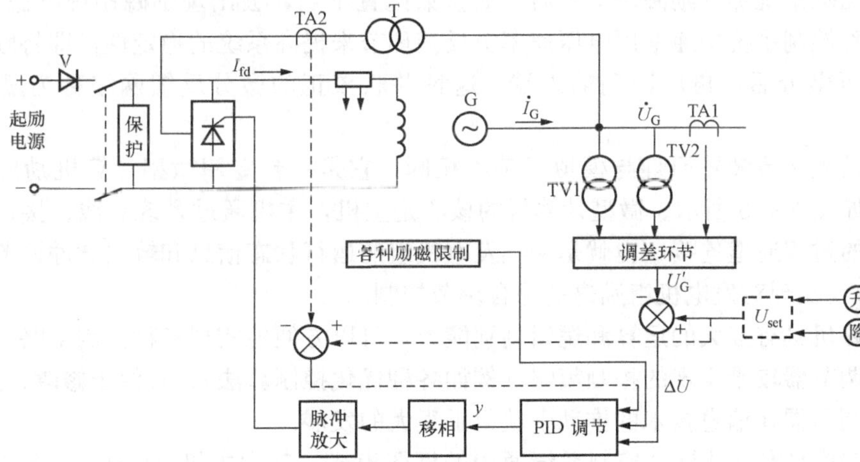

图 6-33　数字式 AER 基本功能性框图

在图 6-33 的主通道自动励磁调节中，若由于某种原因使发电机电压升高时，偏差电压 ΔU 经 PID 调节后得到控制量 y，使移相触发脉冲后移，控制角 α 增大，可控整流输出电压减小，减小了发电机的励磁，机端电压随之下降。反之，发电机电压下降时，控制量 y 使移相触发脉冲前移，控制角 α 减小，可控整流输出电压增大，增大了发电机的励磁，机端电压随之升高。因此，调节结果可使机端电压在给定值水平。

在传统的模拟式 AER 中，是用模拟电子电路来实现图 6-33 所示功能的。图 6-34 所示

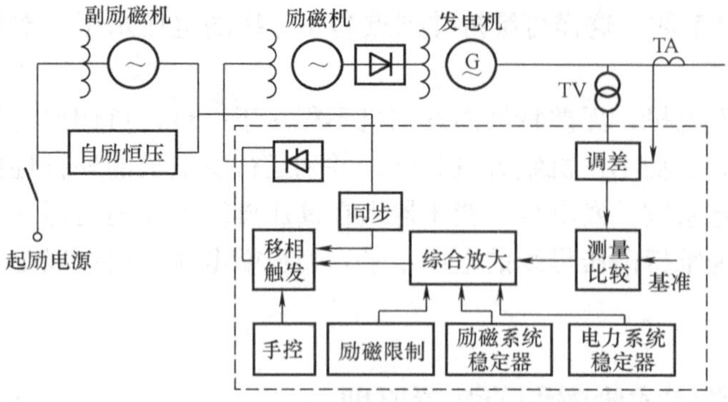

图 6-34　电子式模拟励磁调节器的构成框图

为电子式模拟励磁调节器的构成框图，它由基本控制和辅助控制两部分组成。基本控制由调差、测量比较、综合放大、移相触发单元组成，实现电压调节和无功分配等基本调节功能。各部分作用如下。

（1）调差单元：实现发电机不同的调差特性及调差系数。

（2）测量比较：输入发电机电压与给定值进行比较得出偏差值。

（3）综合放大单元：测量单元输出的电压差值一般较小，为提高灵敏性，并考虑运行要求接入其他辅助的限制量及稳定控制量，进行综合和放大。

（4）移相触发单元：用综合放大输出作控制量，产生滞后于同步电压 α 角的移相触发脉冲，相应改变整流电压输出的大小。

（5）可控整流单元：可控整流桥在 α 角的移相触发脉冲（每隔 60°一个双脉冲）作用下，将交流励磁电压整流成可变大小的直流励磁电压。直流励磁电压和控制角 α 之间关系见式（6-1）。

而辅助控制是为了满足发电机的不同运行工况，改善电力系统稳定性，改善励磁控制系统动态特性而设置的单元，如励磁系统稳定器、电力系统稳定器和励磁限制器等。

励磁控制系统动态特性是指在较小的或随机的干扰下，励磁自动控制系统的时间响应特性。发电机励磁系统加入励磁调节器后，如参数配置不当，会出现励磁系统不稳定的现象。因此，在励磁控制系统中通常用电压速率负反馈环节来提高系统的稳定性，即将励磁系统输出的励磁电压微分后，再反馈到输入端。这种并联校正的微分反馈网络称为励磁系统稳定器。

数字式励磁调节装置原理与模拟式基本相同，它是一台专用微型计算机励磁控制的系统，其框图如图 6-35 所示。微型计算机的核心是主机，主机通过系统总线、接口电路与具体控制对象的过程通道连接，也就是采集发电机组的运行状态信息和输出脉冲调节励磁功率柜（晶闸管），实现对发电机组励磁的综合调节控制。

由于计算机具有强大的运算和逻辑判别能力，可以方便地实现各种控制策略，可以实现模拟式励磁调节器较难实现的控制策略（例如各种优化控制算法），且便于修改、灵活性强。数字式励磁调节器在信息技术的推动下获得了很大的发展。

图 6-35 其实也是计算机控制系统通用的框图模式。其中主机（CPU）、系统总线和接口电路是一台通用的微型计算机硬件；而数据采集输入过程通道、脉冲输出、控制输出过程通道和人—机接口，是与控制对象具体有关的硬件电路。主机装有系统软件、应用软件等，就是一台专用的微型计算机的励磁调节器，能够用数值计算与判断达到精确度高、响应快的控制效果。

为了便于和模拟式励磁调节器类比，数字式励磁调节器的组成也可分为主控制单元（主机）、信息采集单元、控制输出（移相触发）单元和人—机接口单元等四个部分，在图 6-35 中分别用虚框 1～4 表示。

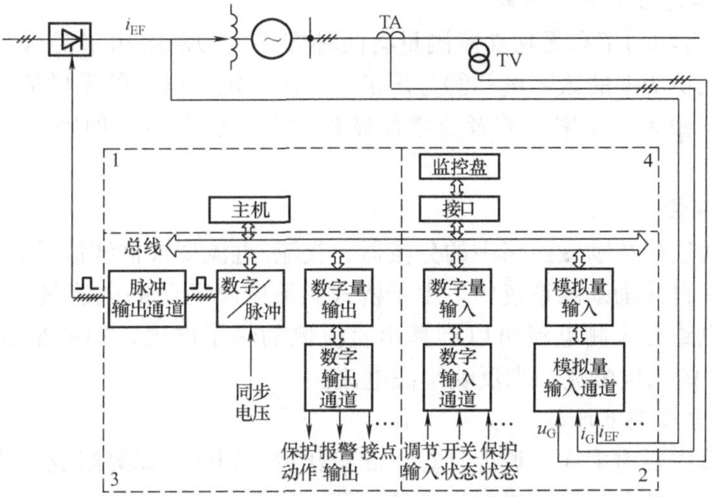

图 6-35 数字式磁调节器的构成框图

二、数字式励磁调节器原理

AER 工作过程中，需将发电机的各种电气量转换成微机能识别的数字量，不仅调节控制计算时要采用，限制程序中同样要采用。因此，电压调节计算程序、限制控制程序中均有采样程序，用以获取各种电气量的数字量。被采集的电气量有机端电压 U_G、有功功率 P、无功功率 Q、定子电流 I_G、励磁电压 U_{fd}、励磁电流 I_{fd}、发电机频率 f（空载时反映发电机转速）、励磁变低压侧电流。

（一）电气量测量

1. 发电机机端电压测量

发电机机端电压测量要求有较高的测量精度，因为其是励磁调节的最重要依据，应当采用交流采样方式实现。由于发电机结构的原因，电动势中存在各种谐波，可以在采样电路的交流侧配备级联式有源滤波器滤除高次谐波，低通效果要好。A/D 变换的位数取用高位数的。在电压有效值计算程序中，采用滤波效果好的计算方法滤除低次谐波，提高测量精度。

通过图 6-33 中电压互感器 TV1（专用电压互感器）、TV2（仪用电压互感器）可测量机端电压。采用两只电压互感器的目的是防止专用电压互感器高压侧熔丝熔断引起 AER 误强励。

机端电压测量有两种方式：①将经输入电路隔离变换后的三相电压进行整流、滤波变成直流电压，再经 A/D 变换，变成微机可识别的数字量；②将隔离变换后的三相电压先进行 A/D 变换，变换成数字量后，取出正序电压，再进行数字滤波获得微机能识别的数字量。采用发电机的正序电压反映机端电压可提高系统发生不对称短路故障时 AER 的检测灵敏度。

2. 定子电流测量

定子电流数字量可采用傅氏算法直接求得；也可通过整流、滤波变换成直流量，再经 A/D 变换测量三相电流。

3. 有功功率和无功功率的测量

在 AER 中，有功功率和无功功率测量有两种方式：①采用功率变送器，直接获得三相有功功率和三相无功功率的数字量；②应用定子电压、定子电流的采样值直接计算出发电机三相有功功率和三相无功功率。前者要增加硬件设备，后者不增加硬件设备，完全由软件实现。

4. 励磁电流测量

励磁电流可通过接在励磁回路中的分流器、交流/直流变换器滤波后，经 A/D 变换就可测得励磁电流。在自并励励磁系统中，由于桥式整流电路两侧的电流具有一定的比例关系，因此，测量整流电路交流侧电流可以推算出直流侧的转子电流，即测量励磁变低压侧电流（图 6-33 中 TA2 的二次电流）来反映励磁电流。

（二）发电机电压调节计算

电压调节计算主要由采样、调差计算、测量比较、PID 计算等组成。其中采样计算就可获得有关发电机的各种电气量，供电压调节计算时使用。

1. 调差计算（调差环节）

将电压测量值 U_G 与整定值 U_{ref} 直接比较，得到电压差值 ΔU_G，即无差调节特性为

$$\Delta U_G = K_1(U_G - U_{ref}) \tag{6-25}$$

式中 U_G——发电机机端测量阻抗；

U_{ref}——发电机电压给定值；

K_1——比例系数 $K_1<0$。

当发电机端电压高于整定值时，输出将是一个负的电压差值。

考虑调差系数的有差特性为

$$\Delta U_G = K_1(U_G + \delta Q_G - U_{ref}) \tag{6-26}$$

式中 Q_G——发电机机端无功功率测量值；

δ——发电机调差系数。

其他参数同式（6-25）。

经数值采样后机端电压的数字表达为 $U_G(kT)$，调节器对机端电压的设定值为 $U_{ref}(kT)$。

无差特性为

$$\Delta U(kT) = K_P[U_G(kT) - U_{ref}(kT)] \tag{6-27}$$

在电压差计算公式中加入调差系数 δ 与发电机输出的无功功率 Q_G 的乘积。改变发电机的调差系数 δ，即取 $\pm\delta Q(kT)$，可以得到不同的发电机有差特性，即

$$\Delta U(kT) = K_P[U_G(kT) \pm \delta Q_G(kT) - U_{ref}(kT)] \tag{6-28}$$

式中 $U_G(kT)$——发电机机端电压采样值；

$Q_G(kT)$——发电机无功功率的采样值；

$U_{ref}(kT)$——电压给定值的采样值；

K_P——励磁调节器的放大倍数；

δ——调差系数。

从式（6-28）可以看出，考虑调差系数后，测量比较的电压为 $U_G \pm \delta Q$。当 δ 前取“+”号时，若 Q_G 增加，测量比较的输入电压比机端电压给定值要高，则调节器将减少励磁，使调差特性下倾即正调差；若取“−”号，则使测量比较的电压比机端电压设定值低，

调节器将加大励磁，使电压升高，结果是调差特性上翘即负调差。

当发电机输出无功功率 Q_G（电流）变化时，其变化量乘以调差系数 δ，相应影响测量比较的结果，由此影响发电机电压的相对变化。

2. PID 调节计算

PID 计算环节输入的是偏差信号电压 $\Delta U(n)$，输出的是信号电压 $Y(n)$。PID 计算就是比例、积分、微分运算，在模拟式控制装置中，PID 的调节规律为

$$Y(t) = K_P \Delta U(t) + K_I \int_0^t \Delta U(t) \mathrm{d}t + K_D \frac{\mathrm{d}\Delta U(t)}{\mathrm{d}t} \qquad (6-29)$$

式中　K_P——比例放大系数；

K_I——积分系数；

K_D——微分系数。

比例调节用以提高 AER 调节灵敏度，K_P 愈大，AER 灵敏度愈高；积分调节用以提高调节精度，即使 $\Delta U(t)$ 很小，但经一段时间积分后，就有一定量的 $Y(t)$，AER 调节结果使 $\Delta U(t)$ 更小，即机端电压更趋近给定电压，当然增大 K_I 可进一步提高调节精度；微分调节可提高调节速度，特别在机端电压发生突变时，可使 AER 快速作出反应。K_P、K_I、K_D 系数的选择，应保证 AER 稳定运行，并处最佳匹配状态。在数字式 AER 中，可在线（发电机空载时）修改参数。

用离散采样值计算时，差分方程为

$$Y(n) = K_P \Delta U(n) + K_I T_y \sum_{k=1}^{n} \Delta U(k) + \frac{K_D}{T_y}[\Delta U(n) - \Delta U(n-1)] + Y(0) \qquad (6-30)$$

式中　T_y——采样计算周期；

$\Delta U(n)$——$t=nT_y$ 时刻偏差电压 $\Delta U(t)$ 采样值；

$\Delta U(k)$——$t=kT_y$ 时刻偏差电压 $\Delta U(t)$ 采样值；

$Y(n)$——$t=nT_y$ 时刻 PID 计算输出值；

$Y(0)$——初始输出值。

可以看出，$Y(n)$ 与过去的状态有关。为使 AER 调节平稳、无冲击，广泛采用增量算法。即将 n 时刻和 $n-1$ 时刻的 $Y(t)$ 值相减，可得增量算法表达式为

$$\begin{aligned}\Delta Y(n) &= Y(n) - Y(n-1) \\ &= K_P[\Delta U(n) - \Delta U(n-1)] + K_I T_y \Delta U(n) + \frac{K_D}{T_y}\Delta^2 U(n) \qquad (6-31)\end{aligned}$$

$$\Delta^2 U(n) = [\Delta U(n) - \Delta U(n-1)] - [\Delta U(n-1) - \Delta U(n-2)]$$

其中，$\Delta Y(n)$ 为 $t=nT_y$ 时刻输出电压增量，故 $Y(n)$ 可表示为

$$Y(n) = Y(n-1) + \Delta Y(n) \qquad (6-32)$$

式中　$Y(n)$——数字移相的输入控制信号。

（三）数字移相及触发脉冲形成

数字移相就是将 PID 计算输出的数字量 Y 转换为控制角 α，并在规定的角度区间内形成脉冲，经功率放大后形成触发脉冲，给相应晶闸管触发。对三相全控桥触发脉冲，控制角 α 有上、下限，即 $\alpha_{min} \leqslant \alpha \leqslant \alpha_{max}$，如取 $\alpha_{min}=5°$、$\alpha_{max}=150°$，并需采用双脉冲触发。

1. 数字移相工作原理

数字移相就是将前述电压控制信号 Y 对应的数字量 D 在规定的角度区间内转换成时间

t_α，再由 t_α 转换为工频电角度 α，从而使数字移相。利用减法计数器在一定计数脉冲 f_c 下对 D 作减计数运算，从计数开始到减计数器出现 0 为止的时间就是 t_α。显然，t_α 等于 D 个计数脉冲周期，即

$$t_\alpha = D\frac{1}{f_c} \tag{6-33}$$

将式（6-33）中的延时转换成对应的电角度，即控制角 α，则有

$$\alpha = \omega_1 t_\alpha = \frac{360}{T_1} \times \frac{D}{f_c} \tag{6-34}$$

式中　T_1——交流电源的周期，对应角频率 ω_1，工频 50Hz。

2. 数字移相实现

根据式（6-1）直流励磁电压 U_d 与延迟触发角 α 之间关系，首先需确定延迟触发角 α 的计算起始点，全控整流桥六个晶闸管依次相隔 60°被触发换相，对应有六个电源电压为同步电压，各同步电压由负变正过零点的时刻即为 α=0°的计算起始点。

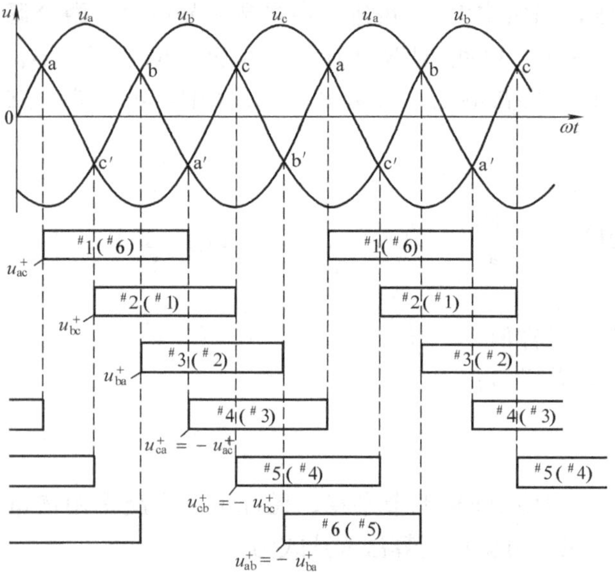

图 6-36　同步电压形成的区间

图 6-4 示出了三相全控桥触发脉冲形成的角度区间及触发脉冲的时序关系。在图 6-36 中示出了 VSO1～VSO6 六个晶闸管同步电压形成的区间，方框中标示有#1（#6）晶闸管触发脉冲形成区间，对应同步电压分别是 u_{ac}、u_{bc}、u_{ba}、u_{ca}、u_{cb}、u_{ab}，各自正半周的起点即是 α=0°起始点。方框中带括弧的编号表示双脉冲触发时另一晶闸管的编号。当图 6-36 中的方框开始出现时（即同步电压正半周开始时），减计数器就对置入的数字量 D 开始进行减计数。

数字移相触发电路如图 6-37 所示。u_{ac}、u_{bc}、u_{ba} 经方波形成电路后，得到正半周高电位的方波电压［u_{ac}^+］、［u_{bc}^+］、［u_{ba}^+］，经反相器后分别得到 u_{ca}、u_{cb}、u_{ab} 正半周高电位的方波电压［u_{ca}^+］、［u_{cb}^+］、［u_{ab}^+］，这些高电位方波电压就是晶闸管 VSO1～VSO6 的同步电压。同步电压作用于减计数器的“Gate”端，在时钟脉冲 f_c 作用下，减计数器对“D”端置入到计数器的数字量 D 作减法运算，当计数器为 0 时，输出端“out”由高电位突变为低电位 0V。“out”突变低电位时刻与控制角 α 对应，从而获得了与控制角 α 相对应的低电位脉冲。

“out”的低电位脉冲经光电隔离、电平转换，再经放大就可得到晶闸管的触发脉冲。

在自并励励磁系统中，触发脉冲要经脉冲变压器放大后输出，所以脉冲变压器一、二次绕组间应有足够高的隔离耐压水平。自并励励磁系统电流大，可控整流柜一般为多个并联，故触发脉冲输出数量要满足要求，输出功率要足够大以保证晶闸管触发导通。

由上述控制过程可知，输入数字量从 D 减至 0，经历时间为 t_α，把延时 t_α 换算成对应的延时触发角 α，计数脉冲个数 D 与 α 形成对应关系，见式（6 - 34），或写成

$$D=t_\alpha f_c=\frac{\alpha}{360}T_1 f_c \tag{6-35}$$

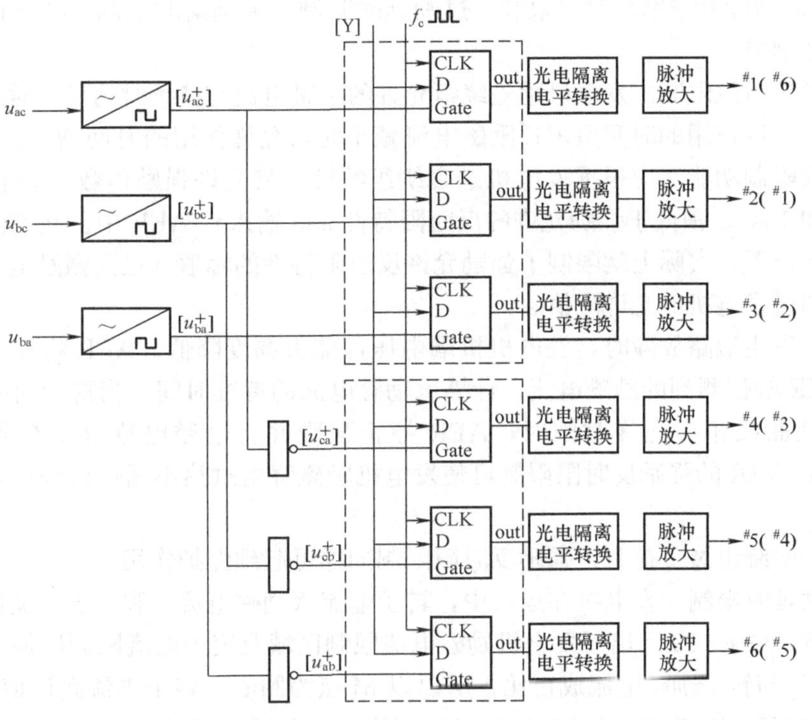

图 6 - 37　数字移相触发电路

【例 6 - 2】 某发电机励磁电压 $U_d=1000$V，$\alpha=18°$，计数脉冲频率 500kHz，交流电源 50Hz。

求：(1) 数字控制量 D；

(2) 要求励磁电压 U_d 调至 985V，数字控制量 D'是多少？延迟触发角 α'是多少？

解　由式（6 - 35）可求得数字控制量

$$D=\frac{\alpha}{360}T_1 f_c=\frac{18°}{360}0.02\times500\times10^3=500$$

因为 $U_d=1.35E\cos\alpha$，所以得

$$\frac{U_d}{\cos\alpha}=\frac{U'_d}{\cos\alpha'}$$

$$\cos\alpha'=\frac{U'_d\cos\alpha}{U_d}=\frac{985\cos18°}{1000}=0.936\ 79$$

所以 $\alpha'=20.48°$

$$D'=\frac{\alpha'}{360}T_1 f_c=\frac{20.48}{360}0.02\times500\times10^3=568.888$$

可取 D'为 569。

（四）励磁系统中的辅助控制

1. 励磁限制

大型同步发电机运行的安全性极为重要，继电保护装置是保证发电机安全的不可缺少的措施，AER 的限制功能与继电保护两者的配合保证了发电机运行的安全。大型同步发电机上 AER 的限制功能有强励反时限限制、过励延时限制、欠励瞬时限制、U/f 限制、最大励磁电流瞬时限制等。

（1）强励反时限限制。发电机励磁绕组允许的励磁电流与持续时间呈反时限制性，即励磁电流愈大，允许作用的时间愈短；励磁电流减小时，允许作用的时间增加。为使 AER 起到强励反时限限制功能，应根据发电机励磁绕组特性，将允许强励倍数（如取 2.0）、允许强励时间（如 10s）、稍低于强励允许的反时限特性曲线输入到 AER 中。允许强励倍数和允许强励时间的设置，实际上就限制了强励允许反时限特性的峰值（最大强励电压、最短的允许时间）不超过发电机的允许限值。

电力系统发生短路故障时，发电机机端电压可能大幅度降低，AER 将发电机处强励状态。此时 AER 根据测到的励磁电流，计算该励磁电流的持续时间，当持续时间达到设置强励反时限特性曲线相应允许时间时，AER 停止强励并将励磁电流限定在限额值，见图 6-38。可见，AER 的强励反时限限制可使发电机励磁绕组过热不超过允许值，保证了发电机的安全。

发电机励磁绕组过负荷时，强励反时限限制同样可起到保护作用。

（2）过励延时限制。发电机在运行中，转子电流（励磁电流）和定子电流都不能长期超过额定值运行，图 6-39 示出了发电机励磁电流限制区域及定子电流限制区域。因发电机的空载电动势 E_q 与转子励磁电流成正比，所以以 M 点为圆心、转子电流允许值（如 $1.1I_{fdN}$）相应的 E_q 为半径的圆弧 CD 即为过励延时限制线。发电机在运行中，AER 不断实时测量发电机的 P、Q 值，当 Q 值大于该点的允许值且持续时间达设定时间（如 2min）时，过励延时限制动作，减小发电机励磁，将无功功率限制在设定曲线的无功功率值。

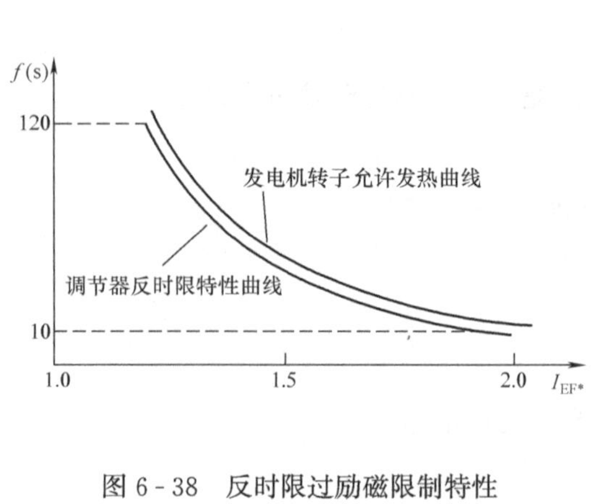

图 6-38 反时限过励磁限制特性

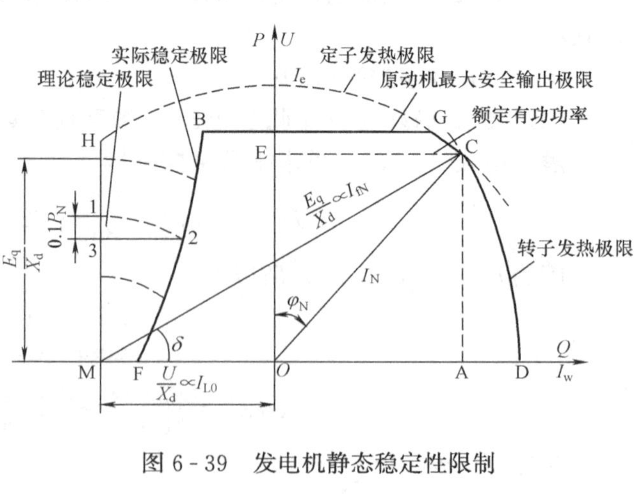

图 6-39 发电机静态稳定性限制

（3）欠励瞬时限制。由于电力系统运行需要，同步发电机在运行中可能发生进相运行，即吸收感性无功功率和发出有功功率。由图 6-15 所示的功角特性可见，在某一有功功率下，励磁电流的减小意味着功率角增大，当 δ 角大于 90°时发电机可能失去静态稳定。为此，

AER 中设有欠励瞬时限制，当发电机进入设定的欠励限制线时，AER 瞬时欠励限制动作，增大发电机励磁，以保持发电机与系统的静态稳定性，使发电机定子端部发热在允许的范围内。

隐极机的静态稳定极限的理论值是 $\delta=90°$，因此，MH 是理论上的静态稳定运行边界。在突然过负荷时，为了维持发电机的稳定运行，实际的静态稳定运行边界应留有一定的余量。图 6-39 中 BF 曲线是考虑了能承受 $0.1P_N$ 过负荷能力的实际静稳定极限。曲线 BF 是这样作出来的：先在理论边界上取一些点（如点 1），然后保持励磁电流（E_q/X_d）不变，作圆弧 12，再找出实际功率比理论功率低 $0.1P_N$ 的点的集合直线 23，曲线 12 和直线 23 的交点就在实际稳定极限上。用同样的方法将能找到实际稳定极限的所有的点，连接这些点可得实际稳定极限的边界。

（4）电压/频率（U/f）限制。发电机的端电压的计算公式为

$$U = 4.44fBNS \times 10^{-8} \tag{6-36}$$

式中　B——磁感应强度；

f——系统频率；

N——绕组匝数；

S——每极有效截面积。

式（6-36）中，$4.44NS$ 为常数，设为系数 K，则有

$$B = K\frac{U}{f} \tag{6-37}$$

设额定运行时（对应 U_N、f_N）的磁感应强度为 B_N，则有

$$n = \frac{B}{B_N} = \frac{U_*}{f_*} \tag{6-38}$$

式（6-38）中 U_*、f_* 为电压、频率的标幺值。测量 n 值大小就可判定发电机过励磁的程度。

当发电机电压升高或系统频率降低时，发电机过励磁，n 增大，表现为铁芯饱和，励磁电流急剧增大，涡流损耗增大；谐波磁场增强，使附加损耗加大，引起局部发热；同时定子铁芯背部漏磁场增强，在定位筋附近引起局部过热，过热程度随 n 值增大急剧增加。防止发电机及变压器由于电压过高或频率过低而铁芯过热，采取对电压与频率比值进行限制。

AER 中的过励磁限制可起到发电机过励磁保护作用，当然过励磁限制值应与发电机过励磁保护动作值相配合。应当指出，水轮发电机突然甩负荷时（如线路故障跳闸），因调速系统关闭导水叶有较大的惯性，所以转速急剧上升，导致机端电压升高，危及定子绝缘。在这种情况下过电压限制可抑制机端电压的迅速上升。

（5）最大励磁电流瞬时限制。电力系统稳定要求发电机励磁系统有高的电压上升速度。交流励磁机励磁系统在通常情况下很难满足要求。而采用提高励磁顶值电压的方法，可以使电压响应比增大。如图 6-40 所示，当励磁顶值电压提高时，即 $U_{fdmax2}>U_{fdmax1}$，对同一时间 t_1 有 $U_{fd2}>U_{fd1}$，即励磁顶值电压愈高，励磁电压上升速度愈快。电压响应速度得到了改善，但是高励磁顶值电压将会危及励磁机及发电机安全。

为了防止过高强励电压损坏发电机转子绝缘，设置最大励磁电流瞬时限制，当励磁电压

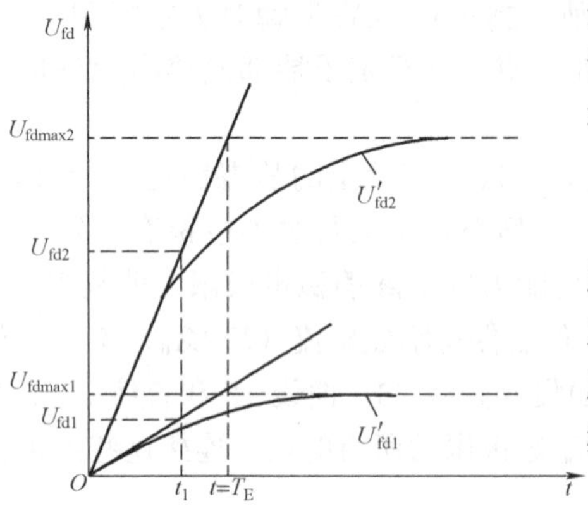

图 6-40 高励磁顶值电压与电压上升速度

达到发电机允许的励磁顶值电压倍数时，应由励磁调节器动作立刻对励磁进行限制，使励磁电流限制在 I_{fdmax}。

2. 电力系统稳定器（Power System Stabilizer，PSS）

当发电机通过远距离输电线与电网连接，而线路传输功率又较大时，会出现低频振荡，这对维护发电机稳定运行是不利的，因此，投入电力系统稳定器（PSS），增大系统对振荡的阻尼，可以抑制低频振荡。

（1）正阻尼力矩与负阻尼力矩。发电机正常运行时，输入功率等于输出功率，发电机为额定转速，δ 角不发生变化。如在图 6-15 中，发电机稳定运行在 a 点，$\delta=\delta_0$ 不变化。

当发电机受扰动时，如系统电压降低或升高，则功角特性相应降低或升高，在输入功率不变情况下，发电机要加速或减速，δ 角增大或减小。

发电机转速变化过程中，发电机系统对这种转速变化而产生的力矩即阻尼力矩的性质有着重要作用。阻尼力矩有正阻尼力矩和负阻尼力矩。正阻尼力矩作用的方向与转速变化的方向相反，起阻止（阻尼）转速变化的作用，即发电机转速升高超过额定转速时，正阻尼力矩起制动作用；发电机转速低于额定转速时，正阻尼力矩起加速作用。所以正阻尼力矩可使发电机稳定运行，就发电机本身结构而言，水轮发电机转子上的阻尼绕组、汽轮发电机转子本身在转速变化时产生正的阻尼力矩。当然，转速不发生变化时，不产生阻尼力矩。

负阻尼力矩与正阻尼力矩完全不同，负阻尼力矩作用的方向与转速变化的方向相同，起推动转速变化的作用，使之转速不断增大，造成发电机失去动态稳定，或引起发电机低频振荡，影响系统稳定运行。

（2）AER 的负阻尼作用。由于发电机励磁回路是一个大电感回路，励磁电压中存在某一交变分量时，相应于这一交变分量的励磁电流，其相位应滞后交变分量励磁电压 90°。另外，机端电压 U_G 与功率角 δ 间的关系为：发电机 δ 角增大时，机端电压 U_G 会降低；δ 角减小时，机端电压 U_G 升高。

当发电机受到某种干扰，使转速增加（减小），即 $\Delta\omega>0$（$\Delta\omega<0$）时，δ 增加（减小）；机端电压 U_G 降低（升高）；AER 测得这一机端电压变化，基本无延时放大若干倍以增加（减小）励磁电压 U_{fd}；相应的励磁电流 I_{fd} 缓慢增加（减小），发电机空气隙中的磁场相应缓慢增加（减小），以升高（降低）机端电压，实现机端电压的调节。

要使发电机动态稳定，必须要有正的阻尼力矩，即必须有与 $\Delta\omega$ 同相位的阻尼力矩。当发电机装设快速 AER 时，由于干扰使 $\Delta\omega>0$（$\Delta\omega<0$），上述调节过程驱使 U_G 升高（降低），U_G 升高（降低）引起发电机输出功率增大（减小），对发电机起制动（增速）作用。

再进一步讨论 $\Delta\omega$ 与 ΔU_G 变化间的相位关系。由于 $\Delta\omega$ 变化，必然引起 δ 角的变化。$\Delta\omega$ 的相位超前 $\Delta\delta$ 相位 90°。快速 AER 当机端电压变化时励磁电压瞬时响应，ΔU_{fd} 与 $\Delta\delta$ 同相位。考虑到励磁回路是一个大电感回路，ΔI_{fd} 变化滞后 ΔU_{fd} 变化 90°，即 ΔU_G 的变化滞后 ΔU_{fd} 变化 90°，$\Delta\omega$ 与 ΔU_G 有反相关系。

ΔU_G 变化与 $\Delta\omega$ 变化有反相关系，即 ΔU_G 引起的功率变化具有负阻尼力矩性质。也就是说，$\Delta\omega>0$ 时，AER 调节结果使 ΔU_G 升高产生的制动力矩为负，使发电机进一步增速；当 $\Delta\omega<0$ 时，AER 调节结果使 ΔU_G 降低产生的增速力矩为负，使发电机进一步减速。

因此，当 AER 放大倍数过大，产生的负阻尼作用超过发电机转子本身的正阻尼作用时，发电机容易失去动态稳定，或引起系统低到 0.3Hz 的低频振荡。

(3) 动态失稳的抑制 (PSS)。抑制发电机动态失稳最有效的方法是：在 AER 的输入回路中引入能反应发电机转速变化的附加环节，并使机端电压变化能够与转速变化同相位，以达到由 AER 提供正阻尼力矩的目的。引入 AER 的这个附加量，可直接取自发电机的转速，也可取自发电机输出有功功率变化量 ΔP，或者取自机端电压的频率。当然，引入 AER 的这一附加调节量必须经过一定的相位领前回路，使在该系统低频振荡频率下达到机端电压变化与转速变化同相位。这一措施称之为电力系统稳定器 (PSS)，也可称附加反馈。

减小 AER 的放大系数，也可在一定程度上抑制发电机的失稳。在 AER 中，为提高 AER 的调节品质，使在外部干扰情况下迫使在平衡点的动态误差为零，可采用零动态的最优励磁控制和非线性最优励磁控制，同时也可提高 AER 系统的动态阻尼。

(五) 自动励磁调节器的其他功能

1. 自动励磁调节器 Watchdog 功能

为监视 CPU 运行，防止受电气干扰而死锁或停运，AER 设有专门的硬件监视器 (Watchdog)。

在控制调节程序返回中断前，将一个自检信号送到监视器，以确认 CPU 工作正常，从而可继续下一循环工作。若因电气干扰程序走错路径或停止执行，则监视器接收不到自检信号，系统给出故障信号，AER 自动切换到备用通道。在 CPU 死锁或停运时，触发脉冲数据不会被更新，因而 CPU 死锁或停运不会导致发电机失磁。

2. 数字式电压给定系统

数字式电压给定系统，采用软件给出机端电压给定值。当以励磁电流为被调量时给出励磁电流值，可就地或远方（主控室）给出给定值，实现升高或降低机端电压；升、降电压速度可选择，以实现电压平稳调节，不发生跳变。此外，给定电压值具有上、下限限制，每次停机时给定值自动置零电压，为下次开机作准备。

数字式电压给定系统具有很强的抗干扰能力，可避免因受干扰而导致发电机失磁或发生误强励。

3. 两个自动控制通道间的切换

大型发电机的 AER，通常采用双自动控制通道以提高运行可靠性。一个自动控制通道工作时，另一个自动控制通道处备用方式。每个自动控制通道有两种工作方式：①以机端电压为被调量的自动控制通道；②以励磁电流为被调量的手动控制通道。

于是，AER 两个控制通道间的切换可以是自动切换到自动、自动切换到手动、手动切换到自动或手动切换到手动四种切换方式中的一种。AER 中的备用工作通道不断跟踪工作通道，当工作通道发生故障时自动切换到备用通道工作。

励磁调节器的双重化配置原理见图 6-41，包括主控制单元的双重化、励磁功率单元的双重化、励磁电流测量的双重化、双重电源配置及 TV 的双重化。

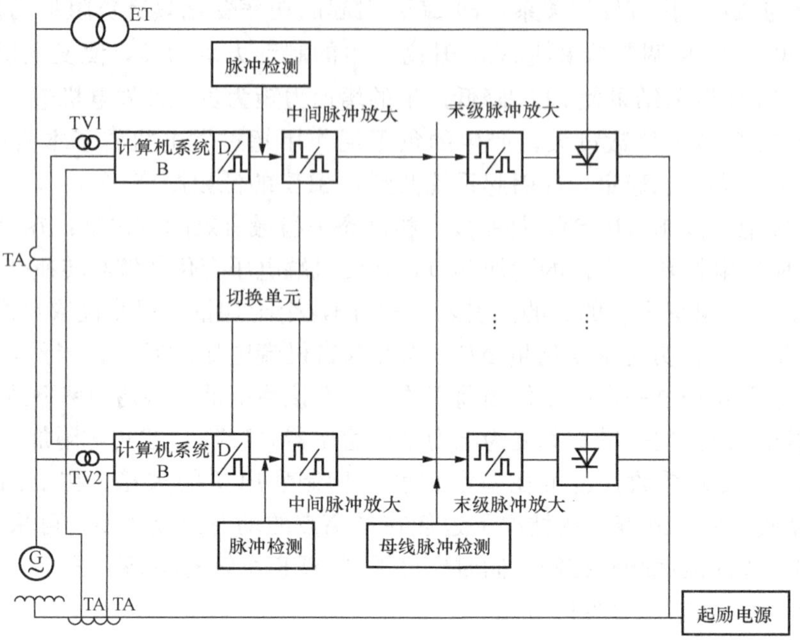

图 6-41　励磁调节器的双重化配置原理

4. 备用通道对工作通道的自动跟踪

所谓备用通道对工作通道的自动跟踪，就是采用高速同步串行通信实现两个通道的计算机间交换信息，使上述切换不发生电压波动或无功功率的摆动。

考虑到工作通道发生故障时计算的可控整流桥的控制角有问题，所以备用通道跟踪工作通道 3s 前的工作状态。

除上述专用功能外，AER 还具有与上位计算机通信、在线显示和修改参数、自检和自诊断、事件和故障记录等功能。

复习思考题

1. 按励磁功率单元划分，励磁系统可分为哪几种？何谓旋转励磁系统？
2. 自动励磁控制的任务是什么？
3. 简述强励的作用，衡量强励性能的指标是什么？
4. 三相全控桥式整流电路中，对晶闸管触发脉冲有何要求？写出输出直流电压平主均值的表达式，并画出其对应的工作特性。
5. 何谓三相全控桥的“逆变”？实现“逆变”需要什么条件？
6. 何谓灭磁？常用的灭磁方法有哪些？各有什么特点？
7. 何谓发电机无功调差系数？其物理含义是什么？
8. 何谓同步发电机的外特性？并联运行各机组间无功功率如何分配？
9. 在机端直接并联运行的发电机组对调差系数有何要求？经升压变压器后并联运行的发电机为何应具有负调差系数？

10. 在发电机并网和解列操作时应如何调整同步发电机的外特性？

11. 参照图 6 - 37 说明数字式励磁调节器实现移相触发控制的过程。

12. 某电厂有两台发电机在公共母线上并联运行，1 号机的额定功率为 300MW，2 号机的额定功率为 200MW，两台机组的额定功率因数均为 0.85，励磁调节器的调差系数 1 号机为 0.04、2 号机为 0.05，若系统的无功负荷波动使电厂无功增量为它们总无功容量的 20%，试问各机组承担的无功负荷增量分别是多少？母线上的电压波动是多少？

13. 某一数字调节励磁系统，$U_d=1600V$，相应的 $\alpha=24°$，数字调节器计数脉冲频率为 800kHz，交流系统频率为 50Hz。试求对应数字控制量 D。若需调节 U_d 为 1550V，求 α' 及相应的数字控制量 D'。

第七章 电力系统频率及有功功率的自动控制

第一节 电力系统的频率特性

一个电力系统由发电厂、输配电网络和负荷组成，三个部分都是不可或缺的，电力系统的频率由发电机发出有功功率、输配电网络有功损耗、负荷吸收有功功率三部分之间的平衡确定。

输配电网络的有功损耗（基波）与频率（在 50Hz 左右）的变化大小无关，而发电机、负荷则有着各种不同的功率—频率特性。

一、负荷功率—频率特性

负荷功率—频率特性往往与其机械（物理）特性相关。按有功功率与频率关系可分为以下几类。

（1）与频率变化无关（零次方）的负荷，如照明、电弧炉、电阻炉、整流负荷等，物理特性是发热；

（2）与频率成正比的负荷，如切削机床、球磨机、往复式水泵、压缩机、卷扬机等，往往表现为机械摩擦阻力损耗；

（3）与频率的二次方成比例的负荷，如变压器中的涡流损耗，但这种损耗在电网有功损耗中所占比重较小；

（4）与频率的三次方成比例的负荷，如通风机、静水头阻力不大的循环水泵等；

（5）与频率的更高次方成比例的负荷，如静水头阻力很大的给水泵等。

在电力系统中，以与频率零、一次方负荷为主，在企业中由于通风、冷却系统所用电动机功率较大，与频率三次方关系的负荷也占有一定的比例。

设 α_i 为与频率成 i 次方关系的负荷占额定频率时系统总负荷 P_{LN} 比例系数，则在频率为 f 时的负荷 P_L 为

$$P_L = a_0 P_{LN} + a_1 P_{LN}\left(\frac{f}{f_N}\right) + a_2 P_{LN}\left(\frac{f}{f_N}\right)^2 + a_3 P_{LN}\left(\frac{f}{f_N}\right)^3 + \cdots + a_n P_{LN}\left(\frac{f}{f_N}\right)^n \tag{7-1}$$

同除额定频率下总负荷 P_{LN}，表示为标幺值形式为

$$P_{L*} = a_0 + a_1 f_* + a_2 f_*^2 + a_3 f_*^3 + \cdots + a_n f_*^n \tag{7-2}$$

当频率 f 为额定值 50Hz 时，有

$$P_{L*} = a_0 + a_1 + a_2 + a_3 + \cdots + a_n = 1 \tag{7-3}$$

可以看到，a_i 为与频率成 i 次方关系的负荷占总负荷比例系数，其总和为 1，且 α_i 均大于 0，说明负荷取用有功功率是随频率上升而增加的。

由于用电负荷的投切对电力系统是不可预知的、不可控的，因此，在某时刻的负荷功率—频率特性是不可能精确确定的。但是通过多年来对大量运行数据的积累，我们经过数据分析，了解了各类负荷所占的百分比，仍然可以作出对一个系统的负荷功率—频率特性的描

述，如图 7 - 1 所示。

当系统频率下降时，负荷取用的有功功率将减少；当系统频率上升时，负荷取用的有功功率将增加。这种现象称为负荷的频率调节效应。当系统中发电机功率小于负荷时，系统频率会下降，而负荷在频率降低时会自动少吸收有功功率，说明负荷的频率调节效应的存在有利于系统在新的频率下平衡。

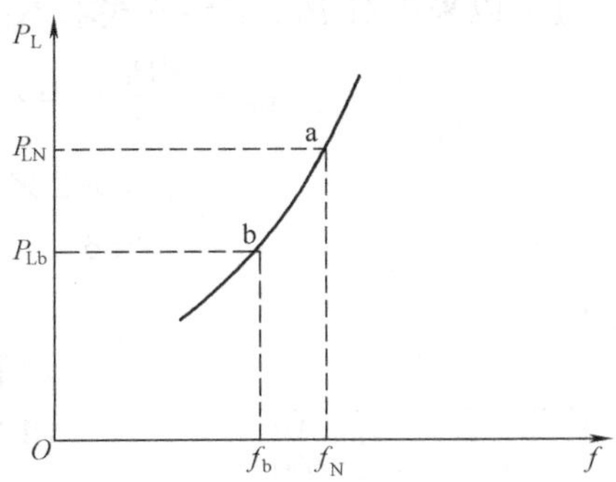

图 7 - 1　负荷静态频率特性

二、负荷的频率调节效应系数

通常用负荷调节效应系数 K_{L*} 来表示调节效应的大小。对负荷静态频率特性，即式（7 - 2）求导，得

$$K_{L*}=\frac{dP_{L*}}{df_*}=a_1+2a_2f_*+3a_3f_*^2+\cdots+na_nf_*^{n-1} \tag{7 - 4}$$

其中，K_{L*} 称为负荷的频率调节效应系数。K_{L*} 表达负荷标幺值相对频率标幺值的变化率。K_{L*} 越大，表明频率变化一个百分点的负荷变化百分数越大；K_{L*} 越小，则表明负荷变化越小。

由于在讨论自动调节过程时大都以小调节量为分析基础，这里将有功负荷与频率关系曲线（见图 7 - 2）在额定频率附近小范围直线化斜率为

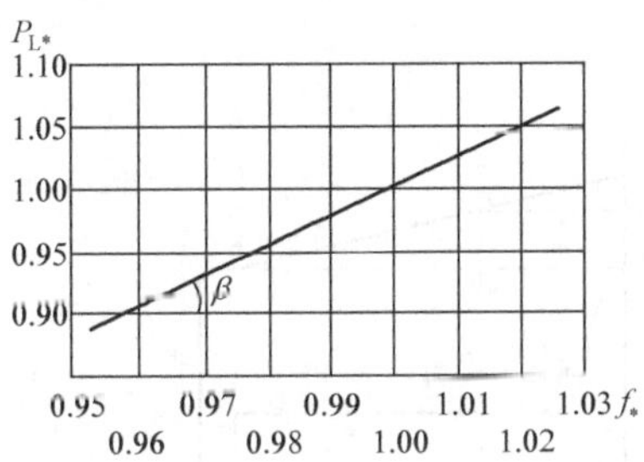

图 7 - 2　有功负荷静态频率特性线性化

$$K_{L*}=\tan\beta=\frac{\Delta P_{L*}}{\Delta f_*} \tag{7 - 5}$$

用有名值表示为

$$K_L=\frac{\Delta P_L}{\Delta f}\quad(\text{MW/Hz}) \tag{7 - 6}$$

换算关系为

$$K_{L*}=K_L\frac{f_N}{P_{LN}} \tag{7 - 7}$$

【例 7 - 1】 某电力系统中，与频率无关的负荷占 20%，与频率一次方成比例的负荷占 50%，与频率二次方成比例的负荷占 10%，与频率三次方成比例的负荷占 20%。求系统频率由 50Hz 下降到 49.5Hz 时，负荷功率变化的百分数及其相应的 K_{L*} 值。

解　当频率下降到 49.5Hz 时系统的负荷为

$$\begin{aligned}P_{L*}&=\alpha_0+\alpha_1f_*+\alpha_2f_*^2+\alpha_3f_*^2\\&=0.2+0.5\times0.99+0.1\times0.99^2+0.2\times0.99^3\\&=0.987\end{aligned}$$

即负荷的有功功率下降的百分数为

$$\Delta P_L\%=(1-0.987)\times100=1.3$$

负荷频率调节效应系数为

$$K_{L*}=\frac{\Delta P_L\%}{\Delta f\%}=\frac{1.3}{1}=1.3$$

也可以采用对 P_{L*} 求导方式求 K_{L*}，即

$$K_{L*}=\frac{dP_{L*}}{df_*}=a_1+2a_2f_*+3a_3f_*^2+\cdots+na_nf_*^{n-1}$$
$$=0.5+2\times0.1\times0.99+3\times0.2\times0.99^2$$
$$=1.286$$

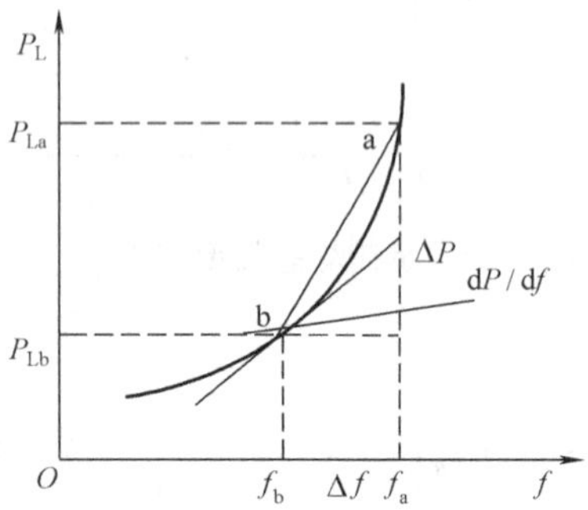

图 7-3　静态频率特性频率点选取

对比两结果的不同，可见对实际电力系统的负荷频率调节效应系数不是一个常数，而是随着所选频率点的不同而不同，如图 7-3 所示。

三、发电机组功率—频率特性

一个大型电力系统由多台发电机组并网运行，通过电力网络传输功率。电力系统负荷是一直在变动的，由此影响系统的有功功率的平衡。负荷大于发电机组产生的有功功率时，发电机将减速，从而系统频率会下降；反之频率将上升。电力系统对频率的要求很高，正常运行不能超过±0.2Hz。为了维护系统频率的稳定性，要求发电机组能够跟随频率的变化，调节有功功率的输出，这种调整是通过发电机组的原动机调速器实现的。发电机组转速（频率）与输出有功功率的关系如图 7-4 所示，即发电机组功率—频率特性。

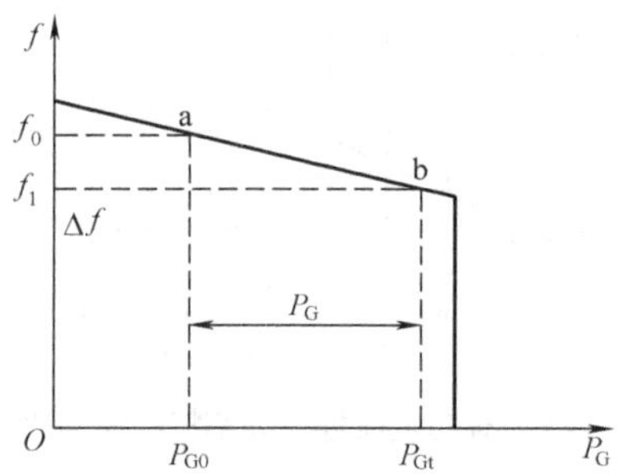

图 7-4　发电机组功率—频率特性

从图 7-4 可以得知，发电机组运行在 ab 段输出有功功率增加时，转速将有所降低，是一种有差调节特性。垂直线表达发电机组能够输出的最大有功功率，与转速无关。发电机组功率—频率特性 ab 段的斜率用调差系数 R 表示，即

$$R=-\frac{\Delta f}{\Delta P_G} \tag{7-8}$$

调差系数 R 的标幺值表示为

$$R_*=-\frac{\Delta f/f_N}{\Delta P_G/P_{GN}}=-\frac{\Delta f_*}{\Delta P_{G*}} \tag{7-9}$$

其中，负号表示发电机输出功率的变化和频率的变化方向相反。

调差系数 R 的倒数称为发电机组静态功频特性系数，即

$$K_{G*}=\frac{1}{R_*}=\frac{\Delta P_{G*}}{\Delta f_*} \tag{7-10}$$

K_{G*} 表达了单位频率变化，发电机的功率变化百分数，或称原动机的单位调节功率。

一般发电机的调差系数或单位调节功率，可采用下列数值：

汽轮发电机组 $R_*=4\%\sim6\%$ 或 $K_{G*}=16.6\sim25$；

水轮发电机组 $R_*=2\%\sim4\%$ 或 $K_{G*}=25\sim50$。

四、调差特性与机组有功功率分配

根据发电机组调差系数，当系统中产生 ΔP_Σ 需求时，机组进行出力调整，转速（频率 f）的变化与之对应关系为

$$\Delta P_{\Sigma}=-\frac{1}{R_{\Sigma}}\frac{\Delta f}{f_{\mathrm{N}}}P_{\Sigma\mathrm{N}} \tag{7-11}$$

其中多台机组的等值调差系数 R_{Σ} 为

$$R_{\Sigma}=\frac{\sum P_{\mathrm{G}i\mathrm{N}}}{\sum_{i=1}^{n}\frac{P_{\mathrm{G}i\mathrm{N}}}{R_{i*}}} \tag{7-12}$$

对照第六章的无功调差系数可见，当若干台发电机组并联运行时，有功与无功、频率与电压有着如表 7-1 所示的对偶关系。

表 7-1　多台发电机组并联运行时存在的对偶关系

参　数	$\Delta P_{\mathrm{G}}\to\Delta f$	参　数	$\Delta Q_{\mathrm{G}}\to\Delta U$
有功调差系数	$R_{*}=\frac{\Delta f_{*}}{\Delta P_{\mathrm{G}*}}$	无功调差系数	$\delta=-\frac{\Delta U_{*}}{\Delta Q_{\mathrm{G}*}}$
频率变化	$\Delta f_{*}=-R_{\Sigma*}\Delta P_{\mathrm{G}*}$	电压变化	$\Delta U_{*}=-\delta_{\Sigma}\Delta Q_{\mathrm{G}*}$
等值机组有功调差系数	$R_{\Sigma}=\frac{\sum P_{\mathrm{G}i\mathrm{N}}}{\sum_{i=1}^{n}\frac{P_{\mathrm{G}i\mathrm{N}}}{R_{i*}}}$	等值机组无功调差系数	$\delta_{\Sigma}=\frac{\sum Q_{\mathrm{G}i\mathrm{N}}}{\sum\frac{Q_{\mathrm{G}i\mathrm{N}}}{\delta_i}}$

五、电力系统的频率特性

当电力系统中发电机所发功率与负荷吸收功率平衡时，系统将运行在某个频率上。当系统负荷变化时，发电机所发有功功率将跟随调整，力求使系统恢复到额定频率运行，这种机组直接对系统频率的调整称为一次调频。一次调频根据负荷和发电机的功率—频率特性，运行点频率 f 将出现变化。

如图 7-5 所示，系统原运行点 a 点，频率为 f_{a}，负荷功率为 P_{L1}。当发生负荷增量 ΔP_{L} 时，频率将下降 Δf，在 c 点达到新的平衡。f_{a} 频率下的 ΔP_{L} 的增量由负荷减少 ΔP_{L1} 和发电机增加 ΔP_{L2} 平衡。发电机增加功率输出是由调速器检测到频率下降而自动完成的，称为一次调频。

由于发电机和用电设备人都具有惯性，且调速器对频率下降的调整响应有滞后，频率的变化如图 7-6 所示。

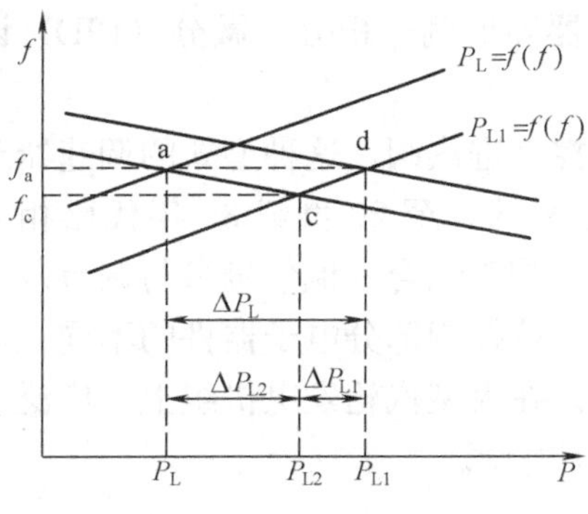

图 7-5　电力系统的频率特性

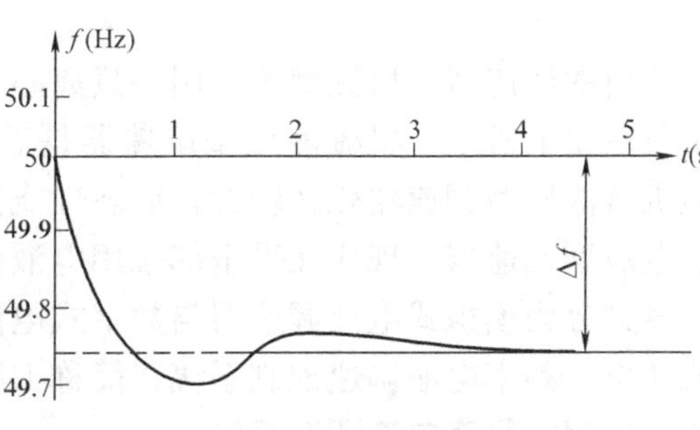

图 7-6　一次调频的频率下降动态过程

一次调频具有如下特点。

（1）系统有功功率平衡破坏时，系统频率要发生变化，各调频机组同时参加对系统频率的调整，没有先后之分。

（2）系统有功功率平衡破坏时，有功功率变化量按一定比例在各调频机组间分配。各调频机组所承担的有功功率变化量与该机组的调差系数成反比，改变调差系数可改变该调频机组承担的有功功率变化量。

（3）频率调整的结果，由式（7-11）明显可见，$\Delta f\neq 0$，即调整的结果不能保持原有系统频率，调整是有差的，并且系统有功功率变化量 ΔP_{Σ} 愈大，Δf 也愈大。若机组的调差系数为5%，有功功率变化量 ΔP_{Σ} 为15%；由式（7-11）可得到 Δf 为-0.75%，调整结果频率仍然偏离额定频率较大，频差超出了合格范围。

电力系统运行要求尽量维持系统频率在额定频率50Hz。当频率出现偏差时，通过改变调节系统的给定值，增加 $\Delta P_{T}=\Delta P_{L}$，系统频率将恢复为 f_{a}，增量 ΔP_{L} 全部由发电机承担，称为二次调频，见图7-5中的b点。二次调频的频率动态变化过程如图7-7所示。

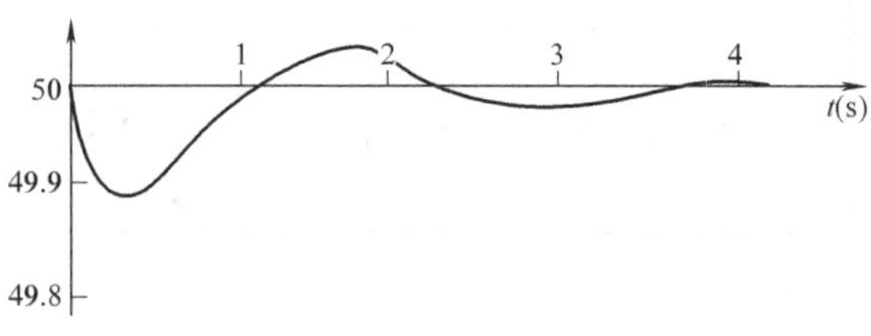

图7-7　二次调频的频率动态变化过程

系统中配置的能够进行二次调频的机组称为调频机组，在频率出现偏差时，这些机组（一部分）相应调整出力，维护系统频率，使之恢复到额定频率。二次调频是属于电力系统自动调频的内容，是由自动调频系统控制的，为保证系统频率在合格范围内，系统应具有足够的旋转备用容量。

第二节　功率—频率调节系统及其特性

发电机在运行中为保证机端电压水平，都装设了自动励磁调节装置。为保证系统频率在合格范围内，系统有功功率必须随时处于平衡状态，注意到系统负荷变化是随机的，所以必须随时调整发电机的有功功率出力，即增加或减少进入发电机组的动力元素。因此，运行发电机上必须装设根据频率（转速）变化自动调整动力元素进入量的自动装置。在汽轮发电机组上，这种进汽量的自动调整是由调速系统实现的，简称调速器。

发电机调速器通常分为机械液压调速器和电气液压调速器（简称电液调速器）两类，如按其控制规律来划分，又可分为比例—积分（PI）调速器和比例－积分－微分（PID）调速器等。

早期用的调速器是机械型的，用一只离心飞摆直接控制进汽阀，这种型式的调速器至今还用于柴油发电机上。机械液压型调速器是后来发展起来的，至20世纪30年代已相当完善。但机械液压型调速器死区较大，动态性能指标较差，难于综合其他信号参与调节。于是发展了电液型调速器，现代几乎全部采用电液型调速器。按控制部分电子器件的不同，电液型调速器又分为模拟式电液调速器与数字式电液调速器。在大型汽轮发电机组上，广泛采用数字式功率—频率电液调速控制系统，简称DEH或数字电调。

一、功率—频率电液调速系统

发电机组在调整出力维持系统频率在合格范围内的同时，应使电网处在最经济的运行状态，即按经济原则在电厂和机组间分配有功负荷。

1. 功频电液调速系统的组成

图 7-8 示出了简化的功率—频率电液调速系统原理图，主要由转速测量、功率测量及其给定环节、频差放大器、PID 环节、功率放大、电液转换器、高压和中压油动机等部件构成。转速测量元件的输出电压与汽轮发电机组的转速 n_G（单位为 r/s）成正比，在稳定状态下，电网频率 f 与转速 n_G 成正比，$f=pn$（p 为极对数，$p=1$），U_n 与 f 成正比。于是有

$$U_n = m_n n_G \tag{7-13}$$

式中　m_n——转速转换系数，Vs/r。

为稳定汽轮发电机组的转速，转速测量在功频电调系统中处负反馈工作状态。

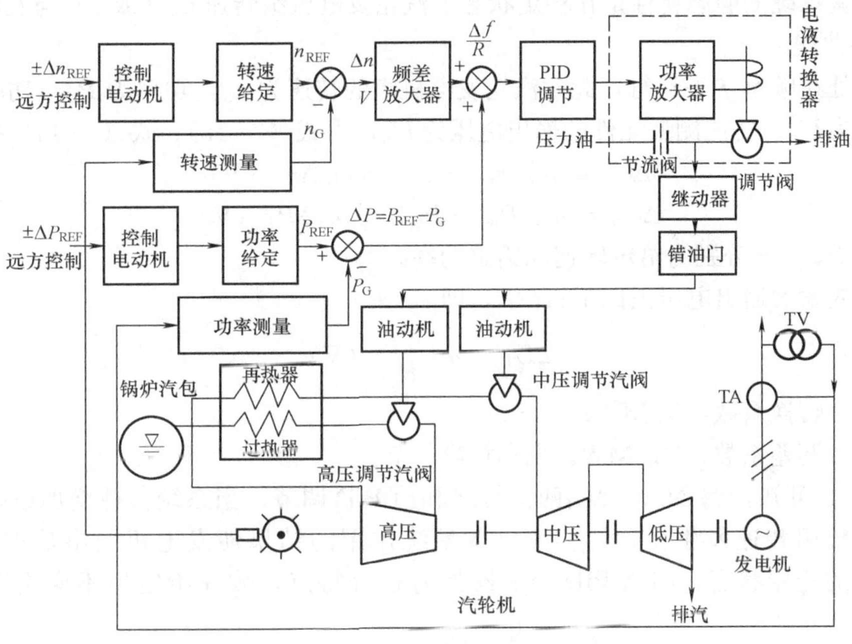

图 7-8　简化的功率—频率电液调速系统原理图

功率测量元件的输出电压 U_p 与发电机的输出功率 P_G（单位为 MW）成正比，即

$$U_p = m_p P_G \tag{7-14}$$

式中　m_p——功率转换系数，V/MW。

同样，为稳定发电机的输出功率，功率测量在功频电调系统中处负反馈工作状态。转速误差信号 Δn、功率误差信号 ΔP 经 PID（比例、积分、微分）运算后，再经功率放大，送入电液转换器。电液转换器将电控制信号转换为液压控制信号，通过油动机调整高压、中压进汽阀（主汽阀和调节汽阀），调整进汽量，实现发电机的功率频率调节。

系统负荷增加时，汽轮发电机组转速下降，因此时发电机实发功率尚未变化，即功率测量元件输出变化量为零，所以正比于转速差 $\Delta n=n-n_N$（n_N 为额定转速）的信号 $U_{\Delta n}$ 输入 PID 调节器，$U_{\Delta n}$ 代表当时要求汽轮机功率增大的数值。$U_{\Delta n}$ 经 PID、功率放大、电液转换器后，经油动机开大进汽量阀门，使汽轮机实发功率增大，最终使发电机增加的功率与系统负荷增加的功率相平衡。汽轮机进汽量增加后，功率测量元件检测到这一功率的

变化值，同样通过负反馈调节，直到功频电调系统处在新的平衡状态。可见，当功频电调系统处于新的平衡状态时，功率测量元件输出电压 U_p 的变化完全抵消了转速测量元件输出电压 U_n 的变化。

当系统负荷减少时，汽轮发电机组转速升高，功频电调系统的调节过程与上述相反。功频电调系统除转速控制、功率控制功能外，另外还有超速保护控制、超速跳闸、主蒸汽压力控制、发电机同期并网、汽轮机自启功、汽阀管理等辅助功能，通过 DEH 系统的 CRT 还能显示运行状态有关参数。在大型发电厂中，普遍采用了分散控制系统（DCS 系统）对整个电厂进行监控，DCS 系统通过 DEH 系统提供的接口，可对汽轮发电机组进行完全的控制，当然 DCS 系统同时实现对机组运行参数的监视。

2. 功频电调系统的静态特性

功频电调系统的静态特性是在稳定状态下汽轮发电机组转速 n_G（或 f）与发电机有功功率 P 的关系曲线。

设电网处在频率 f 下运行，此时汽轮发电机组的转速为 n_G，功率为 P_G，功率测量元件的输出电压为 U_p、转速测量元件的输出电压为 U_n，由式（7-13）、式（7-14）有

$$\Delta U_n = m_n(n_{ref} - n_G) = m_n \Delta n \quad (V) \tag{7-15}$$

$$\Delta U_p = m_p(P_{ref} - P_G) = m_p \Delta P \quad (V) \tag{7-16}$$

式中 n_{ref}、P_{ref}——分别为给定转速和给定功率。

设频差放大器输出电压正比于 $\Delta f/R$，即

$$\Delta U_f = m_f \frac{\Delta f}{R} \quad (V) \tag{7-17}$$

式中 m_f——转换系数，V/MW；

R——调差系数，Hz/MW，见本章第一节。

由图 7-8 可知，将 ΔU_p、ΔU_f两信号之和给 PID 调节，当系统负荷增加或减少时，引起汽轮发电机组转速发生变化，功频电调系统作用的结果使发电机输出功率发生变化，最终达到新的稳定状态。因为 PID 调节器具有积分特点，故在给定值不变情况下，稳定状态有

$$\Delta U_f + \Delta U_p = 0 \tag{7-18}$$

式（7-18）说明，功频电调系统调节结束后，在新的稳定状态下，功率测量元件的输出电压变化量 ΔU_p与转速测量元件经频差放大器的输出电压变化量 ΔU_f正好完全抵消。

将式（7-16）、式（7-17）代入式（7-18）得

$$m_f \frac{\Delta f}{R} + m_p \Delta P = 0 \tag{7-19}$$

m_p 和 m_f 取相同值，得到调节特性方程为

$$\frac{\Delta f}{R} + \Delta P = 0 \tag{7-20}$$

可见式（7-20）即为式（7-8）。

当采用标幺值表示时，将 $\Delta P_* = \Delta P/P_N$、$\Delta f_* = \Delta f/f_N$，$R_* = R \times P_N/f_N$，代入式（7-20）得

$$\frac{\Delta f_*}{R_*} + \Delta P_* = 0 \tag{7-21}$$

式中　R_*——发电机调差系数。

可见式（7-21）即为式（7-9）。

式（7-20）、式（7-21）即是功频电调系统的静态特性。当机组有功功率增加即 $\Delta P>0$ 时，由式（7-20）得 $\Delta f<0$，即发电机频率（转速）下降。静态特性参见图 7-4，是一条下倾的斜线，斜率为调差系数 R，一般为 4%～6%，可在频差放大器中设置。

3. 功频电调系统的运行

按发电机组是否并入网两种情况来讨论调速系统的工作。

（1）发电机组未并网时。图 7-8 中的功率测量值及功率给定值信号均为零。运行人员操作增速或减速按钮，控制电动转速给定电位器，改变转速给定值 n_{ref} 的电压。转速/电压变送器输出电压与机组运行转速 n_G 相对应。可见电压的差值与（$n_{ref}-n_G$）成正比，即式（7-15）。根据偏差 ΔU_n，由电液转换器去控制调节汽阀的开度，改变机组的转速，使 Δn 值趋于零、转速 n_G 趋于给定转速 n_{ref} 为止，即达到调速目的。

（2）机组在并网情况下运行时。假设电网频率恒定且为额定值，频差放大器输出的 f 信号为零，同样理由，如果改变功率设定值 P_{ref} 电压，功率测量值 P_G 与 P_{ref} 之差值信号见式（7-16）。通过 PID 等环节作用，将使对应差值电压 ΔU_p 为零，即发电机功率 P_G 与给定值 P_{ref} 相等，达到调节发电机组输出功率（二次调整）目的。

若考虑电网频率波动，机组在并网运行时，转速给定值 n_{ref} 和功率给定值 P_{ref} 为某一定值不变。调速器工作随输入 PID 的两个信号之和 $\Delta U_f+\Delta U_p$ 调节汽阀开度，改变机组的输出功率，即由式（7-20）或式（7-21）实现一次调频。

功频电调机组一次调频的结果，当有功功率变化量 ΔP 较大时，系统频率仍然偏离额定值较多。为使系统频率在合格范围内，应自动平移 $f=f(P)$ 静态特性曲线。这种自动平移功频电调机组静态特性曲线使系统频率在合格范围内的做法，称为功频电调机组的二次调频。

二、数字式电液调速器

目前数字式电液调速器已在发电机组上广泛应用，其基本框图如图 7-9 所示。它与模拟式电液调速器的主要区别是控制电路部分的功能用微机来实现。由图 7-9 可见，主机与控制对象发电机组（包括原动机）间输出、输入过程通道和模拟式电液调速器是相同的，如电/液转换、液压伺服系统以及转速和功率传感器等。它们由 D/A 或 A/D 转换电路与主机接口交换信息。

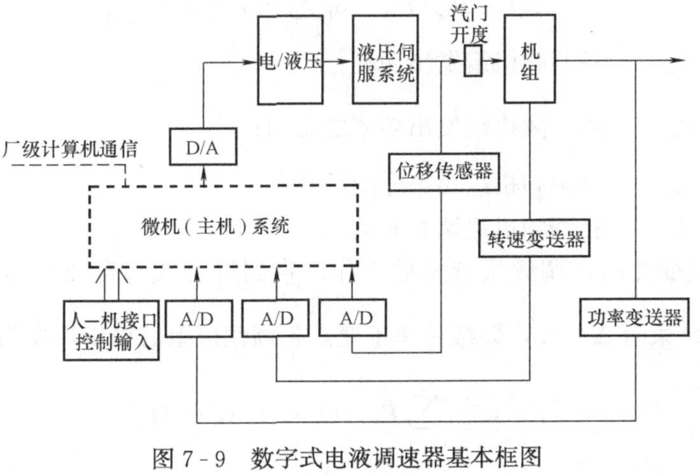

图 7-9　数字式电液调速器基本框图

调速器的调节控制规律由计算机实现，首先要建立数学模型以及制订运行中的控制原则，然后用软件编程实现其控制规律。也就是主机根据采集到的实时信息，按预先确定的控制规律进行调节量计算，计算结果经 D/A 输出去控制电/液转换，再由液压伺服系统控制原动机的输入功率，完成调速或调节功率的任务。

数字式电液调速器用了 CPU 主机后，可以充分发挥计算机高速运算和逻辑判断优势，除了完成调速和负载控制功能外，还可实现机组自启动控制功能；在接近额定转速时，可使发电机转速跟踪电网频率快速同期并列等功能；如果是汽轮机，在启动过程还附有热应力管理功能等，从而极大地提高了电厂自动化程度。

汽轮发电机组的功率—频率电液调速系统，由机械液压式调节系统经电气液压式调节系统、模拟式电气液压调节系统，发展到目前的数字式电气液压调节系统，其性能不断提高，功能也不断强大，可靠性和灵敏性也不断提高。数字式电气液压调节系统在大型汽轮发电机组上应用相当普遍，不过其他调节系统因仍能满足运行机组基本要求，所以并未完全退役。

第三节 电力系统自动调频方法

电力系统调频指的是对系统频率进行二次调整，即通过系统调频装置对调频机组的静态特性曲线进行适当平移，以保持额定频率；在频率调整的同时，实现系统有功功率经济分配，使整个系统处于最经济的运行状态。

一、虚有差调节法

虚有差（或称假有差）调节法是将计划外的负荷分配给各调频机组，使系统频率维持给定值。为实现虚有差调节，各调频机组要装设有功功率分配装置，实现静态特性曲线的移动。虚有差调节时，调节过程中是有差的，但调节结束时是无差的。根据一次调频方程，各调频机组的调频准则为

$$\left.\begin{aligned}\Delta f+R_{G1}(P_{c1}-\alpha_1\sum_{k=1}^{i}P_k)=0\\ \Delta f+R_{G2}(P_{c2}-\alpha_2\sum_{k=1}^{i}P_k)=0\\ \Delta f+R_{Gi}(P_{ci}-\alpha_i\sum_{k=1}^{i}P_k)=0\end{aligned}\right\}\qquad(7-22)$$

式中 P_{c1}、P_{c2}、P_{ci}——各调频机组发出功率；

$\sum_{k=1}^{i}P_k$——各调频机组发出功率之总和；

α_1、α_2、α_i——各调频机组功率分配系数；

R_{G1}、R_{G2}、R_{Gi}——各调频机组调差系数。

系统负荷发生变化时，调频系统开始工作，直到符合式（7-22）调节才终止。考虑 $\sum_{k=1}^{i}\alpha_k=1$，调节结束时 $\Delta f=0$，即维持率不变。各调频机组的输出功率为

$$P_{ck}=\alpha_k\sum_{k=1}^{i}P_k\quad(k=1,2,\cdots,i)\qquad(7-23)$$

可见，各调频机组按功率分配系数比例承担功率。显然，在调节过程中是有差的，但调节结果是无差的，故称虚有差调节。

要实现这种调频方法，各调频机组应具有有功功率分配装置。当系统内有多个电厂参加调频时，先将各调频电厂的总功率（各调频机组实发功率之和）之和，借助远动通道传送到调频控制中心，相加后经功率分配装置分配，再将分配信号送回各调频电厂，再分配到各调频机组，于是各调频机组发出预定功率，实现调频机组间经济功率分配。

虚有差调频方法具有如下特点。

（1）调节过程中是有差的，调节结束是无差的。

（2）调频时所有调频机组一起动作，因而调频速度较快。

（3）调频结束后，调频机组按预定比例分配有功功率。

（4）由于功率测量误差或功率分配误差，或其中一台调频机组功率受到限制，甚至跳闸，因而使 $\sum\limits_{k=1}^{i}\alpha_k \neq 1$，从而导致调频结束后出现频率误差，即 $\Delta f \neq 0$。为补救这一缺点，可将其中一台调频机组改为无差特性，即可将式（7-22）中的某台调频机组的 R_G 设为 0。当 $R_{G1}=0$ 时，即使 $\sum\limits_{k=1}^{i}\alpha_k \neq 1$，因第一台调频机组承担了剩余功率，故可维持系统频率为给定值。

（5）虚有差调节虽可维持系统频率为给定值，但参加调频的机组只能固定为几个电厂，因此很难实现系统的经济功率分配。随着系统容量的扩大，计划外负荷变动相对增大，要求有更多的电厂参与频率调整，实现也较困难。

二、积差调节法

频率积差调节法又称同步时间法，是按频率偏差对时间的积分进行调节的。积差调节法的调节准则是：各个调频电厂按频率偏差对时间的积分进行调节，其调节方程为

$$\left.\begin{aligned}&\int \Delta f \mathrm{d}t + k\Delta P_c = 0\\ \text{或}\quad &\Delta P_c = -K_I\int \Delta f \mathrm{d}t\end{aligned}\right\}\tag{7-24}$$

其中

$$\Delta f = f - f_N$$

式中　K_I——积分控制增益。

当负荷增大时，频率下降，出现 $\Delta f < 0$。式（7-24）中 $\int \Delta f \mathrm{d}t$ 不断增加其负值，使原有平衡状态遭到破坏，调频机组的调节系统增加给定功率 ΔP_c，直到 $\Delta f = 0$，调节过程结束，这时调频机组增加的输出功率 $\Delta P_c = -K_I\int \Delta f \mathrm{d}t$。同步时间法适用于中大型系统中有多个调频厂的情况，各厂根据设定的积差调节原则进行调节。

1. 分散自动调频

当采用多个调频电厂调频时，可以采用分散方式，即参与调频电厂各有一套频差积分信号发生器，就地分散产生 $\int \Delta f \mathrm{d}t$ 信号进行调频。因系统频率具有同一性，所以各调频电厂的 $\int \Delta f \mathrm{d}t$ 保持一致。为了保证各调频电厂测得的值尽可能一致，避免因频差积分的差异

而造成功率分配上的误差，需配置高精度的频率检测。这种调频方法不需远动通道，另外，近代电子技术可使各调频电厂的 $\int \Delta f \mathrm{d}t$ 具有很高的一致性，因而不会产生功率分配上的误差。

调节的物理过程如下：当出现计划外负荷增加时，引起频率下降，$\Delta f \neq 0$。由调节方程求得 $\Delta P_c > 0$，所以调频机组增加输出功率。紧接着 Δf 减小，不断调整结果，最后 Δf 趋近于零，调节过程结束，频率维持额定值。此时，调频机组增加的出力正好等于计划外负荷。若系统负荷减少，调节过程与上述过程相仿，只是调频机组输出功率减少，最后 Δf 同样趋近于零。

图 7-10 示出了积差调节的工作过程。在 $0 \sim t_1$ 时间内，无计划外负荷，系统有功功率处于平衡状态，调频机组按原输出功率运行，$\Delta P_c = 0$，系统频率为额定值，$\Delta f = 0$。在 t_1 瞬间，计划外负荷出现，频率开始下降，$\Delta f < 0$，所以调频机组按式（7-24）增加输出功率，只要 $\Delta f \neq 0$。$\int \Delta f \mathrm{d}t$ 不断累积，调节过程就不会终止，直到 t_2 时刻系统频率恢复额定值，调节过程才结束，此时调频机组增加的输出功率 ΔP_1 保持不变。$t_2 \sim t_3$ 期间；系统处于新的功率平衡状态，$\Delta f = 0$。在 t_3 时刻，系统负荷减少，系统频率升高，$\Delta f > 0$，调频机组按式（7-24）减少出力，同样，只要 $\Delta f \neq 0$，调节过程不会终止，直到 t_4 时刻系统频率恢复额定值，调节过程才结束，此时调频机组减少的输出功率 $\Delta P_1 - \Delta P_2$ 保持不变。

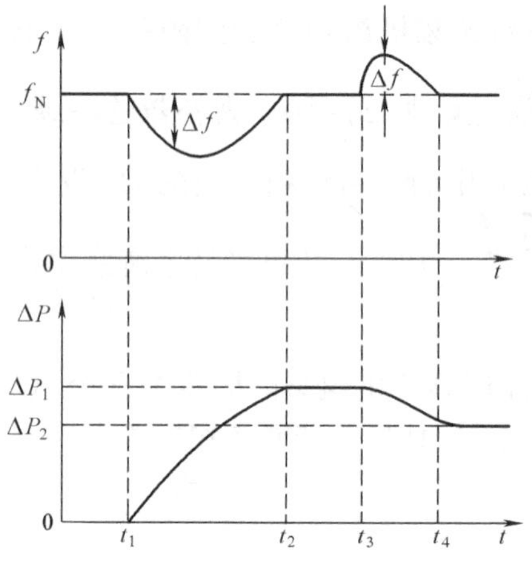

图 7-10 积差调节工作过程说明

由以上分析可见，按式（7-24）工作的积差调频，调节结束可维持系统频率为额定值，实现了无差调节。调频机组承担的功率变化量等于计划外负荷的数值。因 $\int \Delta f \mathrm{d}t$ 滞后 Δf 变化，所以调频过程缓慢，这是积差调频的缺点。

当有多台调频机组参加调频时，调节方程为

$$\left.\begin{aligned} \Delta P_{c1} &= -K_1 \int \Delta f \mathrm{d}t \\ \Delta P_{c2} &= -K_2 \int \Delta f \mathrm{d}t \\ &\vdots \\ \Delta P_{cn} &= -K_n \int f \mathrm{d}t \end{aligned}\right\} \tag{7-25}$$

一般认为系统在稳态时全网的频率是统一的，即系统各点的频率相等。在系统中出现负荷增量 ΔP_L 后，经一次调频和二次调频后，负荷增量将全部由 n 台调频机组增加输出功率平衡，频率恢复至额定运行，即

$$\Delta P_L = \sum_{1}^{n} \Delta P_{ci} = -\int \Delta f \mathrm{d}t \sum_{i=1}^{n} K_i \tag{7-26}$$

第 i 台调频机组增加的输出功率为

$$\Delta P_{ci} = \frac{\Delta P_L}{\frac{1}{K_i}\sum_{i=1}^{n} K_i} = \alpha_i \Delta P_L \tag{7-27}$$

式中　α_i——各个调频机组有功功率分配系数。

上述调频准则是依照频率偏差的积分进行的，按分配系数确定机组的增加功率。频率的偏差积分滞后于频率的变化，调解过程较缓慢。改进方法是在频率的偏差积分基础上，加入频率的瞬时变化信息，以加快频率调整的初始速度。改进后的方程为

$$\Delta f + R_i(\Delta P_{ci} + \alpha_i \int K_i \Delta f \mathrm{d}t) = 0 \tag{7-28}$$

式中　R_i——第 i 台调频机组的有功调差系数；

ΔP_{ci}——第 i 台调频机组承担的功率调节量；

α_i——第 i 台调频机组调节功率的分配系数。

2. 集中自动调频

分散的积差调节法依靠于调频机组对频率偏差测量的一致性。为解决频率信号的不一致性，依靠电力系统的调度系统完成对频率的检测与调整的管理。通过调度侧监控与数据采集系统 SCADA（Supervisory Control And Data Acquisition）采集并传送各个电厂的实时数据，实现集中调频。

集中制调频是在中心调度所设置一套高精度标准频率发生器，再取用系统频率，集中产生频差积分信号 $\int \Delta f \mathrm{d}t$，确定各调频机组的调节量，通过远动通道送向各调频电厂。在调频电厂中，设一台有功功率控制器，根据运行方式再进行分配各机组所应承担的功率，如图 7-11 所示。控制器输入信号除了调度送来的频差积分信号外，还有就地的频差信号和各机组的输出功率信号，输出信号为各机组按式（7-28）确定的功率调节量。

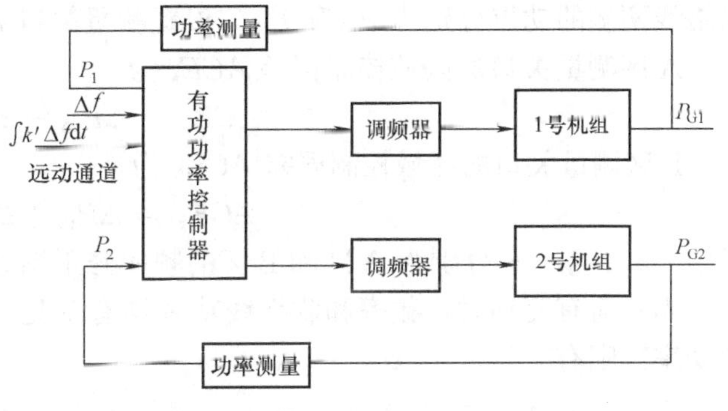

图 7-11　集中式积差调频示意图

这种集中制调频的优点是各调频电厂的频差积分信号 $\int \Delta f \mathrm{d}t$ 保持一致性，但需要远动通道。

三、联合电力系统调频

随着电力系统容量的不断增加，大负荷中心的出现，现代系统已发展为一个由若干个电网通过联络线连接构成的联合电力系统。一般联合电力系统由几个区域电力系统通过联络线连接而成，图 7-12 示出了由区域电力系统 A 和 B 组成的联合电力系统。

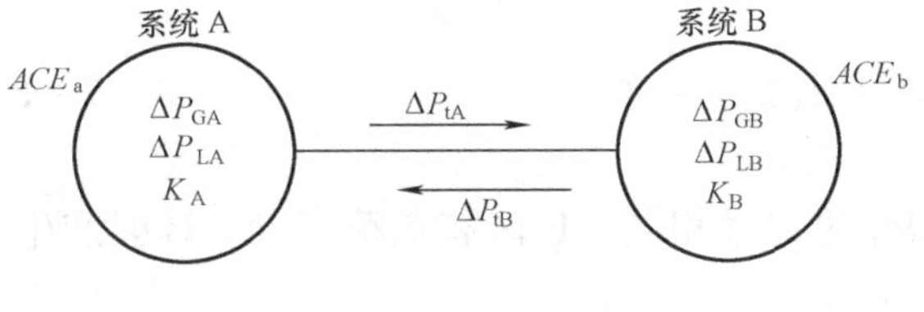

图 7-12　简单的联合电力系统

联合电力系统的调频方式通常要求维护系统频率的稳定和联络线功率，保持合

同输送功率的恒定。每个调度中心实时监控计算机系统中 AGC（Automatic Generation Control）应完成如下任务。

（1）维持系统频率为额定值，在正常稳态情况下，其频率偏差在 0.05～0.2Hz 范围内；

（2）控制地区电网间联络线的交换功率与计划值相等，实现各地区有功功率的就地平衡；

（3）在安全运行前提下，所管辖系统范围内，机组间负荷实现经济分配。

AGC 所需信息，如各发电机组实发功率 P_{Gi}、线路潮流、节点电压等，由各厂站侧的远动装置送到调度中心，形成实时数据库。

AGC 软件按预定数学模型和调节准则统一确定各调频厂（或机组）的调节量，通过远动下行通道把指令送到各厂站机组，形成调节指令控制各调频机组的出力。

最常用的是频率联络线功率偏差控制 TBC（Tie line load frequency Bias Control）。即按频差及联络线路交换功率偏差调节，最终维持的是系统频率，各地区电力系统负荷波动就地平衡，这实际上是多系统调频观点，这种调频方式是大型电力系统或联合电力系统中常用的一种方法。

采用频率联络线路功率偏差控制（TBC）方式，不仅要消除频差（$\Delta f=0$）而且还要消除联络线路中的交换功率偏差（$\Delta P_t=0$）。也就是说，每个控制区负责本区域的功率调整，通常把本区域调节作用的信号称为区域控制误差 ACE（Area Control Error）。

如图 7-12 所示，设有两区域电网通过联络线相接，两区域负荷分别为 P_{LA}和 P_{LB}，在联络线两侧的功率分别为 P_{tA}和 P_{tB}，设置测量关口 A 和 B，ACE_a 和 ACE_b。

A 区测量关口的区域控制误差 ACE_a 为

$$ACE_a = \Delta P_{tA} + \beta_A \Delta f_A \tag{7-29}$$

B 区测量关口的区域控制误差 ACE_b 为

$$ACE_b = \Delta P_{tB} + \beta_B \Delta f_B \tag{7-30}$$

式中　β_A、β_B——分别为 A 区和 B 区的频率修正系数。

当负荷有变动时，频率和联络线功率均有变化，ACE 产生误差，相应产生本区域的控制功率。则有

$$\Delta P_{CA} = -K_A \int ACE_a \mathrm{d}t = -K_A \int (\Delta P_{tA} + \beta_A \Delta f_A)\mathrm{d}t \tag{7-31}$$

$$\Delta P_{CB} = -K_B \int ACE_b \mathrm{d}t = -K_B \int (\Delta P_{tB} + \beta_B \Delta f_B)\mathrm{d}t \tag{7-32}$$

式中　K_A、K_B——分别为两区域的积分控制增益。

设 A 区负荷不变，B 区负荷增长，$\Delta f<0$，联络线上出现 A 端流向 B 端的功率增量，即 $\Delta P_{tA}>0$；$\Delta P_{tB}<0$。

对 A 区 $\Delta f<0$，$\Delta P_{tA}>0$，A 区 Δf 和 ΔP_{tA}的符号相反，A 区无负荷变动，若设置的 β_A 适当，将使

$$ACE_a = \Delta P_{tA} + \beta_A \Delta f_A \approx 0 \tag{7-33}$$

从而 A 区不产生本区域的控制功率。

对 B 区 $\Delta f<0$，$\Delta P_{tB}<0$。B 区 Δf 和 ΔP_{tB}的符号相同，B 区有负荷变动，B 区产生相应控制功率调整。当 Δf 和 ΔP_{tB}均为负值时，有

$$ACE_b = \Delta P_{tB} + \beta_B \Delta f_B < 0 \tag{7-34}$$

$$\Delta P_{CB} = -K_B\int ACE_b dt = -K_B\int(\Delta P_{tB} + \beta_B\Delta f_B)dt > 0 \tag{7-35}$$

B区内发电机增加出力，直到频率恢复及联络线功率变化为0时为止。调整结果必然是

$$\Delta P_{tA} + \beta_A\Delta f_A = 0 \tag{7-36}$$

$$\Delta P_{tB} + \beta_B\Delta f_B = 0 \tag{7-37}$$

某区域负荷发生变化，从而引起频率和联络线功率的变化，区域控制误差产生对应区域发电机改变功率输出，实现区域内的就地平衡，$\Delta f=0$，$\Delta P_t=0$。

复习思考题

1. 何谓电力系统负荷的有功—频率特性？何谓发电机组的有功—频率特性？何谓电力系统的频率特性？
2. 何谓负荷调节效应？何谓负荷调节效应系数？它对系统频率有什么作用？
3. 某电力系统中，与频率无关的负荷占30%，与频率一次方成正比的负荷占40%，与频率二次方成正比的负荷占10%，与频率三次方成正比的负荷占20%。试求系统频率由50Hz下降到48Hz时，负荷功率变化的百分数和负荷调节效应系数K_{L*}。
4. 数字式电液调速器和模拟式电液调速器相比有哪些优点？
5. 什么是一次调频、二次调频？各有哪些特点？
6. 电力系统自动调频中虚有差调节法有哪些特点？
7. 何谓积差调节法（同步时间法）？简述积差调频的调节过程。
8. 联合电力系统常用什么调频方法？其控制目标是什么？
9. 何谓区域控制误差（ACE）？试写出相应的控制功率表达式。

第八章　电力系统其他自动装置

随着计算机硬件与软件技术的发展，各类自动控制装置越来越小型化、数字化、网络化、智能化和人性化。继电保护装置中不但整合了安全自动装置的内容，而且把一些日常的监控与管理功能也整合了进来。将来，单一功能的继电保护装置也许不会存在。将其他功能整合到继电保护装置中，构成保护测控一体化装置，这种应用一方面是对继电保护装置技术的更高要求，另一方面也给继电保护技术的发展提供了机会。继电保护装置功能的扩展，使其有机会获得更多的信息，这些信息对继电保护性能的提高有帮助。本章主要介绍备用电源自动投入（合闸控制）、自动低频减载（跳闸控制）等。

第一节　备用电源自动投入

随着国民经济的迅猛发展、科学技术的不断提高，用户对供电质量和供电可靠性的要求日益提高，而备用电源自动投入（中文简称 BZT，英文 Auxiliary Power Automatic Transfer Switch，简称 AAT）是保证配电系统连续可靠供电的重要措施。因此，备用电源自投已成为中低压系统变电站自动化的最基本功能之一。

一、备用电源自动投入的作用及基本要求

1. 备用电源自动投入的作用

备用电源自动投入装置是当工作电源因故障被断开以后，能自动、迅速地将备用电源或备用设备投入工作，使用户能迅速恢复供电的一种自动控制装置。

在实际应用中，AAT 装置形式多样，但根据备用方式（即备用电源或备用设备的存在方式）划分，可分为明备用和暗备用两种。明备用是指正常情况下有明显断开的备用电源或备用设备，如图 8-1（a）所示；正常运行时，图 8-1（a）中 QF3、QF4、QF5 在断开状态，备用变压器 T0 作为工作变压器 T1 和 T2 的备用。暗备用是指正常情况下没有断开的备用电源或备用设备，而是分段母线间利用分段断路器取得相互备用，如图 8-1（b）所示；正常运行时分段断路 QF3 处于断开状态，工作母线 Ⅰ、Ⅱ 段分别通过各自的供电设备或线路供电，当任一母线由于供电设备或线路故障停电时，QF3 自动合闸，从而实现供电设备和线路的互为备用。

分析图 8-1 的工作情况后可知，采用 AAT 装置有如下优点：

（1）提高供电可靠性，节省建设投资。

（2）简化继电保护。采用 AAT 装置后，环网供电网络可以开环运行，并列变压器可以解列运行，如图 8-1（b）所示，在保证供电可靠性的前提下，继电保护变得简单而可靠。

（3）限制短路电流，提高母线残余电压。在受端变电站，如果采用变压器解列运行或环网开环运行，可使出线短路电流受到一定限制，供电母线［图 8-1（b）中高压母线］上残余电压相应提高。

由于 AAT 简单、可靠且投资小，是一种提高供电可靠性的经济且有效的技术措施，因

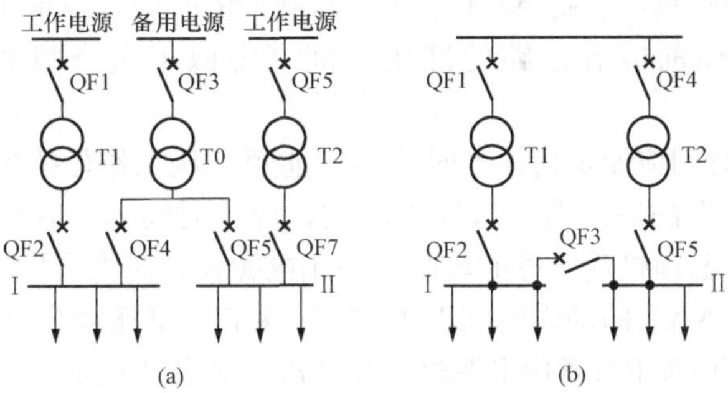

图 8-1　应用 AAT 装置的典型一次接线图
(a) 明备用；(b) 暗备用

此在电力系统中获得广泛应用。在下列情况下，应装设 AAT 装置：

(1) 装有备用电源的发电厂厂用电源和变电站站用电源。

(2) 由双电源供电，其中一个电源经常断开作为备用的变电站。

(3) 降压变电站内有备用变压器或互为备用的母线段。

(4) 有备用机组的某些重要辅机。

2. 对 AAT 的基本要求

AAT 用在不同场合，其接线可能有所不同，但均应满足对 AAT 的基本要求。应当指出，AAT 动作使断路器合闸，投入备用电源或备用设备，该断路器上应装设相应的继电保护装置，以保证安全运行。

对 AAT 的基本要求归纳如下：

(1) 应保证在工作电源或工作设备断开后，AAT 才能动作。如图 8-1 (b) 中只有当 QF2 断开后，AAT 才能动作，使 QF3 合闸。这一要求的目的是防止将备用电源或备用设备投入到故障元件上，造成 AAT 动作失败，甚至扩大事故，加重设备损坏程度。

满足这一要求的措施是：AAT 的合闸部分应由供电元件受电侧断路器 [图 8-1 (b) 中的 QF2] 的辅助动断触点启动。

(2) 工作母线电压无论任何原因消失，AAT 均应动作。图 8-1 (a) 中，工作母线 I (或Ⅱ) 段失压的原因有：工作变压器 T1 (或 T2) 故障；母线 I (或Ⅱ) 段故障；母线 I (或Ⅱ) 段出线故障未被该出线断路器断开；断路器 QF1、QF2 (或 QF6、QF7) 误跳闸；电力系统内部故障，使工作电源失压等。所有这些情况，AAT 都应动作。但是若电力系统内部故障，使工作电源和备用电源同时消失时，AAT 不动作，以免系统故障消失恢复供电时，所有工作母线段上的负荷均由备用电源或设备供电，引起备用电源或设备过负荷，降低工作可靠性。

满足这一要求的措施是：AAT 应设置独立的低电压启动部分，并设有备用电源电压监视。

(3) AAT 只能动作一次。当工作母线或出线上发生未被出线断路器断开的永久性故障时，AAT 动作一次，断开工作电源（或设备）、投入备用电源（或设备）；因为故障仍然存在，备用电源（或设备）上的继电保护动作断开备用电源（或设备）后，就不允许 AAT 再次动作，以免备用电源多次投入到故障元件上，对系统造成再次冲击而扩大事故。

满足这一要求的措施是：控制 AAT 发出合闸脉冲的时间，以保证备用电源断路器只能合闸一次。AAT 在动作前应有足够的准备时间（类似于重合闸的充电时间），通常为 10～15s。

（4）AAT 的动作时间应使负荷停电时间尽可能短。从工作母线失去电压到备用电源投入为止，中间工作母线上的用户有一段停电时间，停电时间短，有利于用户电动机的自启动；但停电时间太短，电动机残压可能较高，备用电源投入时将产生冲击电流，造成电动机损坏。运行经验表明，AAT 的动作时间以 1～1.5s 为宜，低压场合可减小到 0.5s。

此外，应校验 AAT 动作时备用电源过负荷情况，如备用电源过负荷超过限度或不能保证电动机自启动时，应在 AAT 动作时自动减负荷；如果备用电源投到故障上，应使其保护加速动作；低压启动部分中电压互感器二次侧的熔断器熔断时，AAT 不应动作。

工作母线失压时还必须检查工作电源无流，才能启动备自投，以防止 TV 二次三相断线造成误动。

二、备用电源自投的方式

备用电源自投主要用于中、低压配电系统中。根据备用电源的不同，在一个变电站备自投主要有以下三种运行方式。

1. 低压母线分段断路器自动投入

低压母线分段断路器自动投入方案的主接线如图 8-2 所示。

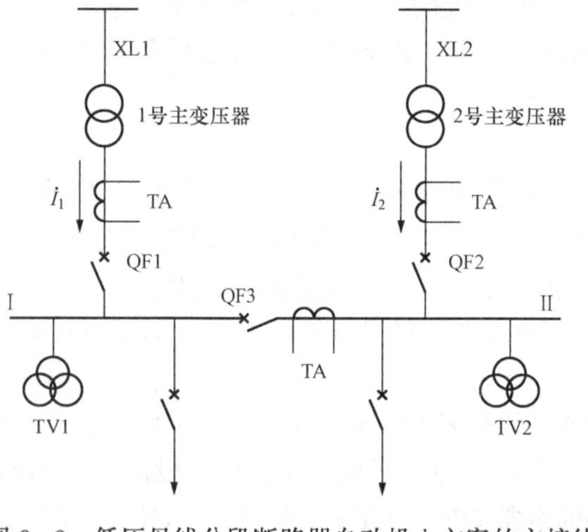

图 8-2 低压母线分段断路器自动投入方案的主接线

由图 8-2 可看出，当 1 号和 2 号主变压器同时运行，而 QF3 断开时，一次系统中 1 号和 2 号主变压器互为备用电源，此方案是“暗备用”接线方案，有两种运行方式。

（1）备用电源自动投入方式 1。若 1 号主变压器故障，保护跳开 QF1，或者 1 号主变压器高压侧失压，均引起Ⅰ段母线失压，I_1 无流，并且Ⅱ段母线有电压，即跳开 QF1，合上 QF3。自动投入条件是Ⅰ段母线失压，I_1 无流，Ⅱ段母线有压，QF1 确实已跳开。检查 I_1 无流是为了防止 TV1 二次侧三相断线引起的误投。

（2）备用电源自动投入方式 2。当发生与上述自动投入方式 1 相类似的原因，Ⅱ母线失压，I_2 无电流，并且Ⅰ段母线有压时，即断开 QF2，合上 QF3。自动投入条件是Ⅱ段母线失压，I_2 无流，Ⅰ段母线有压，QF2 确实已跳开。

2. 内桥断路器的自动投入

内桥断路器自动投入方案的主接线如图 8-3 所示。

由图 8-3 可看出，如果两段母线分列运行，即桥断路器 QF3 在分位，而 QF1、QF2 在合位，XL1 进线带Ⅰ段母线运行，XL2 进线带Ⅱ段母线运行时，这时 XL1 和 XL2 互为备用电源，所以是暗备用接线方案。此方式与低压母线分段断路器自动投入方案及其运行方式完全相同，其中方式 1 为跳 QF1 合 QF3，方式 2 为跳 QF2 合 QF3。

需要注意的是，当主变压器故障时（会引起高压母线失压）应闭锁内桥断路器自投。

当 XL1 进线带Ⅰ、Ⅱ段母线运行为方式 3，即 QF1、QF3 在合位，QF2 在分位时，XL2 为备用电源。当 XL2 进线带Ⅱ、Ⅰ段母线运行为方式 4，即 QF2、QF3 在合位，QF1 在分位时，XL1 是备用电源。显然这两种接线方案是“明备用”接线方案。明备用接线方案方式 3（方式 4）备用电源自动投入条件是Ⅰ、Ⅱ母线失压，I_1（或 I_2）无流，XL2（或 XL1）线路有压，QF1（或 QF2）确实已跳开时合 QF2（或 QF1）。

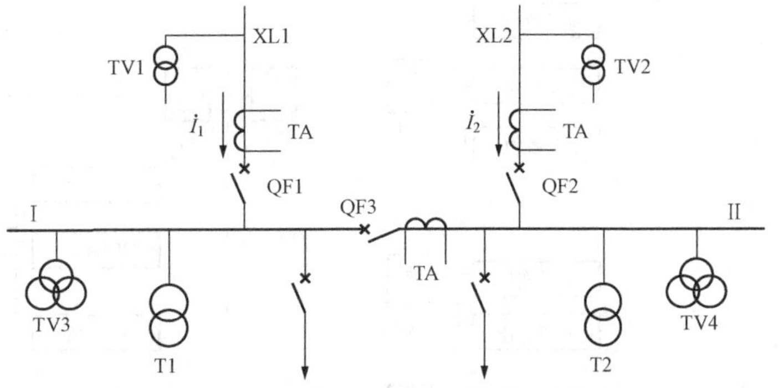

图 8-3　内桥断路器自动投入方案的主接线

3. 进线备用电源自动投入

进线备自投方案一般在农网配电系统、小型化变电站或在厂用电系统中使用，一般为单母线接线。

参见图 8-3（QF3 合闸运行），该备自投方案接线是“明备用”方案。XL1 和 XL2 中只有一个断路器在分位，另一个在合位，因此当母线失压，备用线路有压，并且 I_1（I_2）无流时，即可跳开 QF1（QF2），合上 QF2（QF1）。该备用方案的自动投入条件类似于内桥断路器的自动投入条件中备用方式 3 和方式 4 的自动投入条件，即母线失压，线路 XL2 有压，I_1 无流，QF1 确实已跳开，合上 QF2；或者母线无压，I_3 无流，线路 XL1 有电压，QF2 确实已跳开，合上 QF1。

三、备用电源自投控制的动作逻辑

根据以上分析，备用电源自动投入的动作逻辑分为两种情况，即两路电源互为备用（暗备用）和两路电源一个运行另一个备用（明备用）。

1. 采用暗备用时的动作逻辑

分段开关或桥开关采用暗备用时 AAT 的动作逻辑如图 8-4、图 8-5 所示。QF3 断开分列运行。

（1）AAT 的充电与放电。对应图 8-3 所示备自投方式 1、方式 2 的 AAT 逻辑框图如图 8-4、图 8-5 所示。在图 8-4 中正常运行时，QF1、QF2 合位，QF3 跳位，母线Ⅰ、Ⅱ有压，线路 XL1、XL2 有流。Y1、Y2、Y6 均动作，T1 时间元件启动，经 10～15s 充电完成，为与门 Y7 动作准备了条件。

当母线Ⅰ、Ⅱ同时无压，QF3 合上，方式 1 和方式 2 闭锁投入时，H1 动作，瞬时对 T1 放电，闭锁 AAT 的动作。AAT 动作使 QF3 合闸后，瞬时对 T1 放电，保证了 AAT 只动作一次。

（2）AAT 的动作过程。AAT 工作于方式 1 时，跳 QF1 的逻辑电路如图 8-5（a）所示。当Ⅰ母无压时，如 XL1 也无流，而 XL2 有压，且方式 1 投入，则 Y4 动作，经 T2 延时，经 H2 跳开 QF1，也有可能 QF1 由于 XL1 保护动作而已经跳开。

当 QF1 跳开后 XL1 线路无流，确认 QF1 已跳开，此时 XL2 如有压，则 Y8 门动作，经

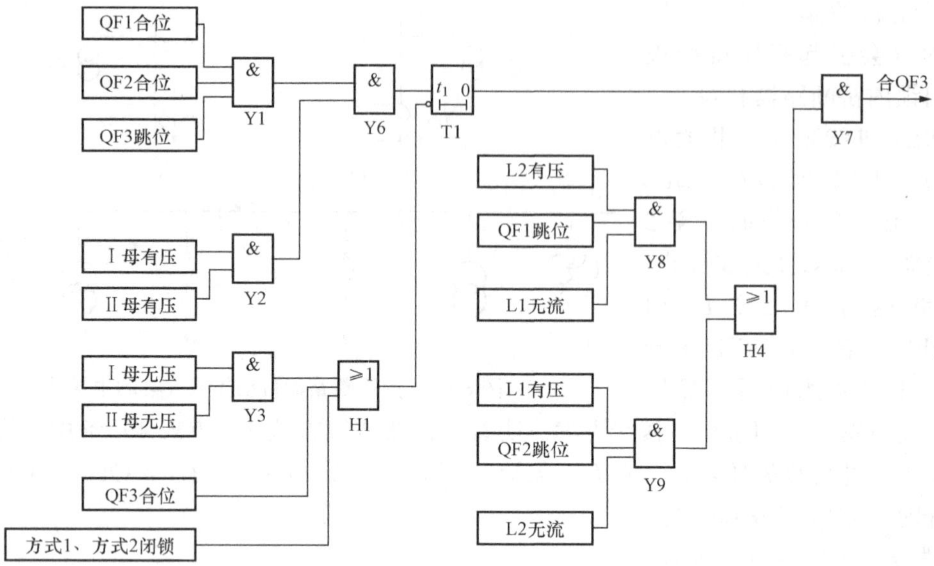

图 8-4 分段开关暗备用 AAT 的充/放电及合闸动作逻辑

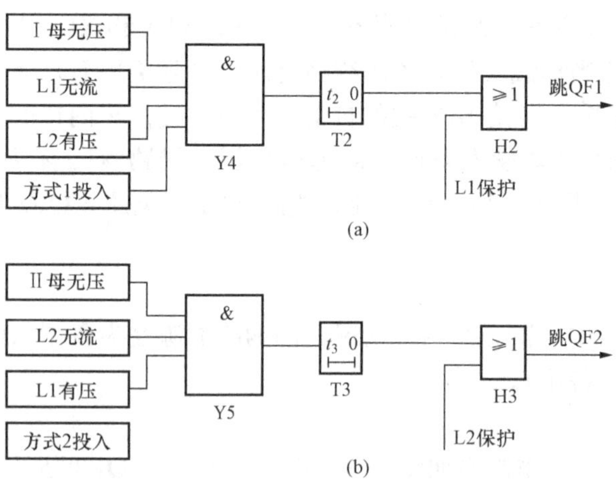

图 8-5 分段开关暗备用 AAT 的跳闸动作逻辑

(a) 跳 QF1 逻辑；(b) 跳 QF2 逻辑

Y7 合 QF3。由动作过程可以看出，QF1 跳开后，QF3 才能合上，XL2 线路无压时，AAT 也不会动作合 QF3。

AAT 工作于方式 2 时，其跳 QF2 逻辑如图 8-5（b）所示。当Ⅱ母无压时，如 XL2 也无流，而 XL1 有压，且方式 2 投入，则 Y5 动作，经 T3 延时，经 H3 跳开 QF2，也有可能 QF2 由于 XL2 保护动作而已经跳开。

当 QF2 跳开后 XL2 线路无流，确认 QF2 已跳开，此时 XL1 如有压，则 Y9 门动作，经 Y7 合 QF3。由动作过程可以看出，QF2 跳开后，QF3 才能合上，XL1 线路无压时，AAT 也不会动作合 QF3。

分段开关自投后加速保护在备自投动作或手动合闸 QF3 时投入，后加速保护经 3s 后自动退出。在 3s 的后加速记忆时间内，如备自投合闸到故障时，后加速保护立即瞬时动作，启动跳 QF3。

2. 采用明备用时的动作逻辑

采用明备用时 AAT 的动作逻辑如图 8-6、图 8-7 所示。

（1）AAT 的充电与放电。方式 3 和方式 4 都基于母联断路器 QF3 必须处于合闸状态。因此在母线Ⅰ、Ⅱ段均有电压的情况下，有如下情况之一即启动充电做好动作准备，如图 8-6所示。

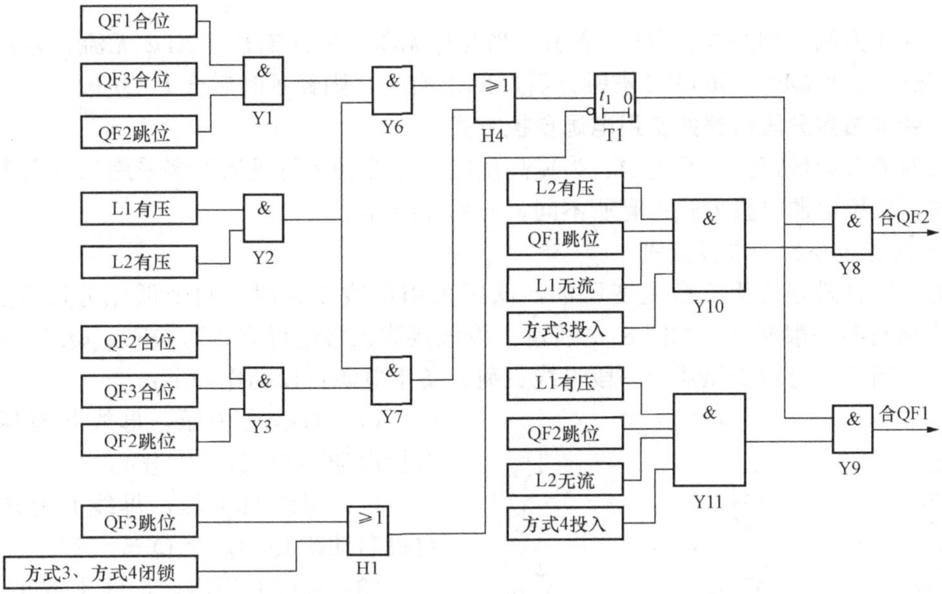

图 8-6　明备用电源 AAT 的充/放电及合闸动作逻辑

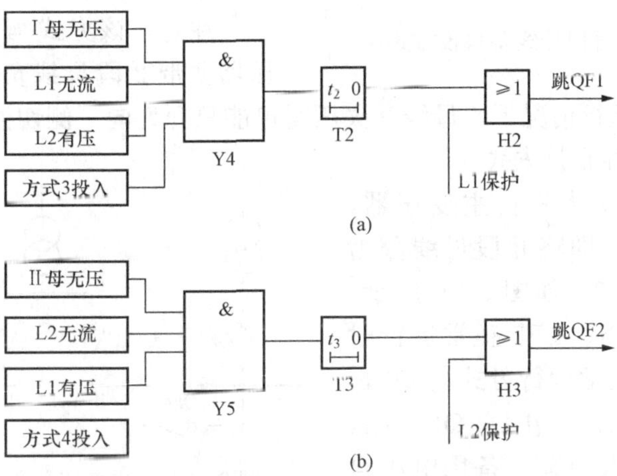

图 8-7　明备用电源 AAT 的跳闸动作逻辑

(a) 跳 QF1 逻辑；(b) 跳 QF2 逻辑

1）QF1 合位、QF2 跳位（即 XL1 工作，XL2 备用）。

2）QF2 合位、QF1 跳位（即 XL2 工作，XL1 备用）。

经 10～15s，充电完成。有如下情况之一即放电闭锁 AAT 动作，如图 8-6 所示。

1）当 QF3 跳位或方式 3、方式 4 闭锁时。

2）当 QF1 与 QF2 同时处于跳闸位置或合闸位置时。

3）XL1 或 XL2 无电压即备用电源无压时。

（2）AAT 的动作过程。以方式 3 为例，如图 8-7（a）所示，当Ⅰ母无压、XL1 无流、XL2 有压、方式 3 投入情况下，经 T2 跳 QF1。当 QF1 被跳开后，如 XL2 有压，则经延时合上 QF2。

以方式 4 为例，如图 8 - 7（b）所示，当Ⅱ母无压、XL1 有压、XL2 无流、方式 4 投入情况下，经 T3 跳 QF2。如 QF2 被跳开后，XL1 有压，则经延时后合上 QF1。

四、变电站多分段母线的备用电源自投方式

在目前的大中城市供电系统中，为提高供电可靠性和运行灵活性多采用三主变多分段的接线方式，备用电源自投方式也有所不同。简单介绍如下。

1. 三主变三分段备自投方式

三主变三分段方式为三台主变压器，低压采用母线三分段，两个低压分段开关 QF4、QF5 正常运行时一般断开，如图 8 - 8 所示。设该接线正常运行方式为 QF1、QF2、QF3 合，QF4、QF5 断开，每台变压器带一段母线负荷。备用电源自投动作如下：

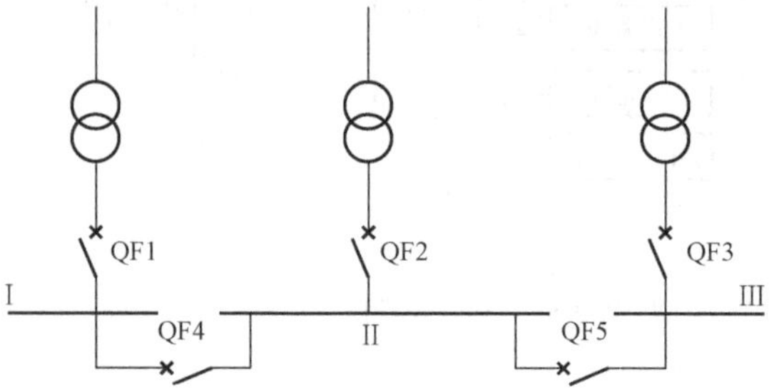

图 8 - 8　三主变三分段接线备自投方式图

（1）母线Ⅰ失压，母线Ⅱ有压时，备自投启动跳 QF1，合 QF4。

（2）母线Ⅲ失压，母线Ⅱ有压时，备自投启动跳 QF3，合 QF5。

（3）母线Ⅱ失压，母线Ⅰ或Ⅲ有压时，备自投启动跳 QF2，合 QF4 或 QF5（任选一种方式）。

注意：该方式当备自投动作后一台变压器要带 2 段母线负荷，要考虑变压器的过负荷情况。在某些运行情况下，母线Ⅱ失压时可能只允许向一侧切换。

2. 三主变四分段备自投方式

三主变四分段方式为三台主变压器，低压母线采用四分段，即将Ⅱ段母线分为两个半段Ⅱ - 1 和Ⅱ - 2，如图 8 - 9 所示。两个低压分段开关 QF4、QF5 正常运行时一般断开。设该接线正常运行方式为 QF1、QF21、QF22、QF3 合；QF4、QF5 断，每台变压器带一组母线负荷。备用电源自投动作如下：

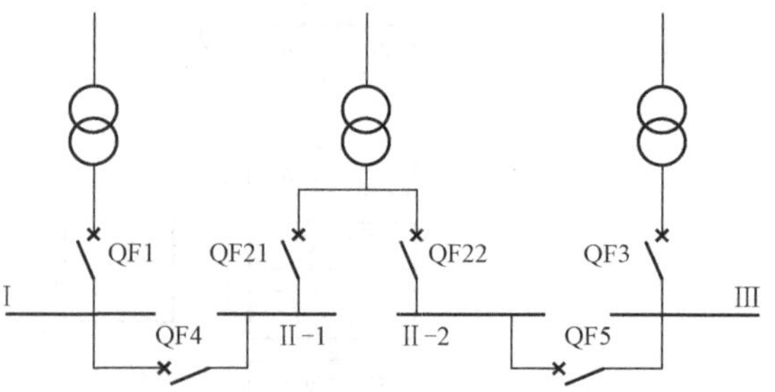

图 8 - 9　三主变四分段接线备自投方式图

（1）母线Ⅰ失压、母线Ⅱ有压时，备自投启动跳 QF1，合 QF4 同时联跳 QF22。

（2）母线Ⅲ失压、母线Ⅱ有压时，备自投启动跳 QF3，合 QF5 同时联跳 QF21。

（3）母线Ⅱ - 1 失压、母线Ⅰ有压时，备自投启动跳 QF21，合 QF4。

（4）母线Ⅱ - 2 失压、母线Ⅲ有压时，备自投启动跳 QF22，合 QF5。

这样始终可以保证每台变压器最多只带一段半母线负荷，负荷分配合理。但备自投动作会有联切负荷的问题。

3. 三主变六分段备自投方式

三主变六分段方式为三台主变压器，低压母线采用六分段，即将每段母线各分为两个半段，如图 8 - 10 所示。三个低压分段开关 QF4、QF5、QF6 正常运行时一般断开。设该接线正常运行方式为 QF11、QF12、QF21、QF22、QF31、QF32 合；QF4、QF5、QF6 断，每台变压器带一组母线负荷。备用电源自投动作如下：

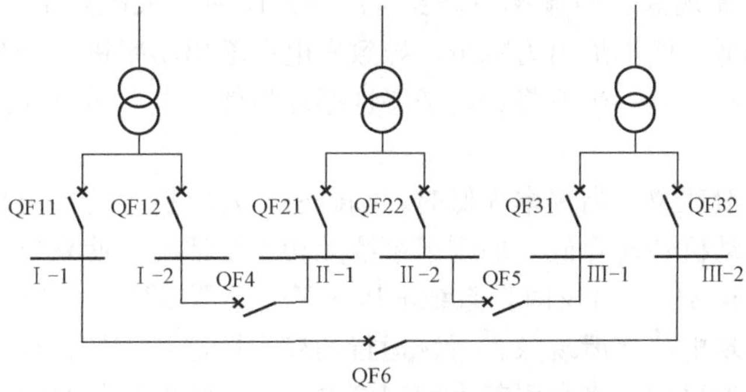

图 8-10　三主变六分段接线备自投方式图

(1) 母线Ⅰ-2 失压，母线Ⅱ-1 有压时，备自投启动跳 QF12，合 QF4。

(2) 母线Ⅲ-1 失压，母线Ⅱ-2 有压时，备自投启动跳 QF31，合 QF5。

(3) 母线Ⅲ-2 失压，母线Ⅰ-1 有压时，备自投启动跳 QF32，合 QF6。

(4) 母线Ⅰ-1 失压，母线Ⅲ-2 有压时，备自投启动跳 QF11，合 QF6。

(5) 母线Ⅱ-1 失压，母线Ⅰ-2 有压时，备自投启动跳 QF21，合 QF4。

(6) 母线Ⅱ-2 失压，母线Ⅲ-1 有压时，备自投启动跳 QF22，合 QF5。

同样可以保证每台变压器最多只带一段半母线负荷，负荷分配合理。但备自投动作不会联切负荷。

第二节　自动低频减载

一、概述

电力系统的频率反映了发电机组所发出的有功功率与负荷所需的有功功率之间的平衡情况。第七章中已经讲过，当电厂发出的有功功率不满足用户要求出现缺额时，系统频率就会下降。

但第七章所讨论的系统频率和有功功率自动调节的内容，是指系统在正常运行情况下由于计划外负荷所引起的频率波动。这时系统动用发电厂的热备用容量，即系统运行中的发电机容量就足以满足用户的需要。而本章所讨论的内容是当系统发生较大事故时，系统出现严重的功率缺额，其缺额值超出了正常热备用可以调节的能力，这时即使令系统中运行的所有发电机组都发出其设备可能胜任的最大功率，仍不能满足负荷功率的需要，所引起的系统频率下降值将远远超出系统安全运行所允许的范围。在这种情况下从保障系统安全运行的观点出发，为了保证电网安全和对重要用户的供电，不得不采取应急措施，切除部分负荷，以便系统频率恢复到可以安全运行的水平以内。

当电力系统因事故而出现严重的有功功率缺额时，其频率将随之急剧下降，其下降值与功率缺额有关，根据负荷频率特性曲线不难求得下降频率的稳态值。频率降低较大时，对电力系统本身特别是火电厂运行极为不利，甚至会造成系统崩溃的严重后果，包括：

(1) 对汽轮机的影响。运行经验表明，某些汽轮机在长时期低于频率 49～49.5Hz 以下运行时，叶片容易产生裂纹，当频率低到 45Hz 附近时，个别级的叶片可能发生共振而引起断裂事故。

（2）发生频率崩溃现象。当频率下降到47～48Hz时，火电厂的厂用机械（如给水泵等）的出力将显著降低，使锅炉出力减少，导致发电厂输出功率进一步减少，致使功率缺额更为严重。于是系统频率进一步下降，这样恶性循环将使发电厂运行受到破坏，从而造成频率崩溃现象。

（3）发生电压崩溃现象。当频率降低时，励磁机、发电机等的转速相应降低，由于发电机的电动势下降和电动机转速降低，加剧了系统无功不足情况，使系统电压水平下降。运行经验表明，当频率降至46～45Hz时，系统电压水平受到严重影响，当某些中枢点电压低于某一临界值时，将出现电压崩溃现象，系统运行的稳定性遭到破坏，最后导致系统瓦解。

一旦发生上述恶性事故，将会引起大面积停电，而且需要较长时间才能恢复系统正常供电，国外一些大型电力系统曾发生过这种不幸事故，应该引起高度重视。

电能有两个主要的质量指标——电压和频率，电力系统正常运行时，要求电压和频率符合标准。电压和频率若偏离额定值过大，不仅对电气设备本身有不利影响，对工农业用电也有很大影响，如效率降低、次品率上升等。在电力系统发生事故时，会出现发电功率远远小于负荷功率（即出现有功功率缺额）的情况，出现低频运行，严重影响电能质量。

为了保证电力系统的安全运行和电能质量水平，在电力系统中广泛使用自动低频减载，也称自动按频率减负荷（中文简称ZPJH，英文Automatic Under-frequency Load Shedding，简称AFL），即当电力系统频率降低时，根据系统频率下降的不同程度自动断开相应的负荷，阻止频率降低并使系统频率迅速恢复到给定数值，从而可保证电力系统的安全运行和重要用户的不间断供电。自动低频减载是一种事故情况下保证系统安全运行的重要的安全自动装置。当系统发生严重功率缺额时迅速断开相应数量的负荷，使系统频率在不低于某一允许值的情况下，达到有功功率的平衡。它是防止电力系统发生频率崩溃的系统性事故的最后一道保护防线。

另外，在当前分布式的可再生能源并网发电大力发展的背景下，小型的孤网运行方式会比较常见。在孤网运行过程中，通过中断部分不重要负荷，保证重要负荷供电，自动低频减载功能也尤为重要。因此，自动低频减载这一传统方法又会得到更广泛的应用和重视。

二、电力系统负荷频率特性

电力系统负荷的频率特性分为静态频率特性和动态频率特性。

1. 负荷的静态频率特性

在电力系统出现较大功率缺额时，如能在较低的频率维持运行，主要是依靠了负荷频率特性所起的负荷调节效应。负荷的静态频率特性是指电力系统的总有功负荷$P_{L\Sigma}$与系统频率f的关系。有关内容已在第七章中的负荷频率调节效应中作了阐述。其物理概念是：当出现功率缺额使频率降低时，负荷按照自身的频率特性，自动地减少了从系统中所取用的功率，使之与发电机所发出的功率保持平衡。根据负荷调节效应能自动减少从系统取用功率的概念，不难确定此时系统负荷所减少的功率就等于功率缺额。

令ΔP_h表示功率缺额值，由式（7-5）可得

$$\Delta f_* = \frac{\Delta P_{h*}}{K_{L*}} \tag{8-1}$$

当功率缺额为已知时，系统频率降低值可按负荷静态频率特性求得。在实际应用中K_L

往往以标幺值表示，ΔP_h 以有名值表示，则由式（8-1）可得

$$\Delta f=\frac{50\Delta P_{h}}{K_{L*}P_{LN}} \tag{8-2}$$

式中　P_{LN}——额定频率工况下系统的有功负荷。

通过负荷静态频率特性式（8-2），可以较方便地得出在一定功率缺额情况下频率的降低值。

【例 8-1】 电力系统在某一运行方式时，运行机组的总额定容量为 450MW，此时系统中负荷功率为 430MW，负荷调节效应为 $K_{L*}=1.5$。设这时发生事故，突然切除额定容量为 100MW 的发电机组，如不采取任何措施，求事故情况下的稳态频率值。

解　当时系统的热备用为 450－430＝20（MW），所以实际功率缺额为 80MW。将有关数据代入式（8-2）得

$$\Delta f=\frac{50\times80}{1.5\times430}=6.2(\text{Hz})$$

所以该事故后的系统稳态频率将降至 43.8Hz（实际不可能运行，这里只是假设演算）。

出现有功功率缺额造成频率下降时，负荷会自动减少消耗的有功功率，有利于缓解有功功率缺额，建立新的有功功率平衡，其结果是系统在一个较低的频率下运行。如果功率缺额较大且仅靠负荷调节效应来补偿，会造成系统运行频率很低，破坏系统的安全运行，这是不允许的。

2. 电力系统的动态频率特性

电力系统动态频率特性是指当电力系统出现有功功率缺额造成系统频率下降时，系统频率由额定值 f_N 变化到另一个稳定频率 f_∞ 的过程。由于电力系统是个惯性系统，因此频率随时间按指数规律变化，如图 8-11 所示，其表达式为

$$f=f_\infty+(f_N-f_\infty)e^{-t/T_f} \tag{8-3}$$

式中　f_∞——由于有功功率缺额造成频率下降后的稳定频率；

T_f——系统频率变化的时间常数，与系统等值发电机惯性时间常数和负荷调节效应系数等有关，一般为 4～5s，大系统 T_f 值较大，小系统 T_f 值较小。

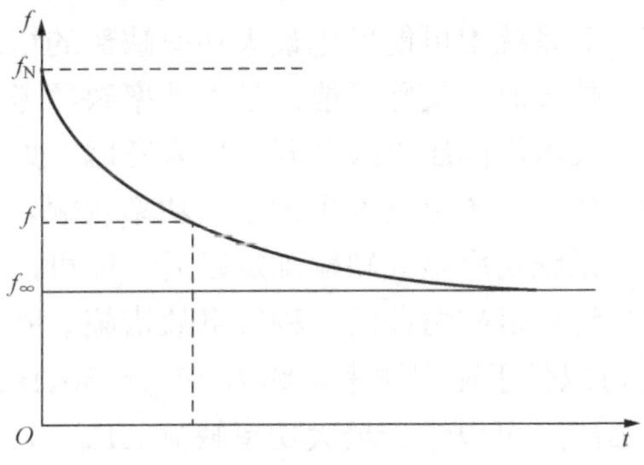

图 8-11　电力系统的动态频率特性

实际电力系统中每次出现的有功功率缺额不同，频率下降的程度也不同，为了提高供电可靠性，同时使自动低频减载动作后系统频率不超过希望值，自动低频减载采用分级切除、逐步逼近的方式。即当系统频率下降到一定值时，自动低频减载的相应级动作切除一定数量的负荷，如果仍然不能阻止频率下降，则自动低频减载下一级动作再切除一定数量的负荷，依此类推，直到频率不再下降为止。当然应该首先切除不重要负荷，必要时再切除部分较为重要的负荷。当自动低频减载动作完毕后，系统频率应恢复到希望值。

因此采用自动低频减载后，当电力系统出现功率缺额时，系统频率动态下降的过程如下：设原运行状态为额定频率 f_N，频率计算点为 f_1、f_2…，如图 8-12 所示。

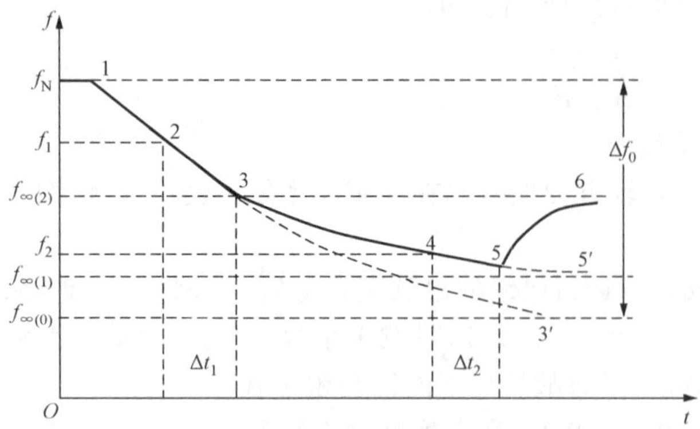

图 8 - 12 系统频率的变化过程

点 1：系统发生了大量的有功功率缺额，频率开始下降（对应稳态频率为 $f_{\infty(0)}$）。

点 2：频率下降到 f_1，第一级低频减载启动，经一定延时 Δt_1 才动作。

点 3：断开第一级部分负荷，这时功率缺额已减少，应重新进行计算，以确定对应的稳态频率 $f_{\infty(1)}$。

点 3-4：如果功率缺额比较大，第一级减载后系统功率缺额仍较大，频率会继续下降，由于功率缺额已经减小，所有频率将按 3-4 曲线而不是 3-3′曲线下降。

点 4：当频率下降到 f_2 时，第二级低频减载启动，经一定延时 Δt_2 后动作。

点 5：断开第二级部分负荷。

点 5-6：系统有功功率缺额变小，频率开始沿 5-6 曲线回升，最后稳定在 $f_{\infty(2)}$。

逐次逼近，直到接近系统所允许功率缺额的数值（同时也断开了相应的用户）。即系统频率重新稳定下来或出现回升时，这个过程才会结束。

三、自动低频减载的工作原理

（一）最大功率缺额的确定

必须考虑即使在系统发生最严重事故的情况下，即出现最大可能的功率缺额时，自动低频减载断开相应的用户，也能使频率恢复在可运行的水平，以避免系统的瓦解。

对系统中可能发生最大功率缺额的情况应作具体分析。一般应根据最不利的运行方式下发生故障时，实际可能的最大功率缺额考虑，例如按系统中断开最大容量的机组来考虑，或按在发电厂高压母线断开电厂来考虑。如果系统有可能解列成几部分运行时，还必须考虑解列后各子系统可能发生的最大功率缺额，例如按联络线传输的最大功率考虑。

系统功率最大缺额确定以后，就可以考虑接于减负荷装置上的负荷的总数。自动低频减载是针对事故情况的一种反事故措施，并不要求系统频率恢复至额定值，一般要求恢复频率 f_h 可以低于额定频率，约为 49.5～50Hz 之间。接于减负荷装置上的最大可能断开负荷总功率 ΔP_{Lmax} 可以小于最大功率缺额 ΔP_{hmax}，设正常运行时系统负荷为 P_{LN}，额定频率 f_N 与恢复频率 f_h 之差为 Δf，根据式（8 - 2）可得

$$\frac{\Delta P_{hmax}-\Delta P_{Lmax}}{P_{LN}-\Delta P_{Lmax}}=K_{L*}\Delta f_*$$

或

$$\Delta P_{Lmax}=\frac{\Delta P_{hmax}-K_{L*}P_{LN}\Delta f_*}{1-K_{L*}\Delta f_*} \tag{8 - 4}$$

式中 Δf_*——恢复频率偏差的相对值；

P_{LN}——减负荷前系统用户的总功率。

【例 8 - 2】 某系统的负荷总功率 P_{LN}=4000MW，设想系统最大的功率缺额为 ΔP_{hmax}=900MW，设负荷调节效应系数 K_{L*}=2，自动低频减载动作后，希望系统恢复频率为 48Hz，求接入低频减载的功率总数 ΔP_{Lmax}。

解　(1) 如不采取任何措施，事故情况下危险的稳态频率理论上可能降低

$$\Delta f = \frac{5 \times 900}{2 \times 4000} = 5.62(\text{Hz})$$

(2) 恢复频率为 48Hz 时，频率偏差的标幺值为

$$\Delta f_{h*} = \frac{50-48}{50} = 0.04$$

由式 (8-4) 得

$$\Delta P_{\text{Lmax}} = \frac{900 - 2 \times 4000 \times 0.04}{1 - 2 \times 0.04} = 632(\text{MW})$$

接入自动低频减载功率总数为 632MW，这样即使发生如设想那样的严重事故，仍能使系统频率恢复值不低于 48Hz。频率变化关系如图 8-13 所示。

（二）自动低频减载的动作顺序

在电力系统发生事故的情况下，被迫采取断开部分负荷的办法确保系统的安全运行，这对于被切除的用户来说，无疑会造成一定损失，因此，应力求尽可能少地断开负荷。

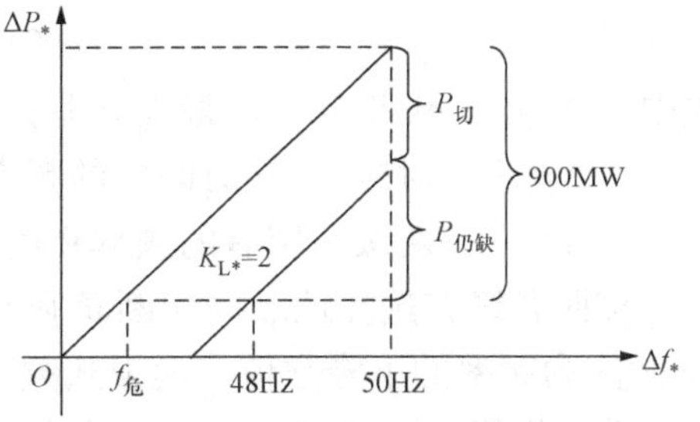

图 8-13　[例 8-2] 示意图

如上所述，接于自动低频减载的总功率是按系统最严重事故的情况来考虑的。然而，系统的运行方式很多，而且事故的严重程度也有很大差别，对于各种可能发生的事故，都要求自动低频减载能作出恰当的反应，切除相应数量的负荷功率，既不过多又不能少，只有采用分批断开负荷功率即逐步修正的办法，才能取得较为满意的结果。

自动低频减载在电力系统发生事故时系统频率下降过程中，按照频率的不同数值按顺序地切除负荷。也就是将接至低频减载装置的总功率 ΔP_{Lmax} 分配在不同的启动频率值来分批地切除，以适应不同功率缺额的需要。根据启动频率的不同，低频减载可分为若干级，也称为若干轮。

为了确定自动低频减载的级数，首先应定出装置的动作频率范围，即选定第一级启动频率 f_1 和最末一级启动频率 f_n 的数值。

1. 第一级启动频率 f_1 的选择

由电力系统频率动态特性曲线图 8-11 所示的规律可知，在事故初期如能及早切除负荷功率，这对于延缓频率下降过程是有利的。因此第一级的启动频率值宜选择得高些，但又必须计及电力系统动用旋转备用容量所需的时间延迟，避免因暂时性频率下降而不必要地断开负荷情况，所以一般第一级的启动频率整定在 48.5～49Hz。在以水电厂为主的电力系统中，由于水轮机调速系统动作较慢，因此第一级启动频率宜取低值。

2. 末级启动频率 f_n 的选择

电力系统允许最低频率受“频率崩溃”或“电压崩溃”的限制，对于高温高压的火电厂，频率低于 46～46.5Hz 时，厂用电已不能正常工作。在频率低于 45Hz 时，就有“电压崩溃”的危险。因此，末级的启动频率以不低于 46～46.5Hz 为宜。

3. 频率级差

当 f_1 和 f_n 确定以后，就可以在该频率范围内按照频率级差分成 n 级断开负荷，即

$$n = \frac{f_1 - f_n}{\Delta f} + 1 \tag{8-5}$$

级数 n 越大，每级断开的负荷越小，这样所切除的负荷量就越有可能接近于实际缺额，具有较好的适应性。

（三）频率级差的选择

1. 按选择性确定级差

强调各级的动作次序，要在前一级动作以后还不能制止频率下降的情况下，后一级才动作。

前后两级动作的时间间隔是受频率测量元件的动作误差和开关固有跳闸时间限制的。最严重的情况是前一级测量元件具有负误差，后一级具有正误差，频率测量误差为 2 倍，相应频率误差为

$$\Delta f = 2\Delta f_{\sigma} + \Delta f_{t} + \Delta f_{y} \tag{8-6}$$

式中 Δf_{σ}——频率元件的最大误差；

Δf_{t}——对应于 Δt 时间内的频率变化，一般可取 0.15Hz；

Δf_{y}——两级间留有的频率裕度值，一般可取 0.05Hz。

按照各级有选择地顺序切断负荷功率，级差值主要决定于频率测量元件的最大误差和 Δt 时间内频率的下降数值。模拟式频率继电器的频率测量元件本身的最大误差为 ±0.15Hz 时，选择性级差一般取 0.5Hz，这样整个低频减载装置只可分成 5～6 级。

现在数字式频率测量已在电力系统中广泛采用，其测量误差（0.015Hz 甚至更低）已大为减小且动作延时也已缩短，为此频率级差可相应减小到 0.2～0.3Hz 之间。

2. 级差不强调选择性

由于电力系统运行方式和负荷水平是不固定的，针对电力系统发生事故时功率缺额有很大分散性的特点，低频减载装置遵循逐步试探求解的原则分级切除少量负荷，以求达到较佳的控制效果，这就要求减小级差，增加总的频率动作级数 n，同时相应地减少每级的切除功率。这样即使两轮无选择性启动，系统恢复频率也不会过高。

在电力系统中，自动低频减载总是分设在各个地区变电站中，在系统频率下降的动态过程中，如果计及暂态频率修正项，各母线电压的频率并不一致，所以分散在各地的同一级低频减载装置，事实上也有可能不同时启动。因此如果增加级数 n，减小各级的切除负荷功率，则两级间的选择性问题也并不突出。

（四）自动低频减载的后备段（附加级）

低频减载采用了分级切除负荷的办法，以适应各种事故条件下系统功率缺额大小不等的情况。在同一事故情况下，切除负荷越多，系统恢复频率就越高，可见每一级切除负荷的功率受到恢复频率的限制。我们不希望恢复频率过高，更不希望频率恢复值高于额定值。

在自动低频减载的动作过程中，当 i 级启动切除负荷以后，如系统频率仍继续下降，则下面各级会相继动作，直到频率下降被制止为止。如果出现的情况是：第 i 级动作后，系统频率可能稳定在 f_{hi}，它低于恢复频率的极限值 f_h，但又不足以使下一级减载装置启动（参照图 8-12 来分析），因此要装设后备段，以便使频率能恢复到允许的限值 f_h 以上。后备段的动作频率应不低于前面基本段第一级的启动频率，它是在系统频率已经比较稳定时动作的。因此其动作时限可以为系统时间常数 T_f 的 2～3 倍，最小动作对间为 10～15s。后备段

可按时间分为若干级，也就是其启动频率相同，但动作延时不一样，各级时间差可不小于5s，按时间先后次序分批切除用户负荷，以适应功率缺额大小不等的需要。在分批切除负荷的过程中，一旦系统恢复频率高于后备段的返回频率，低频减载装置就停止切除负荷。

接于后备段的功率总数应按最不利的情况来考虑，即低频减载装置切除负荷后系统频率稳定在可能最低的频率值，按此条件考虑后备段所切除用户功率总数的最大值，并且保证具有足以使系统频率恢复到 f_h 的能力。

（五）自动低频减载的动作时延及防止误动作措施

自动低频减载动作时，原则上应尽可能快，这是延迟系统频率下降的最有效措施，但考虑到系统发生事故，电压急剧下降期间有可能引起频率元件误动作，所以往往采用一个不大的时限（通常用0.1～0.2s）以躲过暂态过程可能出现的误动作。

自动低频减载是通过测量系统频率来判断系统是否发生功率缺额事故的，在系统实际运行中往往会出现装置误动作的例外情况，例如地区变电站某些操作，可能造成短时间供电中断，该地区的旋转机组如同步电动机、同步调相机和异步电动机等的功能仍短时反馈输送功率，且维持一个不低的电压水平，而频率则急剧下降，因而引起低频减载装置的错误启动。当该地区变电站很快恢复供电时，用户负荷已被错误地断开了。

当电力系统容量不大、系统中有很大冲击负荷时，系统频率将瞬时下跌，同样也可能引起低频减载装置启动，错误地断开负荷。

在上述自动低频减载误动作的例子中，可引入其他信号进行闭锁，防止其误动作，目前实现低频减载常用的闭锁方式有时限闭锁、低电压带时限闭锁、低电流闭锁及频率变化率闭锁等。

（1）时限闭锁方式。该闭锁方式通过带0.5s延时出口的方式实现，曾主要用于由电磁式频率继电器或晶体管频率继电器构成的低频减载装置中。但当电源短时消失或重合闸过程中，如果负荷中电动机比例较大，则由于电动机的反馈作用，母线电压衰减较慢，而电动机转速却降低较快，此时即使带有0.5s延时，也可能引起低频减载的误动；同时当基本级带0.5s延时后，对抑制频率下降很不利。目前这种闭锁方式一般不用于基本级，而用于整定时间较长的特殊级。

（2）低电压带时限闭锁方式。该闭锁方式是利用电源断开后电压迅速下降来闭锁低频减载。由于电动机电压衰减较慢，因此必须带有一定的时限才能防止误动。特别是在受端接有小电厂或同步调相机以及容性负载比较大的降压变电站内时，很易产生误动。另外，采用低电压闭锁也不能有效地防止系统振荡过程中频率变化而引起的误动。

（3）低电流闭锁方式。该闭锁方式是利用电源断开后电流减小的规律来闭锁低频减载。该方式的主要缺点是电流定值不易整定，某些情况下易出现拒动的情况，同时，当系统发生振荡时，也容易发生误动。目前这种方式一般只限于电源进线单一、负荷变动不大的变电站。

（4）频率变化率闭锁方式。该方式也称滑差闭锁方式，利用从闭锁级频率下降至动作级频率的变化速度（$\Delta f/\Delta t$）是否超过某一数值来判断是系统功率缺额引起的频率下降还是电动机反馈作用引起的频率下降，从而决定是否进行闭锁。为躲过短路的影响，也需带有一定延时。目前这种闭锁方式在实际中被广泛应用。

另外，可简单地采用自动重合闸来补救，即当系统频率恢复时，将被自动低频减载所断开的用户按频率分批地进行自动重合闸，以恢复供电。按频率进行自动重合以恢复对用户的供电，一般都是在系统频率恢复至额定值后进行，而且采用分组自动投入的方法（每组的用户功率不大）。如果重合后系统频率又重新下降，则自动重合就停止进行。

四、自动低频减载的实现方法

1. 基本原理

自动低频减载又称按频率自动减负荷，自动低频减载（负荷）的工作原理如图 8 - 14 所示。假定变电站馈电母线上有多条供配电线路，按电力用户的重要性分为 n 个级别和 m 个特殊级。基本级是不重要的负荷，特殊级是较重要的负荷，每一级均装有自动低频减载，它由频率测量元件 f、延时元件 Δt 和执行元件 CA 三部分组成。

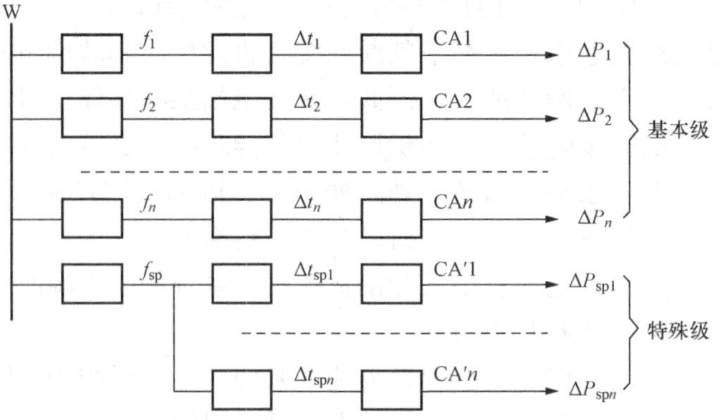

图 8 - 14 自动低频减载的工作原理

基本级的作用是根据系统频率下降的程度，依次切除不重要的负荷，以便限制系统频率继续下降。例如，当系统频率降至 f_1 时，第一级频率测量元件启动，经延时 Δt_1 后执行元件 CA1 动作，切除第一级负荷 ΔP_1；当系统频率降至 f_2 时，第二级频率测量元件启动，经延时 Δt_2 后执行元件 CA2 动作，切除第二级负荷 ΔP_2。如果系统频率继续下降，则基本级的 n 级负荷有可能全部被切除。

当基本级全部或部分动作后，若系统频率长时间停留在较低水平上，则特殊级的频率测量元件 f_{sp}启动，经延时 Δt_{sp1}后切除第一级负荷 ΔP_{sp1}；若系统频率仍不能恢复到接近于 f_n，则将继续切除较重要的负荷，直至特殊级的全部负荷切除完。

2. AFL 的实现方法及基本要求

采用传统的频率继电器构成的低频减载装置，由于级差大、级数少，不能适应系统中出现的不同的功率缺额的情况，不能有效地防止系统的频率下降并恢复频率，常造成频率的悬停和超调现象。随着微机继电保护在中低压电网的广泛应用，由微机继电保护同时实现低频减载功能已成为可能，而且也非常方便。

一般来说，实现低频减负荷的方法大体有以下两种。

（1）采用专用的微机低频减载装置实现。这种低频减载装置将一个变电站全部馈电线路分为 1～8 级（也可根据用户需要设置低于 8 级）和特殊级，然后根据系统频率下降的情况去切除负荷。

（2）把低频减负荷的控制分散在每回馈电线路的微机继电保护装置中实现。

现在微机保护装置几乎都是面向对象设置的，每回线路配一套保护装置，在线路保护装置中，增加一个测频环节，便可以实现低频减负荷的控制功能，对各回线路级次安排考虑的原则仍同上所述。只要将第 n 级动作的频率和延时定值事前在某回线路的保护装置中设置好，则该回线路便属于第 n 级切除的负荷。这种控制方法容易实现，结构也简单，已越来越多地被采用。

对低频减载的基本要求是：

(1) 能在各种运行方式和功率缺额的情况下，有效地防止系统频率下降至危险点以下。

(2) 切除的负荷应尽可能少，无超调和悬停现象。

(3) 应能保证解列后的各孤立子系统也不发生频率崩溃。

(4) 变电站的馈电线路故障或变压器跳闸造成失压，负荷反馈电压的频率衰减时，低频减负荷装置应可靠闭锁。

(5) 电力系统发生低频振荡时，不应误动。

(6) 电力系统受谐波干扰时，不应误动。

以下对这些基本要求做详细说明。

(1) 自动低频减载动作后，系统频率应回升到恢复频率范围内。事故情况下，自动低频减载动作后使系统频率恢复到一定值是为了防止事故扩大。一般要求系统频率恢复值低于系统额定频率，剩下的恢复由运行人员完成。由于系统事故时功率缺额差异较大，考虑装置本身误差，只要求系统频率值恢复到规定范围即可。我国电力系统规定恢复频率不低于 49.5Hz。

(2) 要使自动低频减载充分发挥作用，应有足够负荷接于自动低频减载上。当系统出现最严重有功功率缺额时，自动低频减载配合负荷调节效应应能使系统频率恢复到恢复频率。

(3) 自动低频减载应根据系统频率的下降程度切除负荷。

实际电力系统中每次出现的有功功率缺额不同，频率下降的程度也不同，为了提高供电可靠性，同时使自动低频减载动作后系统频率不超过希望值，自动低频减载采用分级切除、逐步逼近的方式。即当系统频率下降到一定值时，自动低频减载的相应级动作切除一定数量的负荷，如果仍然不能阻止频率下降，则自动低频减载下一级动作再切除一定数量的负荷，依此类推，直到频率不再下降为止。构成原理如图 8 - 14 所示。应当注意，在分级实现切负荷时，首先切除不重要负荷，必要时再切除部分较为重要的负荷，当自动低频减载动作完毕后，系统频率必然恢复到希望值。

(4) 自动低频减载各级动作频率确定应符合系统要求。自动低频减载的动作频率确定包括首级动作频率、末级动作频率、动作频率级差及动作级数的确定。

五、自动低频减载动作逻辑

自动低频减载的动作逻辑如图 8 - 15 所示。由图可见，满足下列任一情况低频减载要闭锁。

(1) 电压互感器二次回路断线（断线时可能测不到真实系统频率）。

(2) 保护安装处的正序电压 U_1 低于闭锁值。

(3) 保护安装处的负序电压 $U_2>5$V（说明是短路故障）。

(4) 该线路三相电流均小于 0.1 倍额定电流（说明该线路负荷较小，即使全部切除对系统频率回升也无多大作用）。

(5) 系统频率低于 45Hz。

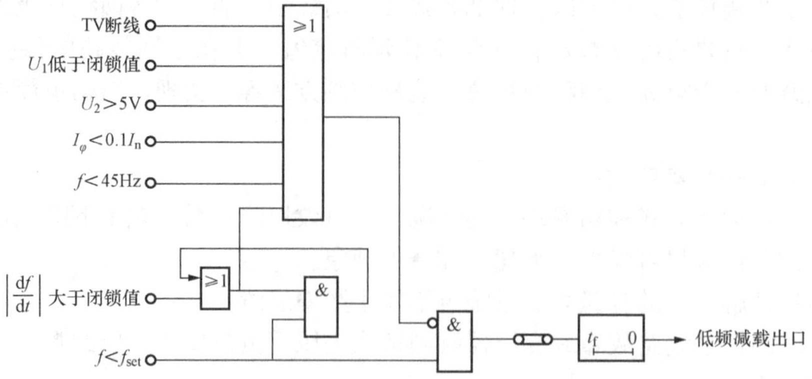

图 8-15　自动低频减载的动作逻辑

（6）频率滑差｜df/dt｜大于闭锁值。频率滑差元件动作后进行自保持，直到频率恢复到低频减载整定频率以上后复归。

对低频减载的有关闭锁条件说明如下：

（1）低频减载的滑差闭锁。频率滑差闭锁是检测系统频率下降速度大小而构成的一种闭锁方式，可提高低频减载工作的可靠性。当系统发生故障时，频率快速下降，滑差较大（频率变化率），此时闭锁低频减载。若系统有功不足，频率缓慢下降，滑差较小，此时开放低频减载。一般取｜df/dt｜值大于 3Hz/s。

（2）低频减载设置低电流闭锁。当负荷电流小于欠流定值时，可以认为该线路处于“休眠状态”，此时闭锁低频减载。欠流定值按躲过最小负荷电流整定。

（3）低电压闭锁。在线路重合闸期间，负荷与电源短时解列，负荷中的感应电动机、同步电动机、调相机会产生较低频率的电压。因此，电源中断后，各母线电压（正序电压）逐渐衰减、频率逐渐衰减。由于频率降低，容易导致低频减载动作，将负荷切去，而当自动重合闸动作或备用电源自动投入恢复供电时，这部分负荷已被切去。低电压闭锁可防止这种低频减载的误动作。当供电中断时，频率下降到 f_{set}时，时间元件 T 启动；在时间元件 T 动作前，各母线电压已降低到低电压闭锁值，时间元件立即返回，防止了误动。一般情况下，低电压元件（正序电压元件）的动作电压取 0.65～0.7 倍额定电压，时间元件 T 的延时取 0.5s。

应当指出，低电流闭锁（$I<0.1I_n$）也能起到防止上述误动的作用。但是，当母线上有多条供电线路时，可能会因反馈电流而使闭锁失效。

六、低压减载逻辑

有时电力系统会同时出现有功功率和无功功率缺额的情况。无功功率缺额会带来电压的降低，从而导致总有功功率负荷降低，这样系统频率可能降低很少或不降低。在这种情况下，借助低频减载来保证系统稳定运行是不够的，还需装设低压减负荷装置，即低压减载。

低压减载的动作逻辑如图 8-16 所示。满足下列任一情况时低压减载需闭锁：

（1）电压互感器二次回路断线。

（2）保护安装处负序电压 $U_2>5V$。

（3）该线路三相电流均小于 0.1 倍额定电流。

（4）任意一相的相电压小于 12V（20%）。

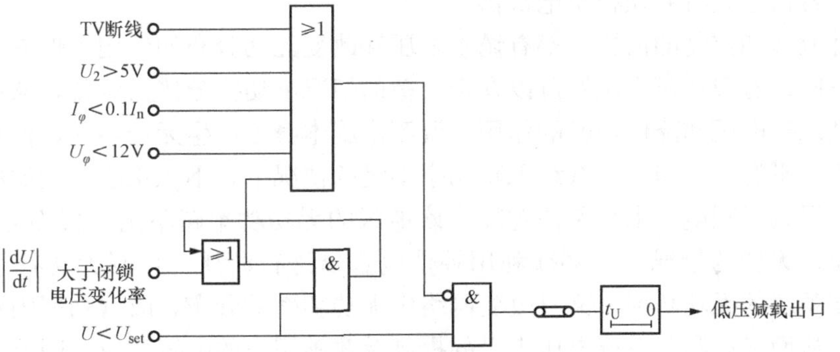

图 8-16　低压减载的动作逻辑

(5) 电压变化率 $|df/dt|$ 大于闭锁电压变化率。

电压变化率元件动作后进行自保持，直到电压恢复到低压减载整定电压以上后复归。

低压减载设有滑压闭锁，用以区分系统电压下降的原因。当系统发生故障时，电压快速下降，滑压 dU/dt 较大，此时闭锁低压减载；当系统无功不足时，电压缓慢下降，dU/dt 较小，此时开放低压减载。一般情况下，闭锁电压变化率（相电压）可取 20%～30%V/s。

第三节　变电站无功电压综合控制

一、电压无功综合控制的目标

电力系统中电压和无功功率的调整对电网的输电能力、安全稳定运行水平和降低电能损耗有极大影响。因此，要对电压和无功功率进行综合调控，保证实现包括电力企业和用户在内的总体运行技术指标和经济指标最佳，具体的调控目标如下：

(1) 维持供电电压在规定的范围内，根据前能源部颁发的《电力系统电压和无功电力技术导则》规定，各级供电母线电压的允许波动范围（以额定电压为基准）规定如下：

1) 500 (330) kV 变电站的 220kV 母线，正常时：0%～+10%；事故时：−5%～+10%。

2) 220kV 变电站的 35～110kV 母线，正常时：−3%～+7%；事故时：±10%。

3) 配电网的 10kV 母线，电压合格范围：10.0～10.7kV。

(2) 保持电力系统稳定和合适的无功平衡。主输电网络，应实现无功分层平衡；地区供电网络，应实现无功分区就地平衡，才能保护各级供电母线电压（包括用户入口电压）在规定的范围内。

(3) 保证在电压合格的前提下使电能损耗为最小。为了达到以上目标，必须增强对无功功率和电压的调控能力，充分利用现有的无功补偿设备和调压设备（调相机、静止补偿器、补偿电容器、电抗器、有载调压变压器等），对它们进行合理的优化调控。

电力系统长期运行的经验和研究、计算的结果表明，造成系统电压下降的主要原因是系统的无功功率不足或无功功率分布不合理。所以，对发电厂来说，主要的调压手段是调整发电机的励磁；在变电站主要的调压手段是调节有载调压变压器分接头位置和控制无功补偿电容器。少数 220kV 以上的高压或超高压变电站装有调相机或静止无功补偿器，有的变电站既装有并联电容器也装有并联补偿电抗器。

上述两种调节和控制的措施，都有调整电压和改变无功分布的作用，但它们的作用原理和后果有所不同。有载调压变压器可以在带负荷的情况下切换分接头位置，从而改变变压器的变比，起到调整电压和降低损耗的作用。调压措施本身不产生无功功率，但系统消耗的无功功率与电压水平有关，因此在系统无功功率不足的情况下，不能用改变变比的办法来提高系统的电压水平。否则电压水平调得越高，该地区的无功功率越不足，反而导致恶性循环。所以在系统缺乏无功的情况下，必须利用补偿电容器进行调压。控制无功补偿电容器的投切，既能补充系统的无功功率，又可改变网络中无功功率的分布，改善功率因数，减少网损和电压损耗，从而又有利于系统电压水平的提高及改善用户的电压质量。因此必须把调分头与控制电容器组的投、切两者结合起来，进行合理的调控，才能起到既改善电压水平又降低网损的效果。变电站中利用有载调压变压器和补偿电容器组进行局部的电压及无功补偿的自动调节，以保证负荷侧母线电压在规定范围内及进线功率因数尽可能接近 1，称为变电站无功电压综合控制。

然而，这种无功电压双参数调节，如果靠运行人员手工操作来进行对分接开关和电容器的调节控制，则运行人员必须经常监视变电站的运行工况，并作出如何调控的判断，这不仅增加运行人员的劳动强度，而且难以做到正确判断和及时操作，无法达到最优控制的效果。因此，采用微机控制系统，充分利用其计算、逻辑判断与记忆功能，实现变电站无功电压智能控制是现实的、必要的。

二、电压无功控制的原理

典型的终端变电站一般有两台带负荷调节的主变压器，低压 10kV 母线分段，两段母线上各接有一组电容器组。控制系统的设计必须能识别并适应变电站多种运行方式，保证调节正确。另外，当进线、变电站发生不正常状态或故障时，应闭锁控制装置。变电站的运行方式可能有以下几种。

（1）两台变压器分列运行，低压母线分段断路器处于分闸位置，每段母线上投切一组电容器。

（2）高压失电，变压器两侧断路器跳闸后，低压母线由低压侧其他电源供电，投切电容器成为唯一的调节手段。

（3）一台变压器退出，该变压器两侧断路器跳闸后，另一台变压器及两段低压母线运行。

（4）一段低压母线退出，与之相连的变压器低压侧断路器和低压母线分段断路器跳闸后，另一台变压器及一段低压母线运行。

（5）在变压器分接头调节与电容器投切中，只采用其中一种调控手段。

在运行时出现以下非正常情况或故障时，应闭锁相关的调控对象。

（1）变压器继电保护动作。

（2）变压器出现异常情况，如轻瓦斯动作、油温过高等。

（3）电容器组的继电保护动作。

（4）高压、低压母线故障。

（5）远动信号要求闭锁。

1. 调控原理

单一的辐射形网络的等值电路如图 8-17 所示。图中各参数以标幺值表示，U_S 为系统电源电压，看作是恒定值。R_S、R_T、X_S、X_T 为高压网与变压器的总电阻、电抗，R_L、X_L 为低压线路的电阻和电抗，调节量为变压器变比 n 和补偿电容量 Q_C。各节点的电压方程式为

$$U_S - U_H = [P_L R_S + (Q_L - Q_C)X_S]/U_H \tag{8-7}$$

$$U_D - U_L = (R_L + X_L \tan\varphi_L)P_L/U_L \tag{8-8}$$

$$U_H - U_D = [P_L R_T + (Q_L - Q_C)X_T]/U_D \tag{8-9}$$

式中　$U_D = U_H/n$

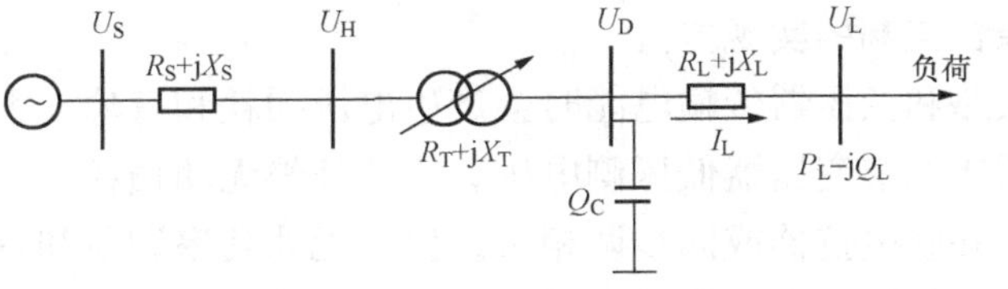

图 8-17　单一的辐射形网络的等值电路

2. 电压调节对无功功率的影响

当利用有载调压变压器分接头对低压侧电压调节时，不但改变了电压的高低，对无功功率也有调节作用。由图 8-17 可见，当忽略变压器等值电阻的影响，电容器组退出，不考虑电容器的影响时，式（8-9）可表示为 $U_H - U_D = Q_L X_T / U_D$，可推得

$$Q_L = (U_H - U_D)U_D/X_T \tag{8-10}$$

当考虑到 $U_H - nU_D$，式（8-9）可改为 $Q_L =（n-1）U_D^2/X_T$。对于变压器 n 和 X_T 均为常数，变压器向系统吸取的无功功率与电压的平方 U_D^2 成正比。变压器负荷为综合性负荷，变压器向系统吸取的无功功率在低压侧额定电压 U_{DN} 附近斜率会更大。所以当利用有载调压变压器的分接头开关调大变压器变比 n，降低了低压侧的电压 U_D 时，Q_L 将随之变小，即负荷向系统吸取的无功减少了。当调高 U_D 时，负荷向系统吸取的无功功率 Q_L 也随之增加。

3. 投退电容器组对电压的影响

在变压器低压侧母线上投入并联电容器组，假设投入的电容器组电容量为 C，相应补偿无功功率为 Q_C，则式（8-9）可改写为式（8-11），可见投入电容器组后，负荷向系统吸取的无功功率变小，无功功率引起的电压损耗也变小，即变压器负荷侧的电压就升高。

$$\Delta U_Q = [(Q_L - Q_C)/U_D]X_T \tag{8-11}$$

值得注意的是，当系统已处于最小负荷或无负荷状态时，如果不切除已投入的电容器组，将会产生多余的有功功率损耗，电压也将会严重升高，超过限制电压。关于这一点可以从以下分析看出：当电流流过变压器等值阻抗 Z_T 时，不但产生电压损耗，还产生有功和无功功率损耗。其中有功功率损耗表示为

$$\Delta P = R_T(P_L^2 + Q_L^2)/U_D^2 \tag{8-12}$$

同理可得无功损耗为

$$\Delta Q = X_T(P_L^2 + Q_L^2)/U_D^2 \tag{8-13}$$

有功功率的损耗是由两项组成的。第一项 $R_T P_L^2/U_D^2$ 与无功功率无关，第二项与无功功

率有关的有功损耗记为 $\Delta P_Q = R_T Q_L^2 / U_D^2$，在最小负荷时 $Q_L = Q_{min}$，如电容器组 C 未切除，这时有功损耗表示为式（8-14），式中 R_T 为变压器折算到低压侧的等值电阻值。

$$\Delta P_Q = [(Q_{min} - Q_C)^2 / U_D^2] R_T \tag{8-14}$$

在空载时，如电容器组 C 未切除，虽然 $Q_{min}=0$，但是仍然存在多余的有功损耗，即

$$\Delta P_Q = (-Q_C)^2 R_T / U_D^2$$

在最小负荷或空载时，根据式（8-9），这时电压损耗可以表示为式（8-15）。显然这时 $U_H - U_D$ 变小了很多，即变压器低压侧电压 U_D 严重升高，这对于用户将产生危险。因此在减负荷时，电容器组应相应退出若干容量，以防电压过高及产生多余的有功损耗

$$U_H - U_D = [P_{min} R_T + (Q_{min} - Q_C) X_T] / U_D \tag{8-15}$$

三、电压无功综合控制的实现方法

电力系统依靠线路和变压器传输电能时会产生电压损耗和有功、无功损耗。为了补偿电压损耗，采用有载调压调节变压器低压侧电压。为了补偿无功损耗，在变电站变压器的低压侧投入并联电容器、并联电抗器或同步调相机。但是无功功率调节和有载调压并不是互相独立的问题，在有载调压的同时也改变了无功功率；在无功功率调节的同时，电压也发生了变化。而且在负荷发生变化时，系统的电压与无功功率也都会发生相应变化。理想的电压与无功功率的调节应是一种综合性的调节。目前特别是变电站自动化技术的发展为这种综合的调整提供了极为有利的条件。通常称这种在变电站内实现无功电压综合调节的方法为就地 VQC 调节方法。

1. 电压和无功功率综合自动调节的实现方法

（1）第一种方法采用硬件装置。它是采样有载调压变压器和并联补偿电容器的数据，通过控制和逻辑运算实现电压和无功自动调节，以保证负荷侧母线电压在规定的范围之内及进线功率因数尽可能高、有功损耗尽可能低的一种装置。由于目前 16 位单片机已具有很强的计算和逻辑判断能力，可以构成装置完成变电站的电压和无功功率的综合调节。这种装置具有独立的硬件，因此它不受其他设备的运行状态影响，可靠性较高。但也正是这个原因，它不能做到与变电站的就地监控装置共享硬软件资源的要求，不能尽可能多地采集变电站的各种信息为综合调节电压和无功功率服务。这种装置适合在电网网架结构尚不太合理、基础自动化水平不高的电力网的变电站内使用。

（2）第二种方法是采用软件 VQC。它是在就地监控主机上利用现成的遥测、遥信信息，通过运行控制算法软件，用软件模块控制方式来实现变电站电压和无功自动调节。用这种方法可以发展为通过调度中心实施全系统电压与无功的综合在线控制。这是保持系统电压正常、提高系统运行的可靠性的最佳方案。当然这种方法的实施前提条件是电网网架结构合理，基础自动化水平较高，尤其适用于综合自动化的变电站中。

在综合自动化的变电站中，就地监控系统的综合能力高，系统的采样精度和信号响应速度均较强，各种信息采集齐全。因此在综合自动化变电站就地监控系统中，用软件模块的控制来实现变电站的电压与无功的自动调节，在理论上已具备了实施的条件。在这种系统中最明显的优点就是变电站全站硬软件资源共享、信息共享，能采集到齐全的信息，不需要为综合控制电压和无功专门设置硬件装置。但是如果就地监控系统的采样精度及信号响应速度不高和通信不十分畅通时，这种控制和调节的可靠性就要下降，因而失去了综合控制调节的实际意义。

2. 对 VQC 综合调节的要求

(1) 维持供电电压在规定的范围内。供电电压的电压偏差在规定范围内，并尽量使其达到最小值。

(2) 保持电网稳定和无功功率的平衡。调节无功电源和无功负荷，使无功功率平衡，从而保持电网稳定。调节的原则是无功电源容量必须服从于对电压质量的要求和无功功率平衡的要求。

(3) 在电压合格的前提下使电能损耗（有功和无功损耗）最小。

3. 电压无功综合控制的方式

(1) 就地 VQC 综合调节。就地 VQC 综合调节的任务就是实施上述的三点要求。首先保证供电电压的电压偏差达到最小值，如图 8-17 所示的负荷端电压 U_L 和额定电压 U_{LN} 偏差为最小，即 $|U_L - U_{LN}|$ 最小。在电压质量满足要求的同时，要求使电网的电能损耗最小。按式（8-12）使系统有功损耗在投入适当的电容器组 $Q_C = Q_L$ 时 ΔP 为最小值。

$$\Delta P_{min} = \{[P_L^2 + (Q_L - Q_C)^2]/U_D^2\}R_T = (P_L/U_D)^2 R_T \qquad (8-16)$$

上述整个就地控制调节过程（包括电压偏差和有功损耗达最小的调节及满足变电站节点电压约束）要保证调节动作次数最少。

显然上述调节影响因素很多，要达到最优化调节，就地 VQC 必须接收调度发出的电压和无功限值要求或控制命令，最优调节系统无功电源和无功负荷，使系统无功功率平衡，从而保持电网稳定。

(2) 集中 VQC 综合调节。集中 VQC 综合调节是一种集中控制模式。它是系统调度实现以各节点状态满足一定的约束条件为前提、全电网损耗最小为目标的一种最优化控制模式。由于有功和无功功率对电压的牵制作用，VQC 综合调节时必须同时满足各节点电压的约束。具体做法是通过电力网的能量管理系统（EMS）的实时数据采集系统（SCADA）实时地采集各节点数据，求解网络电压和无功最优模型，计算出各个节点的电压和无功上、下限值。各变电站的就地 VQC 通过通信接口接收这些限值，并对变电站内调压和无功补偿设备进行实时综合控制。这样可大大减少调度中心计算机的负担，万一调度主机和通信发生故障时，就地 VQC 可自动地进行就地控制，保证了 VQC 的可靠性。

四、电压无功综合控制的策略

1. 九区域控制策略

前面已经分析了有载调压变压器分接头开关调压和投切电容器组对系统电压和无功功率的调节控制规律。就地 VQC 综合控制策略就是应用这种调节控制规律，实施对变电站低压母线电压和高压侧从系统吸取的无功功率的调节控制。一般来说，这种策略适用于硬件 VQC 的电压无功综合控制装置，也适用于软件模块的 VQC 控制方式。

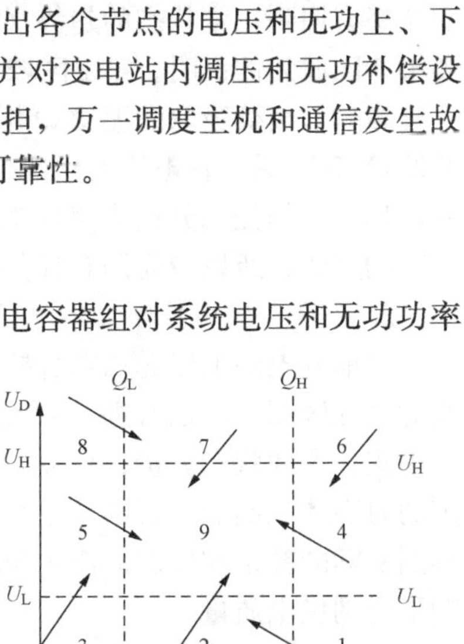

图 8-18　电压无功九区域控制图

把变压器低压侧电压 U_D 分为高压区 U_H、低压区 U_L 和正常区域；把无功功率总量 Q 也划为上限区 Q_H 或 $(\cos\varphi)_L$、下限区 Q_L 或 $(\cos\varphi)_H$ 及正常区域。于是 U_D-Q 平面被划分为 9 个区域，如图 8-18 所示。其中只有“9”区间满足运行条件。一旦运行参数值偏离“9”区间，则控制器就发出控制指令，使运行值返回到“9”区间。

Q_H 相当于吸取无功总量，对应于负荷低值功率因数 $(\cos\varphi)_L$；Q_L 对应于高值功率因数 $(\cos\varphi)_H$。第 9 区域系正常运行区域。当然如果需要调节控制得更精确，还可以在 U_D 和 Q 的正常区域 9 中，再各划出三个区域。具体调节控制策略按如下。

第 1 区域：电压与功率因数都低于下限。优先投入补偿电容器，如电压仍低于下限，则再调节变压器分接头升压，使电压水平满足要求。

第 2 区域：电压低于下限和功率因数正常（在设定范围内）。先调节变压器分接头升压，如分接头已无法调节时，则强投补偿电容器。

第 3 区域：电压低于下限和功率因数高于上限。应调节变压器分接头升压，直到电压正常，如功率因数仍高于上限，才能切补偿电容器。

第 4 区域：电压正常而功率因数低于下限。投入补偿电容器，直到正常。

第 5 区域：电压正常而功率因数高于上限。切除补偿电容器，直到正常。

第 6 区域：电压高于上限和功率因数低于下限。应调节变压器分接头降压，直至电压正常，如功率因数仍低于下限，才能投入补偿电容器。

第 7 区域：电压高于上限，但功率因数正常。调节变压器分接头降压，如分接头已调到限值，而电压仍高于上限，则强切补偿电容器。

第 8 区域：电压与功率因数都高于上限。先切补偿电容器，如电压仍高于上限，则再调节变压器分接头降压，使电压水平满足要求。

在以上 8 个区域的调节控制中，如果单纯电压偏差，无功功率正常（第 2、7 区域）就只调电压；单纯无功功率越限，电压正常（第 4、5 区域）就只投退电容器。如果电压和无功两者均越限，若先调分接头升降电压，会造成无功功率越限得更多时（第 1、8 区域），应以先调无功功率为原则，后根据具体情况再决定是否调分接头；若先调分接头升降电压，无功功率有回到正常状态的趋势（第 3、6 区域），则应先调分接头升降电压。具体以第 1 区域和第 3 区域为例说明。第 1 区域中 $Q>Q_H$、$U<U_L$，两者均越限。当调有载分接头开关，使 U 升高时，负荷吸取的无功 Q 增大，将使无功更加越限。因此应先投入电容器组，降低 Q 并使 $Q<Q_H$ 后，视电压变化情况再调有载分接头开关位置。第 3 区域 $Q<Q_L$、$U<U_L$，两者均越限。如先调分接头使 U 升高时，负荷向系统吸取的无功增大，有改变 $Q<Q_L$ 的越限状态的趋势，所以应先调有载分接头开关。

2. 改进九区域控制策略

目前变电站电压无功综合控制中，大多采用基于“九区图”的实时控制方法，也有些研究对“九区图”加以改进，但实际上这类控制存在较大的时间滞后，引起时滞的原因包括数据采集、参数状态分析、决策分析、动作元件动作时间等。其中，参数越限状态需要超过一定的时限才能确定，否则，很容易因为系统参数的波动而导致控制装置的频繁动作。因此，等到实际的补偿和控制动作实现时，系统参数已经有一段相当的时间处于越限状态，从而影响了电网供电质量。

有载调压变压器的分接头和并联电容器组综合控制，经过边界模糊处理和区域细分后的改进“九区图”控制方案如图8-19所示（横向表示无功，纵向表示电压）。其中，ΔU_u 为有载调压变压器分接头调节一挡引起的电压最大变化量；ΔU_q 为投切一组电容器引起的电压最大变化量；ΔQ_u 为有载调压变分接头调节一挡引起的无功最大变化量；ΔQ_q 为投切一组电容器引起的无功最大变化量。

对主变压器高压侧无功和低压侧母线电压（Q，U）进行状态分析如下：

（1）处于 16、8 区时，无功越限，优先调节电容器组（实线表示），调节容量不足时可调节变压器分接头（虚线表示）；处于 4、12 区时，电压越限，优先调节变压器分接头（实线表示），调节不足时，可调节电容器组（虚线表示）。因此，在这 4 区里，可有两种调节方案。

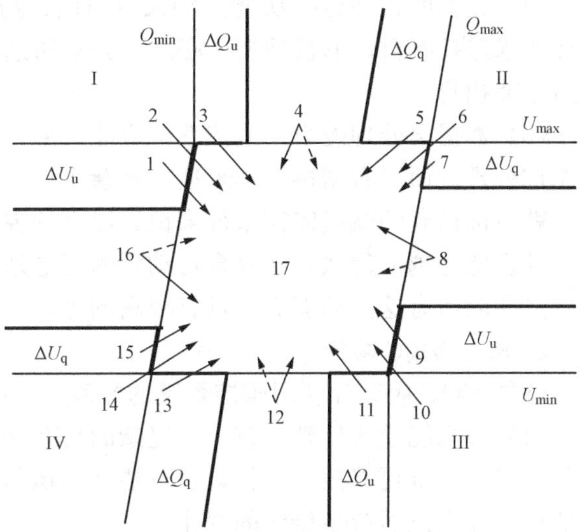

图 8-19　改进“九区图”

（2）处于 1、9 区时，应调节电容器组，由于靠近电压界限的边缘，因此当电容器组调节容量不足时，不能调节变压器分接头，否则会导致电压越限，造成无效的调节动作；同样，处于 5、13 区时，应调节变压器分接头，由于靠近无功界限的边缘，因此当变压器分接头调节不足时，不能投切电容器组，否则会导致无功越限。因此，在这 4 区里，只能进行一种调节方案。

（3）在 3、11 区，电压越限，本应调节变压器分接头，但由于靠近无功界限，会导致无功越限，从而引起电容器组的无功调节，这时，如果直接调节电容器组使其进入正常区，则可以减少调节的动作次数；同样，在 7、15 区，应直接调节变压器分接头，而不是先调节电容器组。因此，在这 4 区里，也只能进行一种调节方案。

根据调节策略，可将 1、2、3 区，5、6、7 区，9、10、11 区，13、14、15 区合并成 4 个单一动作区Ⅱ、Ⅱ、Ⅲ、Ⅳ，从而简化决策分析过程。动作区Ⅰ：切电容器；动作区Ⅱ：调节分接头降压；动作区Ⅲ：投电容器；动作区Ⅳ：调节分接头升压，只有单一调节方案。

五、电压无功控制软件功能

典型的就地 VQC 控制装置硬件采用单片机构成。直接利用遥测、遥信模板，将模拟量和开关量输入 VQC 的 CPU 模板处理，输出也直接利用遥控模板。这样变电站中的设备较容易实现统一和规范化。

简单地说，软件 VQC 就是在监控系统的后台计算机上用软件模块控制的方法实现就地 VQC 功能。

1. 软件 VQC 对监控系统的要求

（1）全面的数据采集。软件 VQC 是直接利用综合自动化变电站的监控系统所采集的数据和信号，通过加工处理来实现 VQC 功能的。这就对监控系统的数据采集有了更高的要求。监控系统的数据采集必须能够采集到更多更全面的遥测量和遥信量及各类保护信号。

（2）适应无人值班。软件 VQC 的功能，必须适应无人值班远方调度，应能依靠监控系统对电压及无功实现就地控制功能，而主变压器有载调压及电容器组运行状况能及时地反映到调度端。

（3）监控系统的采样精度与信号响应速度。由于 VQC 调节对遥测量的采样精度要求较高，因此监控系统的采样精度与信号响应速度直接影响到 VQC 的稳定工作。

（4）遥控的自动返校功能。VQC 对有载分接头开关和电容器组的控制必须十分可靠，因此要求遥控有自动返校功能，必须预先对所选择的控制点进行返校检查，只有返校验证正确后才能执行。

（5）数据再处理能力。监控系统应能对采集的遥信信号进行逻辑再处理，对遥测量做数据总加处理。通过数据再处理来适应复杂主接线变电站的不同运行方式的需要。

就目前已有的微机监控系统来说，以上的要求并不算高。当前微机的性能越来越完善，数据处理能力越来越强，在综合自动化的变电站中，这些要求的实现并不是很难。最根本的问题是要求所有这些功能必须具有很高的可靠性。

2. 软件 VQC 功能

软件 VQC 应充分利用监控系统的资源，功能要求十分完善。

（1）多功能模块处理。在一个复杂的具有多台变压器的主接线变电站里，每台主变压器和每一段母线都可能独立运行，也可能并列运行。因此 VQC 的调节与控制模块必须具有多功能处理能力以适应主接线的变化。

（2）电压与无功的上下限值动态变化。对应于不同的高峰和低谷时段，电压与无功的上下限值应不同，以适应逆调压和无功功率调节的要求。

（3）调节方式的多样性。由于变电站中有时变压器或电容器组需要停运检修，因此考虑 VQC 调节时，调节方式应设置“只调电压”或“只调电容器”。对于控制策略中出现的矛盾，应能“智能”变化。例如有时电容器组已经全部投入或退出运行，这时已无电容器可调，应能“智能”地改为有载分接头的相应调节。软件 VQC 还应设置“只监视不控制”方式，以适应运行需要，它相当于只投入运行、不投压板的保护运行方式。

（4）实现远方控制 VQC。就地 VQC 应能接受调度端的控制，投退某个电容器组或变压器的有载开关调压。

（5）闭锁条件。

1）保护闭锁。在对变压器有载调压分接头开关和电容器组监视控制过程中，如监测到系统及变压器、母线、电容器发生故障和异常的保护信号，应立即闭锁 VQC 的调节。

2）遥测闭锁。当遥测值超过 VQC 要求的范围时，闭锁 VQC。

3）遥信闭锁。当变电站主接线运行方式改变时，闭锁 VQC。

4）其他闭锁。VQC 的 TV 断线，主变压器调压控制器、电容器组的控制回路断线或异常时，闭锁 VQC。

（6）相关信号上送调度。软件 VQC 应适应无人值班变电站的需要，把一些必要的信号，如 VQC 调节闭锁、调节拒动、调节动作信号上送调度端以便于远方管理。

（7）并列运行、拒动、滑挡等。在变压器并列运行时，VQC 应使并列的变压器有载分接头开关同步操作。母线并列时对应的软件模块也应做并列的相应处理。主变压器有载分接头开关拒动、滑挡时应立即停止调节并发出拒动和滑挡的信号上送调度，多次拒动、滑挡时应闭锁相应操作。

（8）登录操作。每一次调节都应有相应的记录，包括对象、动作类型、时间、调节结果等。

3. 软件 VQC 程序流程图

根据上述软件 VQC 的功能要求编制的程序流程图如图 8-20 所示。图中“读入参数”是从监控系统后台机的数据库读出，数据库的数据是通过遥测、遥信已采集好的，经过串行

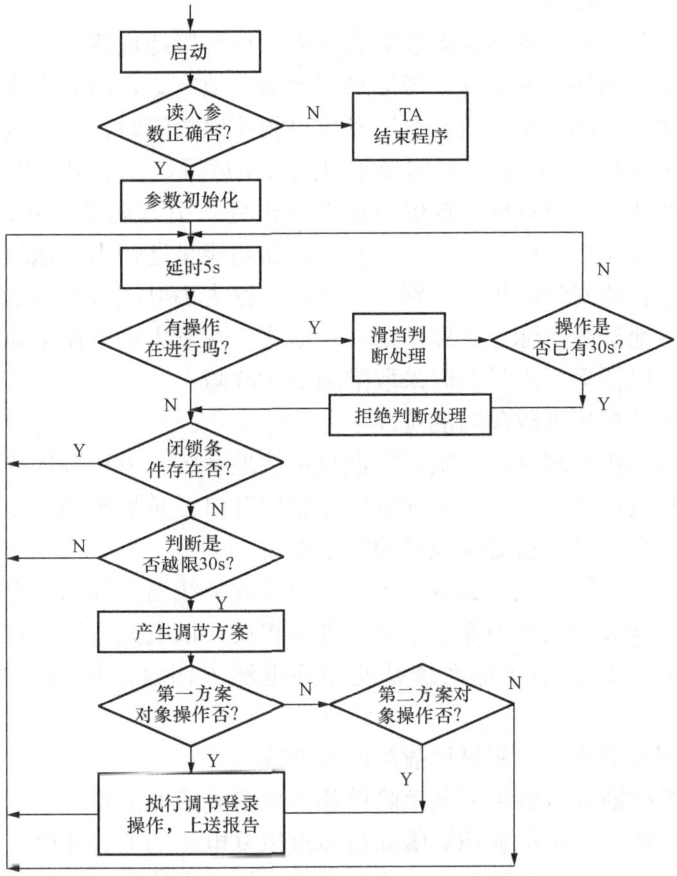

图 8-20　电压无功控制程序流程图

通信传送到后台机的数据，包括主变压器、电容器等在内的变电站全面的数据和信息。“参数初始化”是指控制策略制定的电压、无功的上下限及其他有关整定参数，它应能根据调度端的要求相应变化。“闭锁条件存在否”是检测遥信、遥测和保护闭锁条件是否存在，即检测这些闭锁条件的输入开关量是否为“1”。“产生调节方案”就是根据已有数据计算和逻辑判断产生调节控制策略，即上面描述过的 8 个控制策略之一。

软件 VQC 将第 9 个正常状态区域又划分了 9 个小区域，为过细的控制准备了两套方案。所以流程图中分别对测定的区域作第一套和第二套方案（策略）的查询。

以上流程仅仅是主程序的流程，尚有许多子模块的程序未列出，这里不再详述。

第四节　中性点经消弧线圈接地系统接地选线

我国的中压配电网中性点一般采用非有效接地方式；电容电流比较小的网络，采用中性点不接地方式；3～10kV 架空线路构成的系统和所有 35（66）kV 电网，当单相接地故障电流大于 10A 时，以及 3～10kV 电缆线路构成的系统，当单相接地故障电流大于 30A 时，应采用消弧线圈接地（谐振接地）方式。消弧线圈自动调谐装置的发明，推动了谐振接地方式的应用，因为它能够自动跟踪电网电容电流的变化，使接地点残余电流尽可能小，故障电弧自动熄灭的可能性也大为提高。

另外，如能选择到可靠的自动调谐装置和可靠的自动接地选线装置，并且电缆线路等的绝缘水平能适应，电缆网络也应该优先考虑采用谐振接地方式，以提高供电可靠性。

中性点非有效接地（小电流接地）电网发生单相接地故障时，不影响对负荷的供电，一般情况下，允许继续运行1～2h。但电网带接地点长期运行，接地电弧以及在非故障相产生的过电压，可能会烧坏电气设备或造成绝缘薄弱点击穿，引起短路，导致跳闸停电。因此，非有效接地电网应装设反应单相接地的保护装置，其功能是选择出接地故障线路并发出指示信号。为了与用于直接跳闸的保护相区别，一般将其称为小电流接地选线。根据继电保护的基本定义，小电流接地选线实际也是保护的一种形式。在发生小电流接地故障后，选出故障线路并动作于信号，以便运行人员及时采取措施消除故障。

一、不接地系统单相接地故障时的选线

由电力系统继电保护原理课程可知，中性点不接地系统，单相接地故障时的特点是：

（1）中性点位移电压为相电压，母线电压互感器开口三角形出现 $3U_0$ 电压。

（2）非故障线路电容电流就是该线路的零序电流。

（3）故障线路首端的零序电流数值上等于系统非故障线路全部电容电流的总和，其方向为线路指向母线。与非故障线路中零序电流的方向相反，该电流由线路首端的电流互感器反应到二次侧，这就是中性点不接地系统基波零序电流方向自动接地选线装置所用的工作原理。

二、经消弧线圈接地系统单相接地故障时的选线

中性点接入消弧线圈的目的主要是消除单相接地时故障点的瞬时性电弧。它的作用是尽量地减小故障接地电流，减缓电弧熄灭瞬间故障点恢复电压的上升速度。

在过补偿的条件下经消弧线圈电感电流补偿后，接地电流与未经补偿时的接地电流比较明显小了许多，故障线路的零序电流和故障线路的零序电流方向完全相同，而数值大小也无明显差异。所以在中性点经消弧线圈接地的电网中，就不能利用基波零序电流的数值大小和方向来作自动接地选线的依据。比较有效的判接地方案是五次谐波判别法和有功分量判别法。

三、五次谐波判别法实现接地选线的原理

在电力系统中，由于发电机的电动势中存在着高次谐波，某些负荷的非线性也会引起高次谐波，所以系统中的电压和电流均含有高次谐波分量，其中以五次谐波分量数值最大。中性点经消弧线圈接地的系统中，在单相接地时消弧线圈的电感电流补偿接地电容电流是对基波零序电流而言的，对于五次谐波来说，情况就大不相同了。

中性点经消弧线圈接地的系统发生单相接地故障时，在五次谐波零序等值电路中，消弧线圈中流过感性的零序五次谐波电流，非故障线路为容性的零序五次谐波电流，它们在接地故障点汇合后成为故障线路的故障相接地电流。对于五次谐波来说，由于消弧线圈的电抗（$5\omega L$）增大五倍，通过消弧线圈的电感电流减小五倍；而线路容抗（$1/5\omega C$）减小五倍，电容电流增加五倍。所以消弧线圈的五次谐波电流相对于非故障相五次谐波接地电容电流来说是非常小的，可以认为对于五次谐波而言，相当于中性点不接地系统，并不起补偿作用。所以有如下结论：

（1）中性点经消弧线圈接地系统，在发生单相接地故障时，故障线路首端的五次谐波零

序电流在数值上等于系统非故障线路五次谐波电容电流的总和。

（2）故障线路首端的五次谐波零序电流其方向与非故障线路中五次谐波零序电流方向相反。

以上结论与中性点不接地系统中基波零序电流的规律完全相同。因此，当发生单相接地时，故障线路的首端五次谐波零序电流方向从线路指向母线，落后于五次谐波零序电压90°；非故障线路首端的零序电流为本线路五次谐波零序电容电流，方向从母线流向线路，超前于五次谐波零序电压90°。该结论就是中性点经消弧线圈接地系统的单相接地选线的判别依据，即五次谐波判别法。

四、有功分量判别法接地选线的原理

五次谐波判别法与基波零序电流判别法都存在一个主要的缺点，即当系统的引出线较少、长度较短时，单相接地故障线路的五次谐波和基波零序电流均较小，其方向也较难判别，因此其接地判别的准确率并不是很高。当消弧线圈采用自动跟踪消弧线圈并经阻尼电阻接地时，系统单相接地选线可以采用基波有功分量判别法。

基波有功分量判别法的原理是：单相接地时，故障线路通过接地点与消弧线圈和阻尼电阻构成串联回路。该回路在中性点零序电压U_0作用下，产生的基波零序电流必然流经阻尼电阻，因而基波零序电流含有有功分量。而有功分量在消弧线圈的电感电流对接地电容电流补偿中是不会被补偿消失的，因此该有功分量电流将全部流回故障线路的首端，被零序电流互感器测量出来。而非故障线路没有与消弧线圈阻尼电阻构成回路，必然没有流过消弧线圈的有功电流分量，只有本线路的零序电容电流，其中包含的有功电流为线路对地泄漏电流，数值很小。因此可以测量各线路基波零序电流中的有功电流分量值，比较它们的大小，最大者即为接地线路。

有功分量判别法是接地选线的一种新技术，该方法必须与带阻尼电阻的自动跟踪消弧线圈装置配套使用。其理论与实际验证，都证明了其选线准确率很高。

新一代微机接地选线装置可适用于小电流接地系统中性点不接地、中性点经消弧线圈（老式消弧线圈，手动调节）直接接地、中性点经自动跟踪消弧线圈和阻尼电阻接地三种情况。这三种接地选线的方式，由微机接地选线装置的控制字决定。当选择控制字为0（00）时，选线方式定义为中性点不接地系统，程序按基波零序电流方向原理工作；当选择控制字为1（01）时，其补偿方式定义为中性点经消弧线圈直接接地，软件按五次谐波判别法原理工作；当选择控制字为2（10）时，其补偿方式定义为中性点经自动跟踪消弧线圈及阻尼电阻接地，软件按有功分量判别法原理工作。

五、自动跟踪消弧线圈装置

由于消弧线圈的电感电流可以抵消接地点流过的电容电流，当调节很好时，电弧大多能自灭。因为接地电流得到补偿，单相接地并不会发展为相间故障，所以中性点经消弧线圈接地方式的供电可靠性大大高于其他接地方式，但旧式消弧线圈也存在如下缺点。

（1）调整不能及时进行。我国电网中目前普遍使用的都是手动调匝消弧线圈，在需要调分接头时，必须使消弧线圈退出运行，即不能在线调消弧线圈。因其调节不便，在实际使用中很少根据电网电容电流的变动及时地调整分接头位置。还因为没有在线的实时测量系统电容电流的设备，运行人员无法判断出是否需进行调节及调节到哪个挡位。因而实际上虽装有消弧线圈，在电力网络运行方式发生变化时，却不能很好地补偿电容电流，仍然有弧光不自灭及过电压等问题出现。

（2）单相接地选线不准确。当系统发生单相接地时，由于接地点残流很小（接地点残流就是经消弧线圈补偿后还剩有的高次谐波和有功分量电流），当消弧线圈处于过补偿状态时，故障线路与非故障线路的基波零序电流无论在数值和方向上均无法区分。近年来多采用零序电流的五次谐波方向来判别接地线路，但是在实际使用中，因五次谐波含量较小（≤5%），且经常处于变化之中，而 TV 和 TA 是按基波设计的，对五次谐波存在较大的附加相位移，造成五次谐波功率方向继电器自动判接地不准。据有关资料统计，五次谐波法判接地准确率大约只有 60%～70%，使接地故障不能及时得到处理。

1. 自动跟踪消弧线圈原理介绍

自动跟踪消弧线圈采用微机自动跟踪控制器，在线测量计算系统电容电流等有关参数，根据补偿度等定值自动调整消弧线圈分接头，使消弧线圈有载分接头调在最佳位置。自动跟踪消弧线圈装置按改变电感方法的不同分为如下四种类型：有载开关调匝式（电感有级可调）、可调气隙式（无级调电感）、直流偏磁式（无级调电压）、晶闸管调电感式（电感有级可调）。

可调气隙式是靠移动插入线圈内部可动铁芯来改变磁导率从而改变线圈电感的，由于这种铁芯是可连续移动，因此电感连续可调。但它响应时间长，最长可达数十秒且噪声大。直流偏磁式是通过加入直流电流改变线圈铁芯的磁通工作点，达到调电感的目的。晶闸管调电感式是利用四组晶闸管不同导通方式将 4 个电容按 15 种组合方式投入中性点变压器的二次侧来改变一次侧的阻抗，从而达到改变消弧线圈电感的目的。

直流偏磁式和晶闸管调感式由于是全电子式，调感方便，较容易实现全状态调感。全状态调感是指在正常运行状态、金属接地状态、间歇电弧接地状态，即在各种状态下均能自动调感。有载开关调分接头和调气隙式消弧线圈因为机械调感速度较慢，不能实现全状态自动调感。

我国电网中的消弧线圈都是分接头调匝式消弧线圈，国外大部分也是采用此类方式调感。虽然此类机械式调感速度较慢，但将无载开关换为有载开关并采用非预调式，即测量时不进行调挡操作，从而较大地减小了测量周期，使有载分接头调感自动跟踪消弧线圈装置进入了实用阶段。

2. 自动跟踪消弧线圈装置介绍

自动跟踪消弧线圈装置由 Z 型接地变压器、自动跟踪消弧线圈、阻尼电阻箱、微机测量跟踪控制器、微机选线保护装置五部分构成。如图 8-21 所示。

（1）Z 型接地变压器。在主变压器为△接线或 Y 形但无中性点引出时，Z 型接地变压器用作引出中性点连接消弧线圈。因此系统已有中性点引出时可不用 Z 型接地变压器。所谓 Z 型接线就是曲折接线，普通变压器的零序磁通在磁柱内不能流通，只能通过漏磁通沿着变压器的壳体构成磁通的通路。所以零序电流可以顺利地通过 Z 型接地变压器，从中性点输出至消弧线圈。

一般在系统不平衡电压较大情况下，Z 型接地变压器做成平衡式，Z 型变压器中性点就有不平衡电压输出，可供自动跟踪测量控制器在线测量系统对地电容电流。但是当系统不平衡电压较小时（如全电缆电网）Z 型变压器就要做成不平衡式，使 Z 型变压器中性点有 50～100V 的不平衡电压输出，以满足自动跟踪测量控制器的测量需要。为了充分利用接地变压器的资源，接地变压器除可带消弧线圈外，也可带二次负载，即替代站用变压器，但要注意在带二次负荷时，接地变压器的容量应为消弧线圈容量与二次负荷容量之和。

（2）自动跟踪消弧线圈。采用自动调匝式可调消弧线圈，将绕组按不同的匝数抽出9～15挡的分接头，用有载分接开关进行自动切换，改变接入的匝数，从而改变电感量。这种自动调匝式消弧线圈简单、可靠，目前应用较多。其他几种方式有的还在试验研制阶段。为了减少残流增加分接头数（根据容量不同，有9～15挡的调匝量），使每挡分接头改变电感量值较小，从而使调整后电感量尽量达到最佳位置，残流降到最小值。

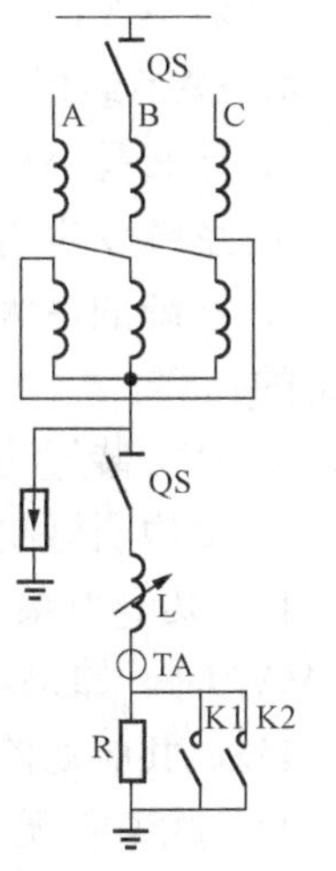

图8-21　自动跟踪消弧线圈装置构成

（3）阻尼电阻箱。自动跟踪消弧线圈有三种运行方式：过补偿、欠补偿、全补偿。当运行在全补偿时，由于补偿的电感电流接近等于系统电容电流，接近谐振点运行，因此残流较小。为防止发生谐振过电压，在消弧线圈接地回路中串接阻尼电阻箱。这样，即使在长期运行中处于全补状态，但因电阻的阻尼作用，中性点电压也不会超过中性点长期运行最高允许电压（我国规程中规定为相电压的15%）。

在发生单相接地故障时，消弧线圈、阻尼电阻与故障线路通过故障点构成回路。由于阻尼电阻的存在，在该通路中形成有功电流分量，通过阻尼电阻产生电阻分量电压，从而提高了中性点电压。由于有功电流分量数值较大，因此单相接地时中性点电压将超过允许值。为了防止中性点过电压，在阻尼电阻的两端并联有两副接触器触点，在正常运行时，这两副触点断开，即使处于全补状态，也可使谐振电流变得很小，限制了中性点电压升高。当单相接地故障发生0.5s后，自动控制这两副触点接通，使这时有功电流分量降为零值，同样防止了中性点电压升高。因此该系统可以运行于过补偿、欠补偿、全补偿三种方式。

为了与接地选线装置配合，单相接地故障时与阻尼电阻并联的两副触点延时0.5s闭合，以使接地选线装置在0.5s内采样有功电流分量，经采样计算比较选出网络中有功电流分量最大者即为接地线路。

与接地选线装置配合自动调匝跟踪式装置中，阻尼电阻的作用有两个：①限制全补偿状态下因谐振引起中性点电位的升高；②在单相接地故障线路中产生较大的有功电流分量，供接地选线装置采样选线。

（4）微机测量控制器。微机测量控制器和接地选线装置可安装于控制屏里，控制屏与自动跟踪消弧线圈、阻尼电阻箱及母线、交直流电源、中央信号屏之间用电缆相连。装于控制屏里的微机测量控制器的作用是：①通过单片微机测量U_{AB}、U_0值，经计算获得系统总的电容电流；②根据补偿度的整定值要求，控制调整消弧线圈的分接头位置；③在单相接地故障时控制阻尼电阻器两端的接触器触点经整定时间闭合。

复习思考题

1. 什么叫备用电源自动投入？它有何作用？
2. 何谓明备用？何谓暗备用？试举例说明。

3. 对 AAT 有哪些基本要求？对应采取哪些措施来满足这些要求？

4. AAT 装置应由哪两部分构成？各有什么作用？

5. 什么是 AFL 装置？

6. 系统发生有功功率缺额时，频率是如何变化的？与哪些因素有关？

7. 系统的最大有功功率缺额及接入自动低频减载装置的最大可能断开负荷功率是如何确定的？

8. AFL 装置为何要设置附加级？附加级的动作频率和动作时间如何确定？

9. 试说明微机型自动低频减载的动作逻辑。

10. 某电力系统的总负荷为 6400MW，负荷调节效应系数为 1.5。当出现功率缺额为 500MW 时，如果不采取任何措施，系统的稳定频率为多少？如采用 AFL 希望稳定频率为 49.5Hz，共应切除多少负荷？

11. 试说明无功电压控制的九区域图。

12. 电力系统出现无功缺额使某变电站的供电电压下降，能否采用调节有载调压变压器分接头位置的方法进行调压？为什么？

附录 A　WDT-Ⅲ 型电力系统综合自动化实验装置

本课程相关实验是在武汉华中科技大学电力自动技术研究所生产的“WDT-Ⅲ型电力系统综合自动化实验台”上进行。综合自动化实验平台的模型是专门针对电力系统教学实验而设计的，其工作方式是按发电机通过输电线路与无穷大系统连接，构成“单机—无穷大”电力系统，在此基础上可进行同步发电机准同期并列、同步发电机励磁控制实验。

一、实验装置介绍

电力系统综合自动化实验台是一个自动化程度很高的多功能实验平台，它由发电机组、实验操作台、无穷大系统等设备组成，如图 A-1 所示。

本试验装置主要是为开设与电力系统运行（稳态及暂态）有关的教学实验而设计的。虽然试验装置中的发电机、原动机、励磁系统及输电线路，并未按与大型实际电力系统的相似条件进行物理仿真，然而，它们不失为一个真实的“单机—无穷大”的简单电力系统，并且可以定性地、反复地、直观地实验，观测实际电力系统的各种运行状态。而且由于小型发电机与大型发电机参数（标幺值）的差别，在实验中可以观测与教科书中对大型发电机所作的分析差别，这更有利于引导学生进行思考，从而进一步加深对电力系统运行状态特性的理解，有利于培养学生的科学思维能力，也有利于对学生进行实际操作和实验研究能力的培训和训练。

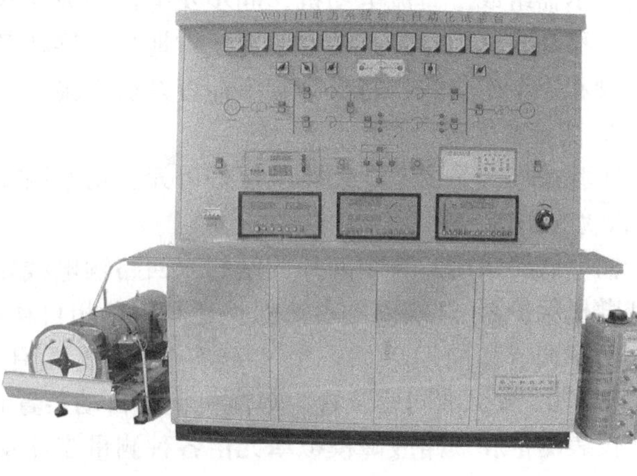

图 A-1　电力系统综合自动化实验台外形图

发电机与无穷大之间采用双回路输电线路，并设有中间开关站，通过中间开关站和单回、双回线路的组合，使发电机与无穷大系统之间可构成四种不同联络阻抗，供系统实验分析比较时使用。一次系统接线图如图 A-2 所示。

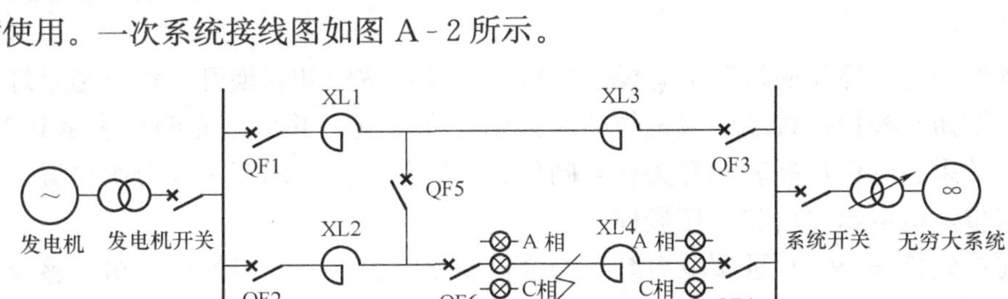

图 A-2　一次系统接线图

本实验系统是一种物理模型。原动机采用直流电动机来模拟，当然，它们的特性与大型原动机是不相似的。原动机输出功率的大小，可通过给定直流电动机的电枢电压来调节。实验系统用标准小型三相同步发电机来模拟电力系统的同步发电机，虽然其参数不与大型发电机相似，但也可以看成是一种具有特殊参数的电力系统的发电机。发电机的励磁系统可以用外加直流电源通过手动来调节，也可以切换到台上的微机励磁调节器来实现自动调节。实验台的输电线路是用多个接成链型的电抗线圈来模拟的，其电抗值满足相似条件。“无穷大”母线就直接用实验室的交流电源，因为它是由实际电力系统供电的，因此，基本上符合“无穷大”母线的条件。

为了进行测量，实验台设置了测量系统，以测量各种电量（电流、电压、功率、频率）。为了测量发电机转子与系统的相对位置角（功率角），在发电机轴上装设了闪光测角装置。此外，台上还设置了模拟短路故障等控制设备。

二、实验装置的构成

1. 发电机组

发电机组是由同在一个轴上的三相同步发电机（$S_N=2.5$kVA，$U_N=400$V，$n_N=1500$rad/min），模拟原动机用的直流电动机（$P_N=2.2$kW，$U_N=220$V）以及测速装置和功率角指示器组成。直流电动机、同步发电机经弹性联轴器对轴连接后组装在一个活动底盘上构成可移动式机组。具有结构紧凑、占地少、移动轻便等优点，机组的活动底盘有四个螺旋式支脚和三个橡皮轮，将支脚旋下即可开机实验。

2. 实验操作台

实验操作台是由输电线路及保护单元、功率调节和同期单元、仪表测量和短路故障模拟单元等组成的。

输电线路采用具有中间开关站的双回路输电线路模型，并对其中一段线路设有“YHB-Ⅲ型微机保护”，此线路的过流保护还具有单相自动重合闸功能。

功率调节和同期单元，由“TGS-04 型微机调速装置”“WL-04B 微机励磁调节器”“HGWT-03 微机准同期装置”等微机型的自动装置和其相对应的手动装置组成。

仪表测量和短路故障模拟单元由各种测量表计及其切换开关、各种带灯操作按钮以及观测波形用的测试孔和各种类型的短路故障操作等部分组成。在做电力系统试验时，全部操作均在试验操作台上进行。

3. 无穷大系统

无穷大电源是由 15kVA 的自耦调压器组成的。通过调整自耦调压器的电压可以改变无穷大母线的电压。

实验操作台的“操作面板”上有模拟接线图、操作按钮和切换开关以及指示灯和测量仪表等。操作按钮与模拟接线图中被操作的对象结合在一起，并用灯光颜色表示其工作状态，具有直观的效果。红色灯亮表示开关在合闸位置，绿色灯亮表示开关在分闸位置。

三、同步发电机组启动和建压操作

实验前首先检查 WDT-Ⅲ型电力系统综合自动化实验台、同步发电机组、感应调压器是否具备开机条件，符合要求后合实验台上“操作电源”开关，此时反应各开关位置的绿色指示灯亮，同时 4 台微机装置上电，数码管均能正确显示。

1. 开机方式选择

在实验台的“TGS-04 型微机调速装置”中有三种开机方式供选择，即“模拟方式”“微机自动方式”“微机手动方式”。

(1) 当选择“模拟方式”时，应首先将指针电位器调至零，此时“输出零”指示灯亮，然后合上“原动机开关”再顺时针旋转指针电位器，当发电机旋转之后，应观察机组稳定情况，然后缓慢加速到额定转速。

(2) 当选择“微机自动方式”时，先合上“原动机开关”，然后按下“停机/开机”按钮，此时“开机”指示灯亮，“停机”指示灯灭，发电机组自动增速到额定转速。

(3) 当选择“微机手动方式”时，先合上“原动机开关”，然后按下“停机/开机”按钮，指示灯同样对应转换，按下“增速”按钮，可以看到控制量的大小，监视发电机转速，直至将发电机调整为额定转速。

2. 励磁方式选择

在实验台上有一个“励磁方式”切换开关，它可选择三种励磁方式，即“手动励磁方式”“微机他励方式”“微机自并励方式”。

(1) 当选择“手动励磁方式”时，应先将“手动励磁”调节旋钮反时针旋到零，然后合上“励磁开关”，顺时针调节“手动励磁”旋钮增加励磁电压，在维持发电机为额定频率时，增加励磁电压，使发电机为额定电压。

(2) 当选择“微机他励”或“微机自并励”时，微机励磁调节器选择“恒 U_F”运行方式，然后合上“励磁开关”，松开“灭磁”按钮，调节器自动起励至给定电压。

(3) 不停机切换励磁方式（手动/自并励/他励）。

1) 减有功、无功至零，解列。

2) 按下“灭磁”按钮自动灭磁（或手动减磁）。

3) 跳励磁开关。

4) 切换励磁方式。

5) 合励磁开关。

6) 松开灭磁按钮（或手动增磁）。

7) 同期并网。

8) 进行相应的操作。

3. 无穷大电源和线路开关操作

(1) 合上无穷大电源“系统开关”。观察“系统电压”表是否为实验要求值，调整自耦调压器的把手，顺时针增大或逆时针减少输出至无穷大母线的电压，调整到实验的要求值（一般为 380V）。

(2) 合上线路开关“QF1”和“QF3”，则发电机的母线上得电，此时可以从微机准同期控制器上观察到系统的频率和电压，同时也能看到发电机的频率和电压。

4. 同期方式选择

在实验台上有一个“同期方式”切换开关，它提供三种同期方式供选择，即“手动同期方式”“全自动同期方式”“半自动同期方式”。

(1) 当“同期方式”选择为“手动”方式时，则“发电机开关”两侧的电压施加到“同期表”上，根据“同期表”中的“电压差”和“频率差”调整发电机的转速和电压，使之接近为零。然后，在“相角差”趋向零时的“导前角”时间合闸，即发电机与系统并列。

(2) 当“同期方式”选择为“全自动”方式时，然后按下“微机准同期控制器”上的“同期命令”，则发电机“调频”“调压”和“合闸出口”均由微机准同期控制器完成。

（3）当“同期方式”选择为“半自动”方式时，准同期控制器通过指示灯的亮或者灭，指示实验人员进行“升压”“降压”“增速”“减速”操作。当合闸条件满足时，准同期控制器发出合闸命令，实现同步发电机同期并列操作。

5. 停机操作步骤

（1）减有功、无功至零，解列。

（2）按下“灭磁”按钮自动灭磁（或手动减磁）。

（3）跳励磁开关。

（4）发停机令。

（5）待机组停稳后，跳原动机开关。

（6）跳线路和无穷大电源开关。

（7）切断操作电源。

附录B 同步发电机准同期并列实验

一、实验目的

(1) 加深理解同步发电机准同期并列原理，掌握准同期并列条件；

(2) 掌握微机准同期控制器及模拟式整步表的使用方法；

(3) 熟悉同步发电机准同期并列过程；

(4) 观察、分析有关波形。

二、准同期并列原理与说明

将同步发电机并入电力系统的合闸操作通常采用准同期并列方式。准同期并列要求在合闸前通过调整待并机组的电压和转速，当满足电压幅值和频率条件后，根据“恒定越前时间原理”，由运行操作人员手动或由准同期控制器自动选择合适时机发出合闸命令，这种并列操作的合闸冲击电流一般很小，并且机组投入电力系统后能被迅速拉入同步。根据并列操作的自动化程度不同，又分为手动准同期、半自动准同期和全自动准同期三种方式。

由并列原理可知正弦整步电压是不同频率的两正弦电压之差，其幅值作周期性的正弦规律变化。它能反映两个待并系统间的同步情况，如频率差、相角差以及电压幅值差。线性整步电压反映的是不同频率的两方波电压间相角差的变化规律，其波形为三角波。它能反映两个待并系统间的频率差和相角差，并且不受电压幅值差的影响，因此得到广泛应用。

手动准同期并列，应在正弦整步电压的最低点（同相点）时合闸，考虑到断路器的固有合闸时间，实际发出合闸命令的时刻应提前一个相应的时间或角度。

自动准同期并列，通常采用恒定越前时间原理工作，这个越前时间可按断路器的合闸时间整定。准同期控制器根据给定的允许压差和允许频差，不断地检查准同期条件是否满足，在不满足要求时闭锁合闸并且发出均压均频控制脉冲。当所有条件均满足时，在整定的越前时刻送出合闸脉冲。

三、实验项目和方法

1. 机组启动与建压

(1) 检查调速器上“模拟调节”电位器指针是否指在0位置，如不在则应调到0位置；

(2) 合上操作电源开关，检查实验台上各开关状态：各开关信号灯应绿灯亮、红灯熄。调速器面板上数码管在并网前左侧显示发电机转速，右侧显示控制量，在并网后左侧显示控制量，右侧显示功率角。调速器上“并网”灯和“微机故障”灯均为熄灭状态，“输出零”灯亮；

(3) 按调速器上的“微机方式自动/手动”按钮使“微机自动”方式灯亮；

(4) 励磁调节器选择他励、恒U_F运行方式，合上励磁开关；

(5) 把实验台上“同期方式”开关置“断开”位置；

(6) 合上系统电压开关和线路开关QF1、QF3，检查系统电压接近额定值380V；

(7) 合上原动机开关，按“停机/开机”按钮使“开机”灯亮，调速器将自动启动电动机到额定转速；

(8) 检查“灭磁”按钮为松开状态，当机组转速升到95%以上时，根据所选励磁方式不同，手动增磁或微机励磁调节器自动将发电机电压建压到与系统电压相等。

2. 观察与分析

（1）在微机“手动”方式下，操作调速器上的增速或减速按钮调整机组转速，记录微机准同期控制器显示的发电机和系统频率。观察并记录旋转灯光整步表上灯光旋转方向及旋转速度与频差方向及频差大小的对应关系；观察并记录不同频差方向、不同频差大小时的模拟式整步表的指针旋转方向及旋转速度、频率平衡表指针的偏转方向及偏转角度的大小的对应关系；

（2）操作励磁调节器上的增磁或减磁按钮调节发电机端电压，观察并记录不同电压差方向、不同电压差大小时的模拟式电压平衡表指针的偏转方向和偏转角度的大小的对应关系；

（3）调节转速和电压，观察并记录微机准同期控制器的频差闭锁、压差闭锁、相差闭锁灯（发光二极管）亮熄规律；

（4）* 如配置示波器时，将示波器跨接在“发电机电压”测点与“系统电压”测点间，观察正弦整步电压（即脉动电压）波形，观察并记录整步表旋转速度与正弦整步电压的周期的关系；观察并记录电压幅值差大小与正弦整步电压最小幅值间的关系；观察并记录正弦整步电压幅值达到最小值的时刻所对应的整步表指针位置和灯光位置；

（5）* 如配置示波器时，用示波器跨接到“三角波”测点与“参考地”测点之间，观察线性整步电压（即三角波）的波形，观察并记录整步表旋转速度与线性整步电压的周期的关系；观察并记录电压幅值差大小与线性整步电压最小幅值间的关系；观察并记录线性整步电压幅值达到最小值的时刻所对应的整步表指针位置和灯光位置。

3. 手动准同期

（1）按准同期并列条件合闸。将“同期方式”转换开关置“手动”位置。在这种情况下，要满足并列条件，需要手动调节发电机电压、频率，直至电压差、频差在允许范围内，相角差在零度前某一合适位置时，手动操作合闸按钮进行合闸。

观察微机准同期控制器上显示的发电机电压和系统电压，相应操作微机励磁调节器上的增磁或减磁按钮进行调压，直至“压差闭锁”指示灯熄灭。

观察微机准同期控制器上显示的发电机频率和系统频率，相应操作微机调速器上的增速或减速按钮进行调速，直至“频差闭锁”指示灯熄灭。

此时表示压差、频差均满足条件，观察整步表上旋转灯位置，当旋转至0°位置前某一合适时刻时，即可合闸。观察并记录合闸时的冲击电流。

（2）偏离准同期并列条件合闸。

注意：本实验项目仅限于实验室进行，在电厂机组上不得使用！

实验分别在单独一种并列条件不满足的情况下合闸，记录功率表冲击情况：

1）电压差、相角差条件满足，频率差不满足，在 $f_F > f_X$ 和 $f_F < f_X$ 时手动合闸，观察并记录实验台上有功功率表和无功功率表指针偏转方向及偏转角度大小，分别填入表 B-1。注意：频率差不要大于 0.5Hz。

2）频率差、相角差条件满足，电压差不满足，$U_F > U_X$ 和 $U_F < U_X$ 时手动合闸，观察并记录实验台上有功功率表和无功功率表指针偏转方向及偏转角度大小，分别填入表 B-1。注意：电压差不要大于额定电压的 10%。

3）频率差、电压差条件满足，相角差不满足，顺时针旋转和逆时针旋转时手动合闸，观察并记录实验台上有功功率表和无功功率表指针偏转方向及偏转角度大小，分别填入表B-1。注意：相角差不要大于30°。

表B-1　偏离准同期并列条件合闸的实验结果

条件 实验结果	$f_F>f_X$	$f_F<f_X$	$U_F>U_X$	$U_F<U_X$	顺时针	逆时针
P(kW)						
Q(kvar)						

注　有功功率P和无功功率Q也可以通过微机励磁调节器的显示观察。

4. 半自动准同期

将“同期方式”转换开关置“半自动”位置，按下准同期控制器上的“同期”按钮即向准同期控制器发出同期并列命令，此时，同期命令指示灯亮，微机正常灯闪烁加快。准同期控制器将给出相应操作指示信息，运行人员可以按这个指示进行相应操作。调速调压方法同手动准同期。

当压差、频差条件满足时，整步表上旋转灯光旋转至接近0°位置时，整步表圆盘中心灯亮，表示全部条件满足，准同期控制器会自动发出合闸命令，“合闸出口”灯亮，随后DL灯亮，表示已经合闸。同期命令指示灯熄，微机正常灯恢复正常闪烁，进入待命状态。

5. 自动准同期

将“同期方式”转换开关置“全自动”位置；按下准同期控制器的“同期”按钮，同期命令指示灯亮，微机正常灯闪烁加快，此时，微机准同期控制器将自动进行均压、均频控制并检测合闸条件，一旦合闸条件满足即发出合闸命令。

在全自动过程中，观察当“升速”或“降速”命令指示灯亮时，调速器上有什么反应；当“升压”或“降压”命令指示灯亮时，微机励磁调节器上有什么反应。当一次合闸过程完毕，控制器会自动解除合闸命令，避免二次合闸；此时同期命令指示灯熄，微机正常灯恢复正常闪烁。

6. 准同期条件的整定

按准同期控制器的“参数设置”按钮使“参数设置”灯亮，进入参数设置状态（再按一下“参数设置”按钮即可使“参数设置”灯熄退出参数设置状态），共显示8个参数，可供修改的参数共有7个，其中1为开关时间、2为频差允许值、3为压差允许值、4为均压脉冲周期、5为均压脉冲宽度、6为均频脉冲周期、7为均频脉冲宽度。另外，第8个参数是实测上一次开关合闸时间，单位为ms。以上7个参数按“参数选择”按钮可循环出现，通过按向上或向下键可改变其值的大小。主要改变参数1、2、3来重复做一下全自动同期。

(1) 整定频差允许值$\Delta f=0.3$Hz。压差允许值$\Delta U=3$V，恒定越前时间为$t_{yq}=0.1$s。由整定“同期开关时间”的时间继电器来调整实际开关动作时间。重复进行全自动同期实验，观察在不同开关动作时间下并列过程有何差异，并记录三相冲击电流中最大的一相的电流值I_m，填入表B-2。

表B-2　不同开关动作时间的实验数据

整定同期开关合闸时间（s）	0.1	0.2	0.3	0.4
实测开关合闸时间（s）				
冲击电流I_m(A)				

据此，估算出开关操作回路固有时间的大致范围，根据上一次开关的实测合闸时间，整定同期装置的越前时间。在此状态下，观察并列过程时的冲击电流的大小。

（2）改变频差允许值 Δf，重复进行全自动同期实验，观察在不同频差允许值下并列过程有何差异，并记录三相冲击电流中最大的一相的电流值 I_m，填入表 B-3。

注意：此实验微机调速器工作在微机手动方式下。

表 B-3　　不同频差允许值的实验数据

频差允许值 Δf(Hz)	0.4	0.3	0.2	0.1
冲击电流 I_m(A)				

（3）改变压差允许值 ΔU，重复进行全自动同期实验，观察在不同压差允许值下并列过程有何差异，并记录三相冲击电流中最大的一相的电流值 I_m，填入表 B-4。

表 B-4　　不同电压差允许值的实验数据

压差允许值 ΔU(V)	5	4	3	2
冲击电流 I_m(A)				

7. 停机

当同步发电机与系统解列之后，按调速器的“停机/开机”按钮使“停机”灯亮，即可自动停机，当机组转速降到85%以下时，微机励磁调节器自动逆变灭磁。待机组停稳后断开原动机开关，跳开励磁开关以及线路和无穷大电源开关。切断操作电源开关。

四、实验报告要求

（1）比较手动准同期和自动准同期的调整并列过程；

（2）分析合闸冲击电流的大小与哪些因素有关；

（3）分析正弦整步电压波形的变化规律；

（4）滑差频率 f_s、开关时间 t_{yq}的整定原则？

注意事项：

（1）手动合闸时，仔细观察整步表上的旋转灯，在旋转灯接近0°位置之前的某一时刻合闸。

（2）当面板上的指示灯、数码管显示都停滞不动时，此时微机准同期控制器处于“死机”状态，按一下“复位”按钮可使微机准同期控制器恢复正常。

（3）微机自动励磁调节器上的增减磁按钮按键只持续5s内有效，过了5s后如还需调节则松开按钮，重新按下。

（4）在做三种同期切换方式时，做完一项后，需做另一项时，断开断路器开关，然后选择“同期方式”转换开关。

五、思考题

（1）相序不对（如系统侧相序为A、B、C，而发电机侧相序为A、C、B），能否并列？为什么？

（2）电压互感器的极性如果有一侧（系统侧或发电机侧）接反，会有何结果？

（3）准同期并列与自同期并列，在本质上有何差别？如果在这套机组上实验自同期并列，应如何操作？

（4）合闸冲击电流的大小与哪些因素有关？频率差变化或电压差变化时，正弦整步电压的变化规律如何？

（5）当两侧频率几乎相等，电压差也在允许范围内，但合闸命令迟迟不能发出，这是一种什么现象？应采取什么措施解决？

（6）在 $f_F > f_X$ 或者 $f_F < f_X$，$U_F > U_X$ 或者 $U_F < U_X$ 下并列，机端有功功率表及无功功率表的指示有何特点？为什么？

附录C 同步发电机励磁控制实验

一、实验目的

（1）加深理解同步发电机励磁调节原理和励磁控制系统的基本任务；

（2）了解自并励励磁方式和他励励磁方式的特点；

（3）熟悉三相全控桥整流、逆变的工作波形；观察触发脉冲及其相位移动；

（4）了解微机励磁调节器的基本控制方式；

（5）了解电力系统稳定器的作用；观察强励现象及其对稳定的影响；

（6）了解几种常用励磁限制器的作用；

（7）掌握励磁调节器的基本使用方法。

二、调节原理与说明

同步发电机的励磁系统由励磁功率单元和励磁调节器两部分组成，它们和同步发电机结合在一起就构成一个闭环反馈控制系统，称为励磁控制系统。励磁控制系统的三大基本任务是稳定电压、合理分配无功功率和提高电力系统稳定性。

实验用的励磁控制系统示意图如图 C-1 所示。可供选择的励磁方式有两种：自并励和他励。当三相全控桥的交流励磁电源取自发电机机端时，构成自并励励磁系统。而当交流励磁电源取自 380V 市电时，构成他励励磁系统。两种励磁方式的可控整流桥均是由微机自动励磁调节器控制的，触发脉冲为双脉冲，具有最大最小 α 角限制。

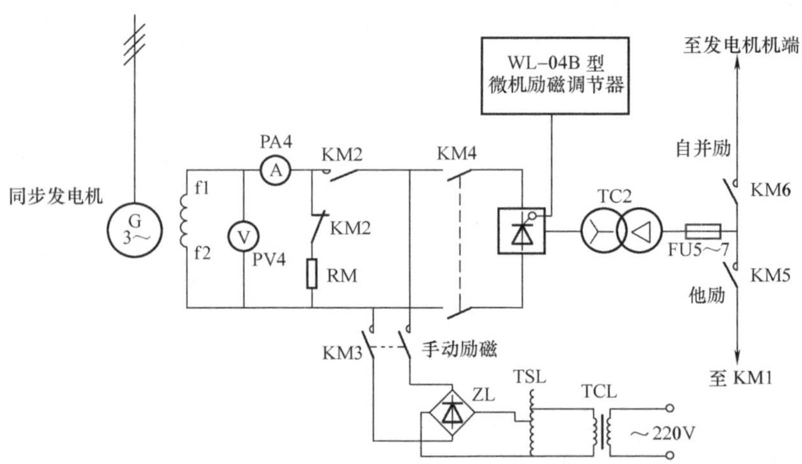

图 C-1 励磁控制系统示意图

微机励磁调节器的控制方式有四种，即恒 U_F（保持机端电压稳定）、恒 I_L（保持励磁电流稳定）、恒 Q（保持发电机输出无功功率稳定）和恒 α（保持控制角稳定）。其中，恒 α 方式是一种开环控制方式，只限于他励方式下使用。

同步发电机并入电力系统之前，励磁调节装置能维持机端电压在给定水平。操作励磁调节器的增减磁按钮，可以升高或降低发电机电压；当发电机并网运行时，操作励磁调节器的增减磁按钮，可以增加或减少发电机的无功输出，其机端电压按调差特性曲线变化。

发电机正常运行时，三相全控桥处于整流状态，控制角 α 小于 90°；当正常停机或事故停机时，调节器使控制角 α 大于 90°，实现逆变灭磁。

电力系统稳定器——PSS是提高电力系统动态稳定性能的经济有效方法之一，已成为励磁调节器的基本配置；励磁系统的强励，有助于提高电力系统暂态稳定性；励磁限制器是保障励磁系统安全可靠运行的重要环节，常见的励磁限制器有过励限制器、欠励限制器等。

三、实验项目和方法

1. 不同 α 角（控制角）对应的励磁电压波形观测

（1）合上操作电源开关，检查实验台上各开关状态。各开关信号灯应绿灯亮、红灯熄。

（2）励磁系统选择他励励磁方式：操作"励磁方式开关"切换到"微机他励"方式，调节器面板"他励"指示灯亮。

（3）励磁调节器选择恒 α 运行方式：操作调节器面板上的"恒 α"按钮选择为恒 α 方式，面板上的"恒 α"指示灯亮。

（4）合上励磁开关，合上原动机开关。

（5）在不启动机组的状态下，松开微机励磁调节器的灭磁按钮，操作增磁按钮或减磁按钮即可逐渐减小或增加控制角 α，从而改变三相全控桥的电压输出及其波形。

注意：微机自动励磁调节器上的增减磁按钮键只持续5s内有效，过了5s后如还需要调节，则松开按钮，重新按下。

实验时，调节励磁电流为表C-1规定的若干值，记下对应的 α 角（调节器对应的显示参数为"CC"），同时通过接在 U_{d+}、U_{d-} 之间的示波器观测全控桥输出电压波形，并由电压波形估算出 α 角，另外利用数字万用表测出电压 U_{fd} 和 U_{AC}，将以上数据记入表C-1，通过 U_{fd}、U_{AC} 用公式也可计算出一个 α 角来；完成表C-1后，比较三种途径得出的 α 角有无不同，分析其原因。

表C-1　　控制角 α 的对比数据

励磁电流 I_{fd}(A)	0.0	0.5	1.5	2.5
显示控制角 α(°)				
励磁电压 U_{fd}(V)				
交流输入电压 U_{AC}(V)				
由公式计算的 α(°)				
示波器读出的 α(°)				

（6）* 调节控制角大于90°但小于120°，观察全控桥输出电压波形与课本所画波形有何不同？为什么？

（7）* 调节控制角大于120°，观察全控桥输出电压波形与课本所画波形有何不同？为什么？

2. 同步发电机起励实验

同步发电机的起励有三种：恒 U_F 方式起励，恒 α 方式起励和恒 I_L 方式起励。其中，除了恒 α 方式起励只能在他励方式下有效外，其余两种方式起励都可以分别在他励和自并励两种励磁方式下进行。

恒 U_F 方式起励，现代励磁调节器通常有"设定电压起励"和"跟踪系统电压起励"的两种起励方式。设定电压起励，是指电压设定值由运行人员手动设定，起励后的发电机电压稳定在手动设定的电压水平上；跟踪系统电压起励，是指电压设定值自动跟踪系统电压，人工不能干预，起励后的发电机电压稳定在与系统电压相同的电压水平上，有效跟踪范围为85%～115%的额定电压；“跟踪系统电压起励”方式是发电机正常发电运行默认的起励方式，而“设定电压起励”方式通常用于励磁系统的调试实验。

恒 I_L 方式起励，也是一种用于实验的起励方式，其设定值由程序自动设定，人工不能干预，起励后的发电机电压一般为20%的额定电压左右；恒 α 方式起励只适用于他励励磁方式，可以做到从零电压或残压开始由人工调节逐渐增加励磁，完成起励建压任务。

（1）恒 U_F 方式起励步骤。

1）将“励磁方式开关”切到“微机自励”方式，投入“励磁开关”。

2）按下“恒 U_F”按钮选择恒 U_F 控制方式，此时恒 U_F 指示灯亮。

3）将调节器操作面板上的“灭磁”按钮按下，此时灭磁指示灯亮，表示处于灭磁位置。

4）启动机组。

5）当转速接近额定时（频率≥47Hz），将“灭磁”按钮松开，发电机起励建压。注意观察在起励时励磁电流和励磁电压的变化（看励磁电流表和电压表）。录波，观察起励曲线，测定起励时间、上升速度、超调、振荡次数、稳定时间等指标，记录起励后的稳态电压和系统电压。

上述的这种起励方式是通过手动解除“灭磁”状态完成的，实际上还可以让发电机自动完成起励，其操作步骤如下：

1）将“励磁方式开关”切到“微机自励”方式，投入“励磁开关”。

2）按下“恒 U_F”按钮选择恒 U_F 控制方式，此时恒 U_F 指示灯亮。

3）使调节器操作面板上的“灭磁”按钮为弹起松开状态（注意，此时灭磁指示灯仍然是亮的）。

4）启动机组。

5）注意观察，当发电机转速接近额定时（频率≥47Hz），灭磁灯自动熄灭，机组自动起励建压，整个起励过程由机组转速控制，无需人工干预，这就是发电厂机组的正常起励方式。同理，发电机停机时，也可由转速控制逆变灭磁。

改变系统电压，重复起励（无需停机、开机，只需灭磁、解除灭磁），观察记录发电机电压的跟踪精度和有效跟踪范围以及在有效跟踪范围外起励的稳定电压。

按下灭磁按钮并断开励磁开关，将“励磁方式开关”改切到“微机他励”位置，恢复投入“励磁开关”（注意：若改换励磁方式时，必须首先按下灭磁按钮并断开励磁开关，否则将可能引起转子过电压，危及励磁系统安全）。本励磁调节器将他励恒 U_F 运行方式下的起励模式设计成“设定电压起励”方式（这里只是为了实验方便，实际励磁调节器不论何种励磁方式均可有两种恒 U_F 起励方式），起励前允许运行人员手动借助增减磁按钮设定电压给定值，选择范围为0～110%的额定电压。用灭磁和解除灭磁的方法，重复进行不同设定值的起励试验，观察起励过程，记录设定值和起励后的稳定值。

（2）恒 I_L 方式起励步骤。

1）将“励磁方式开关”切到“微机自励”方式或者“微机他励”方式，投入“励磁开关”。

2）按下“恒 I_L”按钮选择恒 I_L 控制方式，此时恒 I_L 指示灯亮。

3）将调节器操作面板上的“灭磁”按钮按下，此时灭磁指示灯亮，表示处于灭磁位置。

4）启动机组。

5）当转速接近额定时（频率≥47Hz），将“灭磁”按钮松开，发电机自动起励建压，记录起励后的稳定电压。起励完成后，操作增减磁按钮可以自由调整发电机电压。

（3）恒 α 方式起励步骤。

1）将“励磁方式开关”切到“微机他励”方式，投入“励磁开关”。

2）按下“恒 α”按钮选择恒 α 控制方式，此时恒 α 指示灯亮。

3）将调节器操作面板上的“灭磁”按钮按下，此时灭磁指示灯亮，表示处于灭磁位置。

4）启动机组。

5）当转速接近额定时（频率≥47Hz），将“灭磁”按钮松开，然后手动增磁，直到发电机起励建压。

6）注意比较恒 α 方式起励与前两种起励方式有何不同。

3. 控制方式及其相互切换

本型微机励磁调节器具有恒 U_F、恒 I_L、恒 Q、恒 α 等四种控制方式，分别具有各自特点，请通过以下实验自行体会和总结。

（1）恒 U_F 方式。选择他励恒 U_F 方式，开机建压不并网，改变机组转速 46～53Hz，在表 C-2 中记录频率与发电机电压、励磁电流、控制角 α 的关系数据。

表 C-2　转速变化时恒 U_F 方式实验数据

发电机频率（Hz）	46	47	48	49	50	51	52	53
发电机电压（V）								
励磁电流（A）								
励磁电压（V）								
控制角（°）								

（2）恒 I_L 方式。选择他励恒 I_L 方式，开机建压不并网，改变机组转速 46～53Hz，在表 C-3 中记录频率与发电机电压、励磁电流、控制角 α 的关系数据。

表 C-3　转速变化时恒 I_L 方式实验数据

发电机频率（Hz）	46	47	48	49	50	51	52	53
发电机电压（V）								
励磁电流（A）								
励磁电压（V）								
控制角（°）								

（3）恒 α 方式。选择他励恒 α 方式，开机建压不并网，改变机组转速 46～53Hz，在表 C-4 中记录频率与发电机电压、励磁电流、控制角 α 的关系数据。

表 C-4　　转速变化时恒 α 方式实验数据

发电机频率（Hz）	46	47	48	49	50	51	52	53
发电机电压（V）								
励磁电流（A）								
励磁电压（V）								
控制角（°）								

（4）* 恒 Q 方式。选择他励恒 U_F 方式，开机建压，并网后选择恒 Q 方式（并网前恒 Q 方式非法，调节器拒绝接受恒 Q 命令），带一定的有功、无功负荷后，记录下系统电压为 380V 时发电机的初始状态，注意方式切换时，要在此状态下进行。改变系统电压，在表 C-5 中记录系统电压与发电机电压、励磁电流、控制角 α、无功功率的关系数据。

表 C-5　　系统电压变化时恒 Q 方式实验数据

系统电压（V）	380	370	360	350	390	400	410
发电机电压（V）							
发电机电流（A）							
励磁电流（A）							
控制角（°）							
无功功率（var）							

将系统电压恢复到 380V，励磁调节器控制方式选择为恒 U_F 方式，改变系统电压，在表 C-6 中记录系统电压与发电机电压、励磁电流、控制角 α、无功功率的关系数据。

表 C-6　　系统电压变化时恒 U_F 方式实验数据

系统电压（V）	380	370	360	350	390	400	410
发电机电压（V）							
发电机电流（A）							
励磁电流（A）							
控制角（°）							
无功功率（var）							

将系统电压恢复到 380V，励磁调节器控制方式选择为恒 I_L 方式，改变系统电压，在表 C-7 中记录系统电压与发电机电压、励磁电流、控制角 α、无功功率的关系数据。

表 C-7　　系统电压变化时恒 I_L 方式实验数据

系统电压（V）	380	370	360	350	390	400	410
发电机电压（V）							
发电机电流（A）							
励磁电流（A）							
控制角（°）							
无功功率（var）							

将系统电压恢复到380V，励磁调节器控制方式选择为恒α方式，改变系统电压，在表C-8中记录系统电压与发电机电压、励磁电流、控制角α，无功功率的关系数据。

表C-8　系统电压变化时恒α方式实验数据

系统电压（V）	380	370	360	350	390	400	410
发电机电压（V）							
发电机电流（A）							
励磁电流（A）							
控制角（°）							
无功功率（var）							

注意：四种控制方式相互切换时，切换前后运行工作点应重合。

(5)* 负荷调节。调节调速器的增速减速按钮，可以调节发电机输出有功功率，调节励磁调节器的增磁减磁按钮，可以调节发电机输出无功功率。由于输电线路比较长，当有功功率增到额定值时，功角较大（与电厂机组相比），必要时投入双回线；当无功功率到额定值时，线路两端电压降落较大，但由于发电机电压具有上限限制，所以需要降低系统电压来使无功功率上升，必要时投入双回线。记录发电机额定运行时的励磁电流、励磁电压和控制角。

将有功、无功减到零值作空载运行，在表C-9中记录发电机空载运行时的励磁电流、励磁电压和控制角。了解额定控制角和空载控制角的大致度数，了解空载励磁电流与额定励磁电流的大致比值。

表C-9　负荷调节实验数据

发电机状态	励磁电流（A）	励磁电压（V）	控制角α(°)
空载			
50%负载			
额定负载			

4. 逆变灭磁和跳灭磁开关灭磁实验

灭磁是励磁系统保护不可或缺的部分。由于发电机转子是一个大电感，当正常或故障停机时，转子中储存的能量必须泄放，该能量泄放的过程就是灭磁过程。灭磁只能在空载下进行（发电机并网状态灭磁将会导致失去同步，造成转子异步运行，感应过电压，危及转子绝缘）。三相全控桥当触发控制角大于90°时，将工作在逆变状态下。本实验的逆变灭磁就是利用全控桥的这个特点来完成的。

(1) 逆变灭磁步骤。

1) 选择“微机自励”励磁方式或者“微机他励”方式，励磁控制方式采用“恒U_F”；

2) 启动机组，投入励磁并起励建压，增磁，使同步发电机进入空载额定运行；

3) 按下“灭磁”按钮，灭磁指示灯亮，发电机执行逆变灭磁命令，注意观察励磁电流表和励磁电压表的变化以及励磁电压波形的变化。

(2) 跳灭磁开关灭磁实验步骤。

1) 选择微机自并励励磁方式或者“微机他励”方式，励磁控制方式采用恒U_F；

2) 启动机组，投入励磁并起励建压，同步发电机进入空载稳定运行；

3) 直接按下“励磁开关”绿色按钮跳开励磁开关，注意观察励磁电流表和励磁电压表的变化。

以上试验也可在他励励磁方式下进行。

5. * 伏/赫限制实验

单元接线的大型同步发电机解列运行时，其机端电压有可能升得较高，而其频率有可能降得较低。如果其机端电压 U_F 与频率 f 的比值 $B=U_F/f$ 过高，则同步发电机及其主变压器的铁芯就会饱和，使空载励磁电流加大，造成发电机和主变过热。因此有必要对 U_F/f 加以限制。伏赫限制器工作原理是：根据整定的最大允许伏赫比 B_{max} 和当前频率 f，计算出当前允许的最高电压 $U_{Fh}=B_{max}f$，将其与电压给定值 U_g 比较，取二者中较小值作为计算电压偏差的基准 U_b，由此调节的结果必然是发电机电压 $U_F \leqslant U_{Fh}$。伏赫限制器在解列运行时投入，并网后退出。

实验步骤如下：

(1) 选择“微机自励”励磁方式或者“微机他励”方式，励磁控制方式采用“恒 U_F”；

(2) 启动机组，投入励磁起励建压，发电机稳定运行在空载额定以上；

(3) 调节原动机减速按钮，使机组从额定转速下降，从 50～44Hz；

(4) 每间隔 1Hz 记录发电机电压随频率变化的关系数据在表 C-10 中；

表 C-10　　伏/赫限制实验数据

发电机频率 f(Hz)	50	49	48	47	46	45	44
机端电压 U_F(V)							

(5) 根据试验数据描出电压与频率的关系曲线，并计算设定的 B_{max} 值（用限制动作后的数据计算，伏赫限制指示灯亮表示伏赫限制动作）。做本实验时先增磁到一个比较高的机端电压后再慢慢减速。

6. * 同步发电机强励实验

强励是励磁控制系统基本功能之一，当电力系统由于某种原因出现短时低压时，励磁系统应以足够快的速度提供足够高的励磁电流顶值，借以提高电力系统暂态稳定性和改善电力系统运行条件。在并网时，模拟单相接地和两相间短路故障可以观察强励过程。

实验步骤如下：

(1) 选择“微机自励”励磁方式，励磁控制方式采用“恒 U_F”；

(2) 启动机组，满足条件后并网；

(3) 在发电机有功和无功输出为 50%的额定负载时，进行单相接地和两相间短路实验，注意观察发电机端电压和励磁电流、励磁电压的变化情况，并记录在表 C-11 中；观察强励时的励磁电压波形；

表 C-11　　短路时强励实验数据

方式 / 类型 / 电流值	自励		他励	
	单相接地短路	两相间短路	单相接地短路	两相间短路
励磁电流最大值（A）				
发电机电流最大值（A）				

（4）采用他励励磁方式，重复步骤（1）～（2），并完成后面的思考题。

7.* 欠励限制实验

欠励限制器的作用是用来防止发电机因励磁电流过度减小而引起失步或因机组过度进相引起定子端部过热。欠励限制器的任务是：确保机组在并网运行时，将发电机的功率运行点（P、Q）限制在欠励限制曲线上方。

欠励限制器的工作原理是：根据给定的欠励限制方程和当前有功功率 P 计算出对应的无功功率下限：$Q_{min}=aP+b$。将 Q_{min} 与当前 Q 比较，若 $Q_{min}<Q$，则欠励限制器不动作；若 $Q_{min}>Q$，则欠励限制器动作，自动增加无功输出，使 $Q_{min}<Q$。

实验步骤如下：

（1）选择“微机自励”励磁方式或者“微机他励”方式，励磁控制方式采用“恒 U_F”；

（2）启动机组，投入励磁；

（3）满足条件后并网；

（4）调节有功功率输出分别为 0、50%、100%的额定负载，用减小励磁电流（按“减磁”按钮）或升高系统电压的方法使发电机进相运行，直到欠励限制器动作（欠励限制指示灯亮），在表 C-12 中记下此时对应有功功率 P 的无功 Q；

表 C-12　　欠励限制实验数据

发电机有功功率 P	欠励限制动作时的 Q 值
零功率（空载）	
50%额定有功功率	
100%额定有功功率	

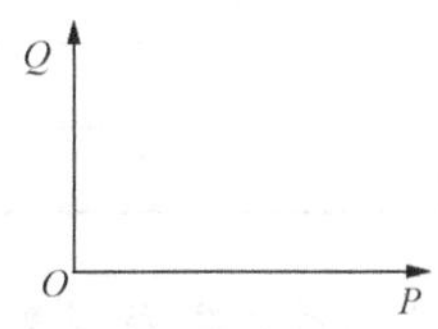

（5）根据试验数据作出欠励限制线 $P-f(Q)$，并计算出该直线的斜率和截距；如果减磁到失步时还不能使欠励限制动作，则可以用提高系统电压来实现。

8. 调差实验

（1）调差系数的测定。在微机励磁调节器中使用的调差公式为（按标幺值计算）$U_B=U_g\pm K_Q\times Q$，它是将无功功率的一部分叠加到电压给定值上（模拟式励磁调节器通常是将无功电流的一部分叠加在电压测量值上，效果等同）。

实验步骤如下：

1）选择“微机自励”励磁方式或者“微机他励”方式，励磁控制方式采用“恒 U_F”；

2）启动机组，投入励磁；

3）满足条件后并网，稳定运行；

4）用降低系统电压的方法以增加发电机无功输出，记录一系列 U_F、Q 值于表 C-13 中；

表 C-13　　调差系数的测定

序号	发电机机端电压 U_F(V)	发电机无功功率 Q(var)
1		
2		
3		
4		
5		

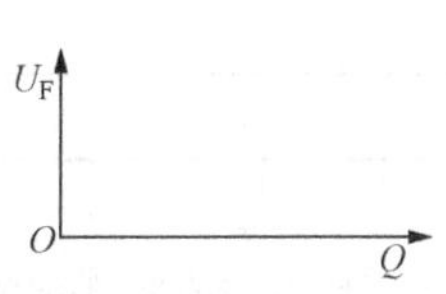

5）作出调节特性曲线，并计算出调差系数。

（2）零调差实验。设置调差系数为 0（励磁调节器参数设置中的 H_q 对应值为调差系数），实验步骤如上所述。用降低系统电压的方法以增加发电机无功输出，在表 C-14 中记录一系列 U_F、Q 数据，作出调节特性曲线，并计算调差系数。

（3）正调差实验。设置调差系数为 4%，实验步骤同上。用降低系统电压的方法以增加发电机无功输出，在表 C-14 中记录一系列 U_F、Q 数据，作出调节特性曲线，并计算调差系数。

（4）负调差实验。设置调差系数为－4%，实验步骤同上。用降低系统电压的方法以增加发电机无功输出，在表 C-14 中记录一系列 U_F、Q 数据，作出调节特性曲线，并计算调差系数。

表 C-14　　不同调差方式的实验数据

$K=0$		$K=+4\%$		$K=-4\%$	
U_F	Q	U_F	Q	U_F	Q

9. *过励磁限制实验

发电机励磁电流超过额定励磁电流 1.1 倍称为过励。励磁电流在 1.1 倍以下允许长期运行，1.1～2.0 之间按反时限原则延时动作，限制励磁电流到 1.1 倍以上、2.0 倍以下，瞬时动作限制励磁电流在 2.0 倍以上。过励限制指示灯在过励限制动作时亮。

实验步骤如下：

（1）选择“微机自励”方式或者“微机他励”方式，励磁控制方式采用“恒 U_F”；

（2）启动机组，投入励磁；

（3）用降低额定励磁电流定值的方法模拟励磁电流过励（注：无法使励磁电流真正过励，你有办法吗?），此时限制器将按反时限特性延时动作，在表 C-15 中记录励磁电流值和延时时间，观察过励限制器动作过程；

表 C-15　　过励磁限制实验数据　　额定电流整定值 I_e=______

励磁电流实际值 I	过励倍数（I/I_e）	延时时间（t）

（4）描出励磁限制特性曲线，$t=f\left(\frac{I}{I_e}\right)$；

（5）做本实验时需要改变过流整定值。

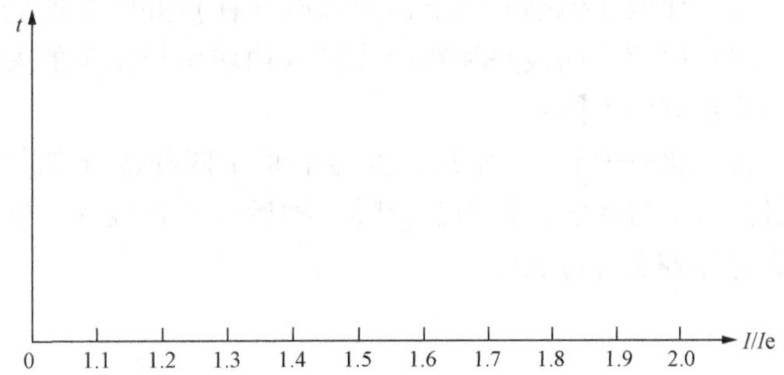

10. * PSS 实验

PSS（电力系统稳定器）的主要作用是抑制系统的低频振荡。它的投入对提高电力系统的动态稳定性有非常重要的意义。

实验步骤如下：

（1）选择“微机自励”励磁方式或者“微机他励”方式，励磁控制方式采用“恒 U_F”；

（2）启动机组，投入励磁；

（3）满足条件后并网，稳定运行；

（4）在不投入 PSS 的条件下，增加发电机有功输出，直到系统开始振荡，在表 C-16 中记下此时的机端电压、有功输出和功角（由调速器的显示器读数）；

表 C-16 **PSS 实验数据**

实验数据	单回输电线		双回输电线	
	PSS 投	PSS 不投	PSS 投	PSS 不投
机端电压 U_F(V)				
发电机有功 P(W)				
功角 δ(°)				

（5）在投入 PSS 的条件下，增加发电机有功输出，直到系统开始振荡，记下此时的机端电压、有功输出和功角；

（6）比较 PSS 投和不投两种情况下的功率极限和功角极限有何不同。

11. 停机灭磁

发电机解列后，直接控制调速器停机，励磁调节器在转速下降到 43Hz 以下时自动进行逆变灭磁。待机组停稳，断开原动机开关，跳开励磁和线路等开关，切除操作电源总开关。

四、实验报告要求

（1）分析比较各种励磁方式和各种控制方式对电力系统安全运行的影响。

（2）比较各项的实验数据，分析其产生的原因。

（3）分析励磁调节器、空载实验的各项测试结果。

（4）分析励磁调节器、负载实验的各项测试结果。

五、思考题

（1）三相可控桥对触发脉冲有什么要求？

（2）为什么在恒 α 方式下，必须手动“增磁”才能起励建压？

（3）比较恒 U_F 方式起励、恒 I_L 方式起励和恒 α 方式起励有何不同？

（4）逆变灭磁与跳励磁开关灭磁主要有什么区别？

（5）为什么在并网时不需要伏赫限制？

（6）比较在他励方式下强励与在自并励下强励有什么区别？

（7）比较在他励方式下逆变灭磁与在自并励下逆变灭磁有什么差别？

（8）比较单回线路和双回线路有功功率与功角的关系有何变化、线路电压降落与无功功率的关系有何不同？

（9）比较恒 U_F、恒 I_L、恒 Q 和恒 α 四种运行方式的特点，说说它们各适合在何种场合应用？对电力系统运行而言，哪一种运行方式最好？试就电压质量、无功负荷平衡、电力系统稳定等方面进行比较。

参 考 文 献

[1] 张保会，尹项根．电力系统继电保护．2 版．北京：中国电力出版社，2010.
[2] 杨冠城．电力系统自动装置原理．4 版．北京：中国电力出版社，2007.
[3] 高亮．电力系统微机继电保护．北京：中国电力出版社，2007.
[4] 张永健．电网监控与调度自动化．4 版．北京：中国电力出版社，2012.
[5] 高亮．电力网继电保护及自动装置．北京：机械工业出版社，2014.
[6] 李凤荣．电力系统自动装置．北京：机械工业出版社，2011.
[7] 高亮，等．超超临界火电机组培训系列教材电气分册．北京：中国电力出版社，2013.
[8] 王维俭．电气主设备继电保护原理与应用．北京：中国电力出版社，1996.
[9] 许正亚．变压器及中低压网络数字式保护．北京：中国水利水电出版社，2004.
[10] 许正亚．电力系统安全自动装置．北京：中国水利水电出版社，2006.
[11] 杨新民，杨隽琳．电力系统微机保护培训教材．北京：中国电力出版社，2000.
[12] 丁书文．电力系统微机型自动装置．北京：中国电力出版社，2005.
[13] 李火元．电力系统继电保护及自动装置．北京：中国电力出版社，2004.
[14] 陈启卷．电气设备及系统．北京：中国电力出版社，2006.
[15] 国家电力调度通信中心．发电机变压器继电保护应用．北京：中国电力出版社，1998.